建筑节能和功能材料工程系列丛书

建筑工程材料制备工艺

主编 吴 蓁 陈 锟 副主编 蔡红军 史继超

U0347689

同濟大學 出版社
TONGJI UNIVERSITY PRESS
·上海·

内 容 提 要

本书是根据 2016 年国务院颁布的《关于促进建材工业稳增长调结构增效益的指导意见》、国务院印发的《关于加快发展现代职业教育的决定》和《现代职业教育体系建设规划(2014—2020 年)》的文件精神和相关要求,为进一步推动现代职业教育体系建设,推广绿色建筑材料、新型建材制品的生产与应用编写的。本书以最新政策、法规及标准为导向,以材料制品—基本原理—性能要求—生产制备—工程应用为主线,介绍了新型建材、材料制备、生产工艺等理论及应用知识,并展示了编者在新型建材制备与应用领域的部分研究工作。

本书共 11 章,内容包括绪论,建筑工程材料的基本性质,气硬性胶凝材料及其制品,水泥,混凝土及其制品,建筑砂浆,墙体材料制品,建筑钢材,建筑防水材料,建筑玻璃制品以及建筑保温系统材料。

本书可作为应用型本科相关专业的教学用书,也可作为工程技术人员的参考用书。

图书在版编目(CIP)数据

建筑工程材料制备工艺 / 吴蓁,陈锟主编. —上海:
同济大学出版社,2021.3
    ISBN 978-7-5608-9788-2

    Ⅰ.①建… Ⅱ.①吴… ②陈… Ⅲ.①建筑材料—材
料制备—职业教育—教材 Ⅳ.①TU5

    中国版本图书馆 CIP 数据核字(2021)第 025661 号

建筑工程材料制备工艺

主　编　吴　蓁　陈　锟　**副主编**　蔡红军　史继超
责任编辑　胡晗欣　**责任校对**　徐春莲　**封面设计**　潘向蓁

出版发行	同济大学出版社　　www.tongjipress.com.cn
	(地址:上海市四平路 1239 号　邮编:200092　电话:021-65985622)
经　销	全国各地新华书店
排　版	南京文脉图文设计制作有限公司
印　刷	江苏凤凰数码印务有限公司
开　本	787 mm×1092 mm　1/16
印　张	15.25
字　数	381 000
版　次	2021 年 3 月第 1 版
印　次	2024 年 2 月第 2 次印刷
书　号	ISBN 978-7-5608-9788-2

定　价　66.00 元

前　言

建筑材料是应用于土木工程建设中的无机材料、有机材料和复合材料的总称,在工程建设中有着举足轻重的地位,对其具体要求体现在实用性、经济性、可靠性、耐久性和低碳性等方面。建筑材料与建筑结构和施工之间存在着相互促进、相互依存的密切关系,某种新型建筑材料的出现,必将促进建筑形式的创新,同时结构设计和施工技术也将得到相应的改进和提高。同样,新的建筑形式和结构设计也呼唤着新的建筑材料,并促进建筑材料在研发、改性、制备及生产方式上的发展。

建筑材料的制备与生产,需要经过诸如原材料组成、生产工艺、结构及构造、性能及应用、检验及验收、运输及储存等多个环节,每个环节均将不同程度影响着材料的特性及使用效果;而不同的材料在多个环节中既有共性,也有各自的特性,尤其对于建筑材料而言,涉及金属/非金属材料、无机/有机及其复合材料等多种材料。因此,"建筑工程材料制备工艺"课程的主要内容包括了每个学科环节中蕴含的基本理论、基本知识和基本技能。通过学习,学生能掌握较扎实的基本理论和基础知识,为后续专业课程的学习及以后从事土木建筑工程、建筑材料研发、生产及应用打下良好的基础。

"建筑工程材料制备工艺"是建筑节能材料专业方向一门重要的专业课,主要介绍气硬性胶凝材料及其制品、水泥、混凝土及其制品、建筑砂浆、墙体材料制品、建筑钢材、建筑防水材料、建筑玻璃制品以及建筑保温系统材料的制备及生产工艺等概念与知识。本书依据国家现行的行业发展导向和规范,按照高等教育的要求,汇集材料科学、土木工程材料、建筑工程类专业的培养目标,突出建筑材料制备方向,结合相应的教学大纲要求编写而成。

本书在编写过程中结合最新的国家、行业标准,反映行业在建筑材料生产中的新品种、新设计、新工艺、新流程,力求满足企业岗位需求;本书用于校企合作课程,按照校企合作一体化编写,突出建材制备、生产及应用各环节的联系,为学生在建材生产、工程运用等领域的上岗奠定基础。本书以建筑建材行业转型需求为基本依据,以就业为导向,以应用型本科学生为主体,在内容上注重与岗位实际要求紧密结合,符合我国高等教育对技能型人才培养的要求,体现了教学的科学性与实用性相结合的特色。

本书编写得到了上海应用技术大学上海市应用型本科试点专业、中本贯通教育培养试点专业建设的支持。

本书由吴蓁、陈锟担任主编并统稿,蔡红军、史继超担任副主编。具体编写人员及分工如下:蔡红军编写第1,3章,陈锟编写第2,7章,郑玉丽编写第4章,朱敏涛编写第

5章,庄燕编写第6章,何慧文编写第8章,童伟编写第9章,史继超编写第10章,吴蓁编写第11章;吴蓁、陈锟对全书进行了校核。

本书编写过程中参阅了国内同行的多部著作,得到了上海市材料工程学校的支持,上海建工材料工程有限公司、上海钢之杰结构建筑有限公司的工程技术人员的帮助,在此一并表示衷心的感谢!

限于编者的学识和实践经验,加之时间仓促,本书难免存在疏漏和不足之处,真诚地欢迎广大读者批评指正。

编　者
2020 年 10 月于上海

目　录

第1章

绪　　论

　　随着人类文明及科学技术的发展,建筑材料也在不断地改进,现代土木工程中,传统土石等材料的主导地位已逐渐被新型材料所取代。目前混凝土、钢材、钢筋混凝土已是土木工程建设中不可替代的结构材料,新型合金、陶瓷、玻璃、有机材料及各种复合材料等在土木工程中占有越来越重要的地位。这些建材,既有由自然界取材稍微加工即能使用的,也有需多种原料进行配料设计,需较新工艺、高温生产而成的。总之,建筑材料种类繁多,制备工艺也复杂多样。

1.1　建筑材料在建设工程中的地位

　　建筑材料是应用于土木工程建设中的无机材料、有机材料和复合材料的总称,建筑材料在工程建设中有着举足轻重的地位,对其具体要求体现在经济性、可靠性、耐久性和低碳性等方面。建筑材料是建设工程的物质基础,土建工程中建筑材料的费用占土建工程总投资的 60% 左右。因此,建筑材料的价格直接影响建设工程的投资。

　　建筑材料是一切社会基础设施的物质基础。社会基础设施包括:用于工业生产的厂房、仓库、电站、采矿和采油设施;用于农业生产的堤坝、渠道和灌溉排涝设施;用于交通运输和人们出行的高速公路、高速铁路、道路桥梁、海港码头和机场车站设施;用于人们生活需要的住宅、商场办公楼、宾馆、文化娱乐设施和卫生体育设施;用于提高人民生活质量的输水、输气、送电管线、网络通信和排污净化设施;用于国防需要的军事设施和安全保卫设施;等等。社会基础设施的建设,与工农业生产和人们的日常生活息息相关;社会基础设施的安全运行,关乎人民的生活水平和生活质量。因此,建筑材料质量的提高,新型建筑材料的开发利用,直接影响到社会基础设施建设的质量、规模和效益,进而影响到国民经济的发展和人类社会文明的进步。

　　建筑材料与建筑结构和施工之间存在着相互促进、相互依存的密切关系,某种新型建筑材料的出现,必将促进建筑形式的创新,同时结构设计和施工技术也将得到相应的改进和提高。同样,新的建筑形式和结构设计也呼唤着新的建筑材料,并促进建筑材料的发展。例如:采用建筑砌块和板材替代实心黏土砖,就要求改进结构构造设计、施工工艺和施工设备;高强混凝土的推广应用,要求有新的钢筋混凝土结构设计和施工技术规程与之适应;同样,高层建筑、大跨度结构、预应力结构的大量应用,要求提供更高强度的混凝土和钢材,以减小构件截面尺寸,减轻建筑物自重;随着建筑功能要求的提高,还需要提供同时具有保温、隔热、隔声、装饰、耐腐蚀等性能的多功能建筑材料等。

　　构筑物的功能和使用寿命在很大程度上取决于建筑材料的性能,如装饰材料的装饰效果、钢材的锈蚀、混凝土的劣化、防水材料的老化等,无一不是材料的问题,也正是这些材料的特性构成了构筑物的整体性能,因此,从强度设计理论向耐久性设计理论转变,关键在于材料耐久性的提高。

建设工程的质量,很大程度上取决于材料的质量控制。如钢筋混凝土结构的质量主要取决于混凝土的强度、密实性和是否产生裂缝。在材料的选择、生产、储运、使用和检验评定过程中,任何环节的失误,都可能导致工程的质量事故。事实上,国内外土木工程建设中的质量事故,绝大部分都与材料的质量缺损相关。

建筑材料是建筑工业的耗能大户,许多建筑材料的生产能耗很大,并且排放大量的二氧化碳及硫化物等污染物质,因此,注重再生资源的利用,节能新型建材和绿色建筑材料的选用,以及如何节省资源、能源、保护环境,已成为建筑工业建设资源节约型社会和可持续发展的重大课题。

构筑物的可靠度评价,在很大程度上依赖于材料可靠度评价。材料信息参数是构成构件和结构性能的基础,在一定程度上"材料—构件—结构"组成了宏观上的"本构关系"。因此,作为一名土木工程技术人员,无论是从事设计、施工还是管理工作,均需掌握建筑材料的基本性能,并做到合理选材、正确使用和维护保养;作为建筑材料生产技术开发工程技术人员,不仅要掌握材料的基本性能,更应该掌握材料的生产工艺,并在此基础上,合理缩短工艺流程,尽量选用智能化设备,做到节能降耗、绿色生产。

1.2 建筑材料的分类

建筑材料体系庞大、种类繁多、品种各异,最常用的两种分类方法是按化学成分和按材料在工程中的作用来分类。

根据材料的化学成分,建筑材料可以分为无机材料、有机材料和复合材料三大类,如表1-1所示。

表1-1 建筑材料的分类

建筑材料	无机材料	金属材料	黑色金属	钢、不锈钢、铁及其合金
			有色金属	铝、铜等及其合金
		非金属材料	胶凝材料	气硬性胶凝材料 石膏、石灰、水玻璃
				水硬性胶凝材料 水泥
			天然石材	砂石料及花岗石、大理石等石材制品
			烧结与熔融制品	烧结砖瓦、陶瓷、玻璃及制品、岩棉及制品等
	有机材料	植物材料	木材、竹材、藤材等	
		沥青材料	石油沥青、煤沥青及沥青制品	
		高分子材料	建筑塑料及其制品、涂料、胶黏剂、密封材料等	
	复合材料	非金属材料与非金属材料复合	混凝土、砂浆等	
		无机非金属材料与有机材料复合	玻璃纤维增强塑料、聚合物混凝土、沥青混合料等	
		金属材料与无机非金属材料复合	钢纤维增强混凝土等	
		金属材料与有机材料复合	塑钢复合门窗、涂塑钢板、轻质金属夹芯板等	

　　根据材料在工程中的作用,建筑材料可以分为结构承重材料、墙体围护材料、防水材料、保温材料、吸声材料、地面材料、屋面材料、装饰材料等功能材料。结构承重材料是指构成建筑物受力构件和结构所用的材料,如梁、板、柱、基础等所用的材料,这类材料要求有较高的强度和较好的耐久性。根据我国国情,现在和将来相当长的时期内,钢筋混凝土和预应力混凝土将是我国工程建设的主要结构材料。近年来,钢材在高层建筑和大跨度构筑物的建设中,作为承重材料也发挥着越来越大的作用。墙体围护材料在建筑中起围护、分隔和承重的作用。这类材料一是要有必要的强度,二是要有较好的绝热性能和隔声、吸声效果。目前采用的墙体材料多为混凝土和加气混凝土砌块、复合墙板、空心黏土砖、炉渣砖、煤矸石砖、煤粉灰砖、灰砂砖等新型墙体材料,这些材料具有工业化生产水平高、施工速度快、绝热性能好、节省资源能源、保护耕地等特点。建筑功能材料是指担负某些建筑功能的非承重材料,这些材料在某些方面要有特殊功能,如防水、防火、绝热、吸声、隔声、采光、装饰等。

1.3　建筑材料的发展历史

　　建筑材料的发展,经历了从无到有、从天然材料到人工材料、从手工业生产到工业化生产等几个阶段。

　　早在远古时代,人类为了自身安全和生存的需要,就已经会利用树枝、石块等天然材料搭建屋棚、石屋,为了精神寄托的需要建造了石环、石太等原始宗教及纪念性建筑物。公元前5000年左右到17世纪中叶被称为古代土木工程阶段。在此阶段早期,人类只会使用斧、锤、刀、铲和石夯等简单的手工工具,而石块、草筏、藤条、木杆、土坯等建造材料主要取自大自然。直到公元前1000年左右,人类学会了烧制砖、瓦、陶瓷等制品,中国出现了秦砖汉瓦,汉初出现陶制下水管道;到了公元之初,罗马人才会使用混凝土的雏形材料。尽管在这一时期,中国出现了总结建造经验的《考工记》(公元前5世纪)和《营造法式》(北宋李诫)等土木工程著作,意大利也出现了描述外形设计的《论建筑》(文艺复兴时期L.B.阿尔贝蒂)等,但当时的整个建造过程全无设计和施工理论指导,一切全凭经验积累。

　　尽管古代土木工程十分原始和初级,但无论是国内还是国外,在7000余年的发展过程中,人类还是建造了大量的绝世土木佳作。

　　在公元前4000年以前,随着原始社会的基本瓦解,出现了最早的奴隶制国家,其中古埃及、古希腊和古罗马的建筑,对世界建筑文明的发展影响最为深远。建于公元前2670年的埃及胡夫金字塔和狮身人面像(建于公元前2610年,斯芬克斯),不仅是目前唯一未倾塌消泯的世界七大奇迹之一,而且也是当今世界上朝向最精确的建筑;建于公元前447年的希腊雅典卫城帕特农神庙被称为雅典的王冠,是欧洲古典建筑的典范;我国战国时期,使用糯米汁、夯土、石灰夯筑城墙和长城,公元前200年,已开始出现了由火山灰、石灰、碎石组成的天然混凝土,并用它浇筑混凝土拱圈,创造了穹隆顶和十字拱;建于公元72—82年的意大利古罗马竞技场(科洛西姆斗兽场)拥有5万～8万个观众座席和站席,并使用了雏形混凝土;建于公元5世纪的墨西哥奇琴伊察城市古玛雅帝国的中心城,其库库尔坎金字塔既是神庙,又是天文台;建于公元532—537年的土耳其伊斯坦布尔圣索菲娅大教堂,用砖切圆形穹顶营造了直径32.6m,穹顶距地面高达54.8m的大空间。从这些古建筑可以看出当时的工程基本都是由砖瓦砂石堆砌或者直接开凿而成的。

我国古代，蔚为奇观的土木建筑工程杰作更是不胜枚举，但多为木结构加砖石砌筑而成。譬如，至今保存完好的中国古代伟大的砖石结构——万里长城，始建于公元前220年的秦始皇时代，东起"南京锁钥无双地，万里长城第一关"的山海关，西至"大漠孤烟直，长河落日圆"的嘉峪关，翻山越岭，蜿蜒逶迤6 500余千米；"锦江春色来天地，玉垒浮云变古今"的四川都江堰工程(都江堰市城西)建于公元前256年左右，其创意科学，设计巧妙，举世无双，至今仍造福四川，使成都平原成为沃土千里的天府之乡；建于公元前200年前后的秦始皇陵兵马俑不仅阵容规模庞大，而且7 000多件军俑、车马阵排列有序、军容威严，被誉为世界闻名的第八大奇迹；建于北魏(公元523年)的河南登封嵩岳寺塔，建于北宋时期的山西晋祠圣母殿，建于明永乐十八年(公元1420年)的北京故宫太和殿，红楼黄瓦，金碧辉煌；建于公元605年左右的隋朝河北赵县交河安济桥(又称赵州桥)，是世界上第一座敞肩式单圆弧弓形石拱桥；建于公元1056年的山西应县佛宫寺释迦塔(又称应县木塔)，千余年来已经历多次大地震仍完好耸立着。

工业革命的兴起，在促进工商业和交通运输业蓬勃发展的同时，也促进了建筑业的蓬勃发展。1824年波特兰水泥的发明(英国亚斯普丁)、1856年转炉炼钢法的发明(德国贝斯麦)和钢筋混凝土的发明与应用(1867年)使建筑钢材得以大量生产，复杂的房屋结构、桥梁设施建设得以实现。

在这期间，西方迅速崛起，涌现了很多具有历史意义的近代土木工程杰作，例如，1872年在美国纽约建成了世界第一座钢筋混凝土结构房屋；1883年在美国芝加哥建造的11层保险公司大楼，首次采用钢筋混凝土框架承重结构，是现代高层建筑的开端；1889年在法国巴黎建成的标志性建筑——埃菲尔铁塔，铁塔总高达324 m，是当时世界上最高的建筑，共有1.8万余件钢构件、259万颗铆钉，总重约为11 500 t，现已成为法国和巴黎的象征；1930年建于美国纽约第三十三街和三十四街之间的曼哈顿帝国大厦，共102层，高381 m，设有73部电梯，雄居世界最高建筑40年；1937年在美国旧金山建成了跨越金门海峡的金门大桥，是首座单跨过千米的大桥，跨度达1 280 m，桥头塔高227 m，2.7万余根钢丝绞线的主缆索直径0.927 m，重24 500 t，两岸的混凝土巨块缆索锚锭分别达130 000 t(北岸)和5 000 t(南岸)。

同一时期，我国由于闭关锁国，土木工程发展缓慢，但还是引进西方技术建造了一些有影响力的土木工程，其代表主要有京张铁路、钱塘江大桥和上海国际饭店。京张铁路建于1905年，全长200 km，是由12岁便考取"出洋幼童"并成为中国近代第一批官派留学生的铁路工程师詹天佑设计并主持建设的。钱塘江大桥是我国第一座双层铁路、公路两用钢结构桥梁，于1934—1937年间由我国留美博士茅以升主持建设，建设中利用了"射水法""沉箱法""浮运法"等先进技术。上海国际饭店建于1934年，共24层，高83.8 m，在20世纪30年代曾号称"远东第一高楼"。进入21世纪，我国土建工程突飞猛进，高楼、高铁、大坝享誉全球，上海中心大厦高632 m，采用钢筋混凝土结构。

随着科学技术的不断发展，一批像钢铁、水泥和混凝土这样具有优良性能的建筑材料相继问世，为现代的大规模工程建设奠定了基础。

1.4 建筑材料的发展现状与未来

建筑材料是我国经济发展和社会进步的重要基础原料之一。人类进入 21 世纪以来,对生存空间以及环境的要求达到了一个前所未有的高度。这对建筑材料的生产、研究、使用和发展提出了更新的要求和挑战。特别是现代美好社会的建设和城镇化的全面推进,乃至整个现代化建设的实施,预示着我国未来几十年的经济发展和社会进步对建筑材料有着更大的市场需求,也意味着我国建筑材料领域有着巨大的发展空间。因此,了解建筑材料的发展状况、把握建筑材料的发展趋势显得尤为重要。

1.4.1 建筑材料的现状

与以往相比,当代建筑材料的物理力学性能已获得明显改善,其应用范围也有明显的变化。例如,水泥和混凝土的强度、耐久性及其他功能均有所改善;随着现代陶瓷与玻璃的性能改进,其应用范围与使用功能已经大大拓宽。此外,随着技术的进步,传统的应用方式也发生了较大变化,现代施工技术与设备的应用也使得材料在工程中的性能表现比以往好,为现代土木工程的发展奠定了良好的物质基础。尽管目前建筑材料在品种与性能上已有很大的进步,但与人们对其性能的期望值还有较大差距。

1. 从建筑材料的来源看

建筑材料的用量巨大,经过长期消耗,单一品种或数个品种的原材料来源已不能满足其持续不断的发展需求。尤其是历史发展到今天,以往大量采用的黏土砖瓦和木材等已经给可持续发展带来了沉重的负担。此外,由于人们对各种建筑物性能要求的不断提高,传统建筑材料的性能也越来越不能满足社会发展的需求。为此,以天然材料为主要建筑材料的时代即将结束,取而代之的将是各种人工材料,这些人工材料将会向着再生化、利废化、节能化和绿色化等方向发展。

2. 从土木工程对材料技术性能要求的方面来看

土木工程对材料技术性能的要求越来越多,对各种物理性能指标的要求也越来越高,从而使未来建筑材料的发展具有多功能和高性能的特点,具体来说就是材料向着轻质、高强、多功能、良好的工艺性和优良耐久性的方向发展。

3. 从建筑材料应用的发展趋势来看

为满足现代土木工程结构性能和施工技术的要求,材料应用向着工业化的方向发展。例如,建筑装配化要求混凝土向着部品化和商品化的方向发展,材料向着半成品或成品的方向延伸,材料的加工、储存、使用、运输及其他施工技术的机械化、自动化水平不断提高,劳动强度逐渐下降。这不仅改变着材料在使用过程中的性能表现,也逐渐改变着人们使用土木工程材料的手段和观念。

4. 我国建筑材料与世界先进水平的主要差距

我国建筑材料就产量来说,可以称为世界大国。但无论是产品的结构、品种、档次、质量、性能、配套水平,还是工艺、技术装备、管理水平等,均与世界先进水平有一定差距,是一个"大而不强"的典型产业。

（1）建筑装饰材料。我国的建筑装饰材料虽然起步较晚，但起点较高，因此相对于其他几类材料而言，水平较高，与世界先进水平的差距不是很大。

（2）防水材料。虽然国际市场上现有的主要产品国内都有生产，但由于生产技术和装备水平都十分落后，因此先进产品的产量并不高。

（3）保温材料。无论是其产品结构还是技术水平，与世界先进水平的差距都很大。

（4）墙体材料。我国虽是墙体材料的生产大国，而且黏土砖的产量很大，但就整体而言，与世界先进水平差距很大。主要表现在产品性能落后、结构不合理、设备陈旧、机械化程度低、劳动生产率低、产品强度低、质量差等方面。

1.4.2　主要建筑材料生产工艺现状

我国是世界上最大的建筑材料生产国和消费国。2019 年，全国水泥产量 23.3 亿 t，平板玻璃产量 9.3 亿重量箱，商品混凝土产量 25.5 亿 m³。虽然总体水平不够先进，但水泥、玻璃等系统集成技术已经世界领先。

在水泥制造业，海螺水泥第一个建成"无人化"工厂；西南水泥引入线上采购；华新水泥引入智慧采购；冀东水泥构筑了企业智能制造与财务、业务一体化管理体系；南方水泥最大程度实现水泥厂数字化与智能化；中联水泥实现中国水泥业的"智能梦"；于都南方万年青从传统制造向信息化转型；天津哈沃科技开发无人化全自动系统。

在玻璃制造业，福耀集团结合信息技术和自动化的生产工厂，已经走在全球同行业前列；中建材凯盛集团达成玻璃生产线智能制造、黑灯工厂，高端玻璃制造水平世界领先；南玻集团绿色能源产业园推动"机器换人"，实现自动化升级；瑞必达智能工厂生产率提升 22 倍。

在陶瓷制造业，行业技术与产品结构的总体水平有 15% 已经达到国际领先水平，30% 左右已经接近国际领先水平；超高压注浆成型、微波干燥技术、3D 打印等领先技术已经立项研制。

在建材流通业，万华生态集团推出"司空新家装"——绿色工业化定制家装产业互联网平台，将室内装修拆解为十大定制体系，实现装修从智能测量、智能匹配设计到智能制造、安装交付的全产业链数字化解决方案，并提供完整、绿色、高性价比的供应链，以满足中国房地产新建房市场对快、美、绿装修的需求，实现内装工业化定制精装修。

但尽管如此，我国建材制造业自动化和信息化水平总体上仍处于信息化早期的工业2.0 时代。建材企业人均工业机器人拥有量远低于全国每万人 49 台的平均水平，更无法与世界平均水平 69 台相比。众多建材企业通过技术改造实现装备升级还有相当大的空间。利用新技术改造传统产业，不仅能提升生产效率和产品质量，还可大幅降低能耗、物耗和排废水平，实现清洁、绿色、高效生产，推动传统产业向高品质、高附加值的价值链中高端迈进。

1.4.3　新型建筑材料——绿色建材

建筑材料行业在对资源的利用和对环境的影响方面都占据着重要的位置，在产值、能耗、环保等方面都是国民经济中的大户。为了保证源源不断地为工程建设提供质量可靠材料，避免新型材料的生产和发展对环境造成危害，"绿色建材"应运而生。目前开发的绿色建材和准绿色建材主要有以下几种：

（1）利用废渣类物质为原料生产的建材。这类建材以废渣为原料，生产砖、砌块、胶凝材料,其优点是节能利废,但仍需依靠科技进步,继续研究和开发更为成熟的生产技术,使这类产品无论是成本上还是性能上都能真正达到绿色建材的标准。

（2）利用化学石膏生产的建材产品。用工业废石膏代替天然石膏,采用先进的生产工艺和技术,可生产各种土木建筑材料产品。这些产品具有许多石膏的优良性能,开辟石膏建材的新来源,并且消除了化工废石膏对环境的危害,符合可持续发展战略。

（3）利用废弃的有机物生产的建材产品。以废塑料、废橡胶及废沥青等可生产多种建筑材料,如防水材料、保温材料、道路工程材料及其他室外工程材料。这些材料消除了有机物对环境的污染,还节约了石油等资源,符合资源可持续发展的基本要求。

（4）各种代木材料。用其他废料制造的代木材料在生产使用中不会危害人的身体健康,利用高新技术使其成本和能耗降低,将是未来绿色建材的主要发展方向。

（5）利用来源广泛的地方材料为原料。每个地区都可能有来源丰富、不同种类的地方材料,根据这些地方材料的性质和特点,利用现有高科技生产技术,可生产各种性能的健康材料。如某些人造石材、水性涂料和某些复合材料都是绿色建材的发展方向。

1.4.4　建筑材料的发展趋势

众多现象表明,进入 21 世纪以后,在我国甚至是全世界范围内,建筑材料的发展具有以下趋势:

（1）研制高性能材料,例如研制轻质、高强、高耐久性、优异装饰性和多功能的材料,充分利用和发挥各种材料的特性,采用复合技术,制造出具有特殊功能的复合材料。

（2）充分利用地方材料,尽量减少天然资源的浪费,大量使用尾矿、废渣、垃圾等废弃物作建筑材料的资源,以保护自然资源和维护生态平衡。

（3）节约能源,采用低能耗、无环境污染的生产技术,优先开发、生产低能耗的材料以及能降低建筑物使用能耗的节能型材料。

（4）材料生产中不使用有损人体健康的添加剂和颜料,如甲醛、铅、镉、铬及其化合物等,同时要开发对人体有益的材料,如抗菌、灭菌、除臭、除霉、防火、调温、消磁、防辐射、抗静电等。

（5）产品可循环再生和回收利用,无污染废弃物,以防止二次污染。

2017 年,住房和城乡建设部印发《"十三五"装配式建筑行动方案》《装配式建筑示范城市管理办法》《装配式建筑产业基地管理办法》,绿色建材的发展呈现出部品化、产业化、智能化、装修装配化和个性化、互联网＋可追溯化的趋势。

总而言之,建筑材料往往标志着一个时代的特点。建筑材料发展的过程是随着社会生产力一起进行的,与工程技术的进步有着不可分割的联系。

1.5　"建筑工程材料制备工艺"课程的基本要求和学习方法

1.5.1　课程的主要内容与任务

建筑材料的生产,需要经过诸如原材料组成、生产工艺、结构及构造、性能及应用、检验及验收、运输及储存等多个环节,每个环节均将不同程度影响着材料的特性及应用,而不同的材料在多个环节中既有共性,也有各自的特性,尤其对于建材而言,涉及金属/非金属、无机/有机及其复合等多种学科,因此,该课程的主要内容包括每个学科环节中蕴含的基本理论、基本知识和基本技能。通过学习,读者能掌握较扎实的基本理论和基础知识,为后续专业课程的学习及以后从事土木建筑工程、建筑材料开发研究打下良好的基础。

1.5.2 课程的学习方法

"建筑工程材料制备工艺"课程是材料类专业及相关专业的专业技术课,主要研究材料的原料和生产、成分和组成、结构和构造、环境条件、装备工艺、质量管理等对材料性能的影响以及相互关系的一门应用学科。因此,学习中需要注意以下几个方面:

(1)重视材料基础理论的认识和理解。某些材料有其系统的理论支撑点,学习时注意深入领会,善于利用机理分析材料变化的内因,达到举一反三的目的。

(2)注重基础知识的学习和掌握。材料的宏观性能取决于其组成和微观结构,从材料具有的特性上,注重对每个知识点的理解,为进一步掌握材料技术性能和工程应用打下基础。

(3)不能忽视试验教学环节。试验属本课程基本技能范畴,是理论与实践联系的必不可少的重要环节。材料所有技术性能指标只有通过相关的试验手段测试才能获得,是工程应用的重要保证,这也是培养学生严谨的科学态度的基本要求。

第2章

建筑工程材料的基本性质

2.1 基本物理性质

2.1.1 材料与质量有关的性质

1. 真密度

真密度是指材料在绝对密实状态下单位体积的质量。其计算式为

$$\rho = \frac{m}{V} \qquad (2\text{-}1)$$

式中　ρ——材料密度（g/cm³ 或 kg/m³）；

　　　m——材料在干燥状态下的质量（g 或 kg）；

　　　V——材料在绝对密实状态下的体积（cm³ 或 m³）。

材料在绝对密实状态下的体积是指不包括孔隙在内的体积。在建筑工程材料中，除了钢材、玻璃等极少数材料外，绝大多数材料内部都存在孔隙。

为了测定有孔材料的密实体积，通常把材料磨成细粉，干燥后用李氏瓶利用排水法原理测其体积。材料磨得越细，细粉体积越接近其密实体积，所得密度值也就越精确。

到目前为止，不同种类建筑工程材料的真密度都有相应的检测标准。例如，《天然饰面石材试验方法　第 3 部分：体积密度、真密度、真气孔率、吸水率试验方法》（GB/T 9966.3—2001）、《炭素材料真密度、真气孔率测定方法　煮沸法》（GB/T 24203—2009）、《耐火材料真密度试验方法》（GB/T 5071—2013）等。

真密度是材料的基本物理性质，与材料的其他性质之间存在着密切的关系。

2. 表观密度

表观密度是指材料在自然状态下单位体积的质量。其计算式为

$$\rho_0 = \frac{m}{V_0} \qquad (2\text{-}2)$$

式中　ρ_0——材料表观密度（kg/m³ 或 g/cm³）；

　　　m——材料质量（kg 或 g）；

　　　V_0——材料在自然状态下的体积，或称为表观体积（m³ 或 cm³）。

材料的表观体积是指包括材料内部孔隙在内的体积。对于形状规则的体积可以直接量测计算而得（例如各种砌块、砖）；形状不规则的体积可将其表面蜡封，然后采用排水体积法或体积仪直接测得。

这些方法经过不断的发展,逐渐成为检测砖与砌块等建筑工程材料表观密度的标准方法。例如,针对陶瓷砖材料,采用《陶瓷砖试验方法 第3部分:吸水率、显气孔率、表观相对密度和容重的测定》(GB/T 3810.3—2016)的检测方法;针对混凝土砌块,则采用《轻集料混凝土小型空心砌块》(GT/B 15229—2011)与《普通混凝土小型空心砌块》(GT/B 8239—2014)作为检测参数及执行标准。

当材料孔隙内含有水分时,其质量和体积均有所变化,因此测定材料表观密度时,必须注明其含水状态。如绝干(烘干至恒重)、风干或气干(长期在空气中干燥)、含水湿润状态、吸水饱和状态,相应的表观密度为干表观密度、气干表观密度、湿表观密度、饱和表观密度。通常所说的表观密度是指气干表观密度。

3. 堆积密度

堆积密度是指粉状、颗粒状材料在自然堆积状态下单位体积的质量。其计算式为

$$\rho_0' = \frac{m}{V_0'} \qquad (2-3)$$

式中　ρ_0'——材料堆积密度(kg/m^3);

m——材料质量(kg);

V_0'——材料堆积体积(m^3)。

堆积密度的测量是采用《分子筛堆积密度测定方法》(GB/T 6286—1986)作为标准测定方法,该方法是将试样以一定的方式填充在一定容积的容器中,测定试样的吸水量,扣除吸附水分,求得干燥试样的质量,计算其堆积密度。

材料的堆积体积既包括颗粒体积(颗粒内有孔隙)又包括颗粒间空隙的体积。砂石等散粒状材料的堆积体积,可通过在规定条件下用填充容量筒容积来求得,材料堆积密度的大小取决于颗粒的表观密度和堆积的疏密程度。

4. 密实度与孔隙率

1) 密实度(D)

密实度是指材料体积内被固体物质所充实的程度。其计算式为

$$D = \frac{V}{V_0} = \frac{\frac{m}{\rho}}{\frac{m}{\rho_0}} = \frac{\rho_0}{\rho} \times 100\% \qquad (2-4)$$

对于绝对密实材料,因$\rho_0 = \rho$,故$D = 1$或$D = 100\%$;对于大多数建筑材料,因$\rho_0 < \rho$,故$D < 1$或$D < 100\%$。

随着现代建筑工程对材料要求的不断提高,对于密实度的检测已有标准提出了一套较为完善的检测方法和等级划分,如《混凝土.新浇混凝土试验.第4部分:密实度等级》(JS 1651-4—2005)。同样,为了更加方便准确地检测建筑材料的密实度,还根据检测标准专门制备了相应的检测设备,如BR-ICCC压实度检测仪。

2) 孔隙率(P)

孔隙率是指材料体积内孔隙体积与材料总体积的比率。其计算式为

$$P = \frac{V_0 - V}{V_0} = 1 - \frac{V}{V_0} = \left(1 - \frac{\rho_0}{\rho}\right) \times 100\% \tag{2-5}$$

由式(2-5)可得

$$P + D = 1 \tag{2-6}$$

材料的密实度和孔隙率是从两个不同侧面反映材料的密实程度,通常多用孔隙率表示。

建筑材料的许多性质如强度、吸水性、抗渗性、抗冻性、导热性及吸声性都与材料的孔隙有关。这些性质除取决于孔隙率的大小外,还与孔隙的构造特征密切相关。孔隙特征主要指孔隙的种类、大小及分布。孔隙可分为连通孔隙和封闭孔隙两种。连通孔隙不仅彼此贯通而且与外界相通,而封闭孔隙彼此不连通且与外界隔绝。孔隙按其尺寸大小又可分为粗孔和细孔。同种材料,凡孔隙率小、孔隙细小、分布均匀而封闭者,其吸水性小,抗渗和抗冻性高,抗化学侵蚀性也强。孔隙率大、孔隙细小而封闭者,材料导热性差,保温、绝热性能好。因此,常用的建筑工程材料基本上对孔隙率都有一定的要求,例如,烧结砖或砌块,为了确保其保温性能,需要符合《烧结保温砖和保温砌块》(GB/T 26538—2011)的规定;同样类似的还有耐火砖,需要通过《耐火砖的表观孔隙率、吸水率比重的检测方法》(JIS R2205—1992)进行检测,并且检测结果要符合相应的使用要求。几种常见材料的孔隙率列于表 2-1。

表 2-1　常用材料的密度、表观密度、堆积密度及孔隙率

材料名称	密度 $\rho /$ $(\mathrm{g \cdot cm^{-3}})$	表观密度 $\rho_0 /$ $(\mathrm{kg \cdot m^{-3}})$	堆积密度 $\rho' /$ $(\mathrm{kg \cdot m^{-3}})$	孔隙率 $P /\%$
钢	7.85	7 850	—	—
花岗岩	2.70～3.00	2 500～2 900	—	0.5～1.0
石灰岩	2.40～2.60	1 800～2 600	—	0.6～3.0
砂	—	—	1 500～1 560	35～40(空隙率)
水泥	2.80～3.10	—	1 200～1 300	50～55(空隙率)
普通黏土砖	2.50～2.70	1 600～1 900	—	20～40
黏土空心砖	2.50～2.70	1 000～1 400	—	50～60
普通混凝土	—	2 200～2 600	—	5～20
松木	1.55～1.60	400～800	—	55～75
泡沫塑料	—	20～50	—	98

5. 填充率与空隙率

填充率(D')是指散粒材料在某堆积体积内被颗粒填充的程度。其计算式为

$$D' = \frac{V_0}{V_0'} = \frac{\rho_0'}{\rho_0} \times 100\% \tag{2-7}$$

空隙率(P')是指散粒材料在某堆积体积内颗粒之间的空隙体积所占的比例。其计算式为

$$P' = \frac{V_0' - V}{V_0'} = 1 - \frac{V}{V_0'} = \left(1 - \frac{\rho_0'}{\rho}\right) \times 100\% \tag{2-8}$$

由式(2-7)和式(2-8)可得填充率与空隙率之间的关系为

$$P' + D' = 1 \tag{2-9}$$

式(2-8)求得的空隙率是颗粒之间空隙体积与散粒材料堆积体积之比,而散粒材料本身颗粒的孔隙率,则是颗粒内部的孔隙体积与颗粒外形所包含体积即表观体积之比。

在填充和黏结颗粒状材料时,空隙率为确定胶结材料的需要量提供了依据。

因此,在建筑工程材料领域,需要对不同材料的空隙率进行相关规定。而目前对于不同的材料已经提出了相关的标准要求。例如《砖石检验方法.第 4 部分:天然石块工件密度、体积密度、整体空隙率以及开口空隙率的测定》(EN 772-4—1998)、《玻璃纤维增强塑料空隙率的测定、点燃、机械分解时的损失及统计计数法》(JIS K7053—1999)、《纤维水泥制品试验方法》(GB/T 7019—1997)。

以上所介绍的基本物理参数,既是判别、推断或改进材料性质的重要指标,又是在材料的估算、贮运、验收和配料等方面直接使用的数据。应牢固掌握它们的定义,并注意区分每一种密度概念之间的差别与联系,熟悉其具体的计算方法。

2.1.2 材料与水有关的性质

1. 亲水性与憎水性

材料在与水接触时,根据材料表面被水润湿的情况,可分为亲水性材料和憎水性材料。

润湿是水在材料表面被吸附的过程。当材料在空气中与水接触时,在材料、水、空气三相交点处,沿水滴表面引切线与材料表面所夹的角,称为润湿角。若材料分子与水分子间相互作用力大于水分子之间的作用力,材料表面就会被水润湿,此时 $\theta \leq 90°$(图 2-1a),这种材料称为亲水性材料。反之,若材料分子与水分子间的相互作用力小于水分子之间的作用力,则表示材料不能被水润湿,此时 $90° < \theta < 180°$(图 2-1b),这种材料称为憎水性材料。很显然,润湿角 θ 越小,材料的亲水性越好。当 $\theta = 0°$ 时,表明材料完全被水润湿。

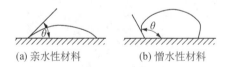

(a) 亲水性材料　　　　(b) 憎水性材料

图 2-1　材料的润湿角

大多数建筑材料,如石料、砖、混凝土、木材等都属于亲水性材料,表面均能被水润湿;沥青、石蜡、某些塑料都属于憎水性材料,表面不能被水润湿。因此,憎水性材料经常用作防水材料或用作亲水性材料表面的憎水处理。

对建筑工程材料的亲水性与憎水性进行检测是整个建筑工程当中十分重要的一环,因此,针对相应的材料已提出了标准的检测方法,如《普通磨料亲水性测定方法》(JB/T 7984.4—1995)。

2. 吸水性

吸水性是指材料在水中吸收水分的性质。吸水性的大小用吸水率表示,吸水率有质量吸水率和体积吸水率之分。

质量吸水率 $W_质$ 是材料吸收的水分质量占材料干燥质量的百分比。其计算式为

$$W_质 = \frac{m_吸 - m_干}{m_干} \times 100\% \qquad (2\text{-}10)$$

式中　$m_吸$——材料吸水饱和后的质量(kg);

　　　$m_干$——材料在干燥状态下的质量(kg)。

计算材料吸水率时一般用 $W_质$,但对于某些轻质材料比如加气混凝土、软木等,由于具有很多开口且微小的孔隙,其质量吸水率往往超过 100%,此时用体积吸水率来表示其吸水性。

同样,吸水率的检测方法也根据检测材料的不同而有所区别。例如,《木材吸水性测定方法》(GB/T 1934.1—2009)、《利用自动接触角测试仪测定薄板材料的表面湿润性和吸水性的试验方法》(ANSI/ASTM D5725—1997)、《建筑用绝热制品　浸泡法测定长期吸水性》(GB/T 30807—2014)。

材料吸水率的大小除了与材料本身的成分有关外,还与材料的孔隙率和孔隙构造特征有密切的关系,一般来说,材料具有细小连通孔时,其孔隙率则大,吸水率也高。如果孔多是封闭孔(水分不易渗入)或粗大连通孔(水分不易存留),即使有较高的孔隙率,吸水率也不一定高。

3. 吸湿性

材料在潮湿空气中吸收空气中水分的性质称为吸湿性。吸湿性的大小可用含水率 $W_含$ 表示。其计算式为

$$W_含 = \frac{m_含 - m_干}{m_干} \times 100\% \qquad (2\text{-}11)$$

式中　$m_含$——材料含水时的质量(g);

　　　$m_干$——材料干燥至恒重时的质量(g)。

从上面公式中可以看到,当材料孔隙中含有一部分水分时,这部分水占材料干重的百分率称为材料含水率。当材料的含水率达到与空气中湿度相平衡时称为平衡含水率。材料含水率除与空气湿度有关外,还与材料本身组织构造有关。一些吸湿性大的材料,由于大量吸收空气中的水汽而重量增加、强度降低、体积膨胀、尺寸改变,如木门窗在潮湿环境中就不易开关,保温材料吸湿后则会降低其保温隔热性能。

由式(2-11)可得

$$m_含 = m_干(1 + W_含) \qquad (2\text{-}12)$$

$$m_干 = \frac{m_含}{1 + W_含} \qquad (2\text{-}13)$$

式(2-12)是根据材料干重计算湿重的公式,式(2-13)是根据材料湿重计算干重的公式,

是材料用量计算中常用的两个公式。

因此,检测建筑工程材料的吸湿性对工程质量的把控十分重要,目前根据此类需要,已经提出了相关的标准检测方法。例如,《建筑材料和制品湿热性能 吸湿性质的测定》(ISO 12571—2000)、《纤维板表面吸湿性测定硬板试验方法》(EN 382-2—1993)、《建筑物材料吸湿性能的试验方法》(JIS A1475—2004)。

4. 耐水性

材料长期在饱和水作用下不被破坏、强度也无明显下降的性质称为耐水性。一般来讲,材料长期在饱和水作用下会削弱其内部结合力,强度会有不同程度的降低,就算是结构密实的花岗岩,当其长期浸泡在水中时,强度也将下降3%左右。孔隙率较大的普通黏土砖和木材受水的影响更为明显。材料的耐水性用软化系数($K_{软}$)表示。其计算式为

$$K_{软} = \frac{f_{饱和}}{f_{干}} \tag{2-14}$$

式中 $K_{软}$——材料软化系数;

  $f_{饱和}$——材料在饱和水状态下的抗压强度(MPa);

  $f_{干}$——材料在干燥状态下的抗压强度(MPa)。

材料软化系数在0~1范围之间,软化系数值越大,材料的耐水性越好。对于受长期浸泡或处于潮湿环境的重要建筑或构筑物,必须选用耐水材料,其软化系数不得低于0.85,通常将软化系数在0.85以上的材料称为耐水材料。处于干燥环境中的材料可以不考虑软化系数。

软化系数的大小表明材料浸水后强度降低的程度。根据建筑物所处的环境,软化系数是选择材料的重要依据。

为了测得材料的软化系数等数据以用来衡量材料的耐水性,需要具有操作性与可靠性的检测方法。例如,《建筑物外部用墙壁板材耐水性的试验方法》(JIS A1438—1992)。

2.2 力学性质

2.2.1 强度

材料在外力(载荷)作用下抵抗破坏的能力称为强度。当材料承受外力作用时,内部就产生应力。外力逐渐增加,应力相应加大;直到质点间的作用力不能够再承受应力作用时,材料被破坏,此时的极限应力值就是测量的强度。

根据外力作用方式的不同,材料强度可分为抗压强度、抗拉强度、抗剪强度及抗弯强度等。

1. 抗压、抗拉及抗剪强度

材料的抗压、抗拉及抗剪强度均按式(2-15)计算:

$$f = \frac{F_{max}}{A} \tag{2-15}$$

式中 f——材料的强度(MPa);

F_{max} ——破坏时最大载荷(N);

A ——受荷面积(mm^2)。

2. 抗弯强度

测量抗弯强度的一般试验方法是将条形试件放在两支点上,中间作用一集中载荷,对于矩形截面试件,抗弯强度按式(2-16)计算:

$$f_m = \frac{3F_{max}L}{2bh^2} \qquad (2\text{-}16)$$

另外的试验方法是在跨度的分点上作用两个相等的集中载荷,抗弯强度按式(2-17)计算:

$$f_m = \frac{F_{max}L}{bh^2} \qquad (2\text{-}17)$$

式中　f_m ——抗弯强度(MPa);

F_{max} ——弯曲破坏时最大载荷(N);

L ——试件的跨度(mm);

b, h ——试件横截面的宽和高(mm)。

不同种类的材料具有不同的抵抗外力的特点。相同种类的材料,随其孔隙及构造特征的不同,其强度也有较大的差异。建筑材料中的砖、石材、混凝土和铸铁等的抗压强度较高,而抗拉及抗弯强度很低。木材顺纹方向的抗拉强度高于抗压强度。钢材的抗拉、抗压强度都很高。因此,砖、石材、混凝土等多用在房屋的墙和基础等承压部位;钢材则适用于承受各种外力的构件和结构。常用材料的强度值列于表2-2。

表 2-2　常用材料的强度　　单位:MPa

材料	抗压	抗拉	抗弯
花岗岩	100~250	5~8	10~14
普通黏土砖	7.5~20	—	1.8~4.0
普通混凝土	7.5~60	1~4	—
松木(顺纹)	30~50	80~120	66~100
建筑钢材	235~1 600	235~1 600	—

根据强度的大小,材料可划分为若干不同的等级,按等级将建筑材料划分为若干标号。

材料的各项强度均能够通过试验检测得到,而其检测过程则需要按照一定的检测标准。例如,针对木材而言,可选用《木材横纹抗拉强度试验方法》(GB/T 14017—2009)、《木材顺纹抗拉强度试验方法》(GB/T 1938—2009)、《木材抗弯强度试验方法》(GB/T 1936.1—2009)、《木材顺纹抗压强度试验方法》(GB/T 1935—2009)、《木材顺纹抗剪强度试验方法》(GB/T 1937—2009);针对混凝土而言,选用《挤压成型混凝土抗压强度试验方法》(JG/T 520—2018)、《回弹法检测混凝土抗压强度技术规程》(JGJ/T 23—2001)、《多孔混凝土的体积比重、含水率、吸水率及抗压强度的试验方法》(JIS A1161—1994)、《混凝土抗弯强度试验法(三分点载重法)》(CNS 1233—1984);针对陶瓷而言,选用《多孔陶瓷压缩强度试验方法》(GB/T 1964—1996)。

2.2.2 弹性与塑性

材料在外力作用下产生变形,当外力取消后,能够完全恢复原来形状的性质称为弹性。这种能完全恢复的变形称为弹性变形(或瞬时变形)。

材料在外力作用下产生变形,如果取消外力,仍保持变形后的形状和尺寸,并且不产生裂缝的性质称为塑性。这种不能恢复的变形称为塑性变形(或永久变形)。

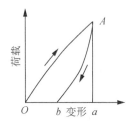

图2-2 弹-塑性材料的变形曲线

实际上,单纯的弹性材料是不存在的。有的材料在受力不大的情况下,表现为弹性变形,但受力超过一定限度后,则表现为塑性变形,如建筑钢材。有的材料在受力后,弹性变形及塑性变形同时产生,如图2-2所示。如果取消外力,则弹性变形 ba 段可以恢复,而其塑性变形 Ob 段则不能恢复,如混凝土受力后的变形就属于这种性质。

同样以混凝土为例,为了准确检测其弹性性质,使用标准检测方法《混凝土.受静压力弹性模量测定》(TIS 1744—1999)来检测其弹性性质。

2.2.3 脆性与韧性

当外力达到一定限度后,材料突然破坏而无明显塑性变形的性质称为脆性。脆性材料的变形曲线如图2-3所示。脆性材料的抗压强度比抗拉强度要高很多,其抵抗振动作用和抵抗冲击载荷的能力很差。砖、石材、陶瓷、玻璃、混凝土和铸铁等属于脆性材料。

在冲击、振动载荷作用下,材料能够吸收较大的能量,同时也能产生较大的变形而不致破坏的性质称为韧性(冲击韧性)。建筑工程中,对于要承受冲击载荷和抗震要求的结构,都要考虑材料的冲击韧性。

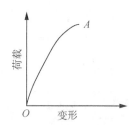

图2-3 脆性材料的变形曲线

因此,不同的材料有不同的检测方法。例如,混凝土作为典型的脆性材料,没有屈服点,也就没有屈服强度,只有抗压强度、抗弯强度和抗拉强度的标准,而且混凝土的标号正是根据《混凝土强度检验评定标准》(GB/T 50107—2010),以抗压强度作为标准来表达的。同样,塑料作为典型的韧性材料,能够使用《塑料 简支梁冲击性能的测定 第1部分:非仪器化冲击试验》(GB/T 1043.1—2008)来对其韧性进行检测。

材料在长期荷载作用下,除产生瞬间的弹性变形和塑性变形外,还会产生随时间而增长的非弹性变形——徐变。如图2-4所示,在加荷瞬间,材料产生瞬时变形,随时间的延长又产生徐变;在加荷初期,徐变增长较快,以后逐渐变慢并稳定下来,最终徐变量可达 $(3\sim5)\times10^{-4}$,即 $0.3\sim1.5$ mm/m;卸载后,一部分变形瞬时恢复,其值小于加荷瞬间产生的瞬时变形,在一段时间内变形还会继续恢复,称为徐变恢复,最后残存的不能恢复的变形称为残余变形。同样,建筑材料的徐变性能也要按照相应的测量标准进行检测,例如,混凝土的徐变测量需要参照《普通混凝土长期性能和耐久性能试验方法标准》(GB/T 50082—2009)中的相关叙述。

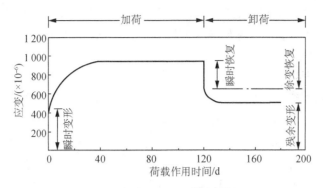

图 2-4　徐变变形与徐变恢复

徐变受很多因素影响,主要取决于水泥的用量与龄期,水泥用量越大,水灰比越大,养护不充分,龄期越短,徐变越大。徐变对结构的有利影响是可消除结构物内的应力集中,使应力重新分布,从而使局部应力集中得到缓解;对大体积混凝土则能消除一部分由于温度变形所产生的破坏应力。徐变的不利影响是在预应力结构中,混凝土徐变将使钢筋预应力受到损失。

2.3　耐久性

材料在建筑物的使用过程中,除受到各种外力作用外,还长期受到各种使用因素和自然因素的破坏作用。这些破坏作用有物理作用、机械作用、化学作用和生物作用。

物理作用包括温度和干湿的交替变化、循环冻融等。温度和干湿的交替变化引起材料的膨胀和收缩,长期、反复地交替作用,使材料逐渐破坏。在寒冷地区,循环的冻融对材料的破坏更为明显。机械作用包括载荷的持续作用、反复荷载引起材料的疲劳、冲击疲劳、磨损等。化学作用包括酸、碱、盐等液体或气体对材料的侵蚀作用。生物作用包括昆虫、菌类等的作用而使材料蛀蚀、腐朽或霉变。

一般建筑材料,如石材、砖瓦、陶瓷、混凝土、砂浆等,暴露在大气中时,主要受到大气的物理作用;当材料处于水位变化区或水中时,还受到环境水的化学侵蚀作用。金属材料在大气中易遭锈蚀。木材及植物纤维材料,常因虫蚀、腐朽而遭到破坏。各种高分子材料,在阳光、空气及热的作用下,会逐渐老化、变质而破坏。

材料的耐久性,是在使用条件下,在上述各种因素作用下,在规定使用期限内不破坏,也不失去原有性能的性质。诸如抗冻性、抗风化、抗老化性、耐化学侵蚀性等均属于材料的耐久性。

2.3.1　抗冻性

材料在吸水饱和状态下,能经受多次冻融循环作用而不被破坏,同时也不严重降低强度的性质称为抗冻性,用抗冻标号表示。

材料经多次冻融交替作用后,表面将出现剥落、裂纹,产生质量损失,强度也会降低。冰冻的破坏作用是由材料孔隙内的水分结冰而引起的。水结冰时体积约增大 9%，从而对孔隙产生压力而使孔壁开裂。抗冻标号表示材料所能承受的最大冻融循环次数，此时其质量损失、强度降低均不低于规定值。如混凝土抗冻标号 D_{15}，指混凝土所能承受的最大冻融循环次数是 15 次（在 $-15\ ℃$ 的温度下冻结后，再在 $200\ ℃$ 的温度中融化，为一次冻融循环），这时强度损失率不超过 25%，质量损失不超过 5%。

冬季室外计算温度低于 $-15\ ℃$ 的地区，其重要工程材料必须进行抗冻性实验。例如，混凝土作为重要的建筑工程材料，需要对其抗冻性进行检测，而对应不同的建筑材料，其检测方法也不同，例如，针对混凝土材料，抗冻性试验方法主要有快冻法和慢冻法两种，主要规范有《水工混凝土试验规程》(DL/T 5150—2017) 和《水运工程混凝土试验检测技术规范》(JTS/T 236—2019)。同时，抗冻性作为建筑材料应用性能当中的一项重要指标，目前已经使用相应的检测设备并参照相应的标准《混凝土抗冻试验设备》(JG/T 243—2009) 进行检测。除此之外，对材料抗冻性的要求，视工程类别、结构部位、所处环境、使用条件以及建筑物等级仍有不同要求。

2.3.2　抗化学腐蚀性

化学作用主要包括酸、碱、盐等物质的水溶液和有害气体的侵蚀作用，这种侵蚀作用使材料逐渐发生质变、孔隙增大、强度降低而引起破坏。而且由于建筑工程材料种类复杂，应用环境更加复杂，因此需要不同的检测方法以及不同的抗腐蚀标准。以陶瓷砖为例，该类材料存在釉面，因此该类材料应按照《陶瓷砖釉面抗化学腐蚀试验方法》(GB/T 13478—1992) 标准方法进行检测，并且检测结果达到相应要求，才能使用。

工程中常以增加密实性、设保护层、采用耐腐蚀材料等方法提高材料的抗腐蚀能力。

2.3.3　碳化

碳化主要是空气中的 CO_2 对材料的破坏，如塑料、沥青老化等，同时也包括砖、石材、混凝土等材料暴露在大气中，受到风吹、日晒、雨淋、霜雪作用产生风化。因此，工程中应对易碳化材料采取相应措施，如钢材涂防锈漆，在塑料和沥青中掺抗碳化试剂等，可以防止材料碳化破坏。经过处理的建筑工程材料能否应用于建筑工程当中，需要通过碳化系数来衡量，不同材料碳化系数的检测按照不同的标准检测方法，例如，混凝土材料按照《混凝土砌块和砖试验方法》(GB/T 4111—2013) 进行检测。

2.4　热工、声学、光学性质

2.4.1　热工性质

建筑工程材料除需要满足必要的强度及其他性能要求外，还应满足人们生活、生产方面的要求，为生产和生活创造适宜的条件，并节约建筑物的使用能耗。

1. 导热性

材料传导热量的性质称为导热性，以导热系数表示，即

$$\lambda = \frac{Qa}{At(T_2 - T_1)} \tag{2-18}$$

式中　λ ——导热系数[W/(m·K)];

　　　Q ——总传热量(J);

　　　a ——材料厚度(m);

　　　A ——热传导面积(m²);

　　　t ——热传导时间(s);

　　　$T_2 - T_1$——材料两面温度差(K)。

材料的导热系数越大,其传导的热量就越多。

导热系数与材料的组成、结构及构造有关,同时还受含水率及两面温度差的影响。一般无机材料比有机材料的导热系数大,结晶材料比非结晶材料的导热系数大,如结晶态的 SiO_2 的导热系数为 8.97 W/(m·K),玻璃态的 SiO_2 的导热系数为 1.13 W/(m·K)。同一组成而质量小、气孔多的材料导热系数小,材料受潮后导热系数增大,饱和水结冰后导热系数更大。材料气孔充水后,导热系数由 0.025 W/(m·K)提高到 0.60 W/(m·K),提高了 20 多倍。如水再结冰,冰的导热系数为 2.20 W/(m·K),比气孔材料的导热系数提高了 80 多倍。

而对于建筑材料来讲,检测新型建筑材料当中绝热材料的导热系数是十分重要的。例如,《绝热材料稳态热阻及有关特性的测定防护热板法》(GB/T 10294—2008)是检测建筑绝热材料平均导热系数、热传递系数以及表观导热系数的普遍适用标准。而且为了适应目前建筑材料行业的发展,满足实际应用要求,根据上述标准,已经研发出了相对方便的检测设备——平板导热仪 TPMBE-300(图 2-5),该仪器能够自动控制、自动完成数据采集和生成报表等功能。在一定程度上,满足了建筑工程发展的需求。

图 2-5　平板导热仪 TPMBE-300

材料导热性是一个非常重要的热物理性质,在设计围护结构、窑炉设备时,都要正确地选用材料,以满足隔热与传热的要求。

2. 热容量

材料受热(或冷却)时吸收(或放出)热量的性质称为材料的热容量,用热容量系数(比热)表示,即

$$C = \frac{Q}{m(T_2 - T_1)} \tag{2-19}$$

式中　C ——材料热容量系数[J/(g·K)];

　　　Q ——材料吸收(或放出)的热量(J);

　　　m ——材料的质量(g);

　　　$T_2 - T_1$——材料受热或冷却前后温差(K)。

由此可知,热容量系数指质量为 1 g 的材料,当温度升高(或降低)1 K 时所吸收(或释放)的热量。

热容量系数与材料质量之积称为材料的热容量值,它表示材料温度升高(或降低)1 K 所吸收或释放出的热量。热容量值大的材料,对于保持室内温度稳定性有良好的作用。如冬季房屋采暖后,热容量值大的材料,本身吸入储存较多的热量,当短期停止采暖后,它会放出吸入的热量,使室内温度变化不致很快。

热容量最大的物质是水,$C=4.19$ J/(g·K)。由此可知,蓄水的平屋顶能使房间冬暖夏凉。

常用建筑材料的比热需要通过标准的检测方法来进行检测,例如,塑料材料一般按照《差示扫描量热法(DSC)第 4 部分:比热容的测定》(GB/T 19466.4—2016)来进行检测,但是其中存在部分经过特殊处理的塑料板材,例如纤维增强塑料,要按照《纤维增强塑料平均比热容试验方法》(GB/T 3140—2005)来进行检测。

常用材料的热工性质见表 2-3。

表 2-3　常用材料的导热系数和热容量系数指标

材料名称	导热系数/[W·(m·K)$^{-1}$]	热容量系数/[J·(g·K)$^{-1}$]
建筑钢材	58	0.48
花岗岩	3.49	0.92
普通混凝土	1.28	0.88
水泥砂浆	0.93	0.84
白灰砂浆	0.81	0.84
普通黏土砖	0.81	0.84
黏土空心砖	0.64	0.92
松木	0.17~0.35	2.51
泡沫塑料	0.03	1.30
冰	2.20	2.05
水	0.60	4.19
静止空气	0.025	1.00

3. 耐燃性

材料在建筑物失火时,能经受高温与水的作用而不破坏、不严重降低强度的性能,称为材料的耐燃性。据此,材料(或结构物)的燃烧性能可分为三大类。

(1)不燃烧类:遇火、遇高温不易起火,不易燃,不碳化。如普通黏土砖、天然石材、水泥砂浆、混凝土、石棉等。

(2)难燃烧类:遇火、遇高温不易起火,易燃,易碳化,只有在火源存在时能继续燃烧,或易燃火焰熄灭后即停止燃烧。如沥青混凝土、木丝板、经防火处理的木材等。

(3)燃烧类:遇火、遇高温即起火,易燃,并且在离开火源后能继续燃烧或易燃。如木材、沥青及多数有机材料等。

以上建筑材料的燃烧性能分类是按照《建筑材料及制品燃烧性能分级》(GB 8624—2006)来划分的。而针对不同种类的耐燃性建筑材料,则需要采用不同的检测方法,分别为《建筑材料不燃性试验方法》(GB/T 5464—2010)、《建筑材料难燃性试验方法》(GB/T 8625—2005)、《建筑材料可燃性试验方法》(GB/T 8626—2007)。

4. 耐火性

材料在长期高温作用下,不熔、不燃且仍能承受一定荷载的性能称为材料的耐火性,保持材料原有性质所能承受的最高温度,称为耐火度。工业窑炉、锅炉的燃烧室及烟道等材料,必须具有一定的耐火性。

(1)耐火材料:耐火度不低于 1 580 ℃的材料。如耐火砖中的硅砖、镁砖、铅铬砖等。

(2)难熔材料:耐火度为 1 350～1 580 ℃的材料。如难熔黏土砖、黏土熟料、耐火混凝土等。

(3)易熔材料:耐火度低于 1 350 ℃。如普通黏土砖等。

同样,在选用不同耐火性的建筑材料用于建筑领域当中时,要对实际应用部分进行耐火性检测,以确保建筑材料在实际应用过程中具有安全保障。例如,建筑门窗需要参照《建筑门窗耐火完整性试验方法》(GB/T 38252—2019)进行检测。

2.4.2　声学性质

1. 吸声性

当声波传播到材料的表面时,一部分被反射,另一部分穿透材料,其余部分则传递给材料。对于含有大量连通孔隙的材料,传递给材料的声能在材料的孔隙中,引起空气分子与孔壁的摩擦和黏滞阻力,使相当一部分声能转化为热能而被吸收或消耗掉。声能穿透材料和被材料消耗的性质称为材料的吸声性。评定材料吸声性能好坏的主要指标为吸声系数 α,即

$$\alpha = \frac{E_a + E_c}{E_0} \tag{2-20}$$

式中　E_a——穿透材料的声能(W);

　　　E_c——材料消耗掉的声能(W);

　　　E_0——入射到材料表面的全部声能(W)。

吸声系数 α 值越大,表示材料吸声效果越好。

吸声系数 α 与声音的频率和入射方向有关。同一材料对不同频率的声波,有不同的 α 值。通常规定以 125,250,500,1 000,2 000,4 000 Hz 等 6 个特定频率,测得平均吸声系数 $\bar{\alpha}$,$\bar{\alpha} \geqslant 0.20$ 的材料称为吸声材料。

不同的吸声材料应满足其相应的标准,例如,玻璃棉应满足《吸声用玻璃棉制品》(JC/T 469—2014);使用膨胀珍珠岩加工的板材应满足《膨胀珍珠岩装饰吸声板》(JC/T 430—2012)。

影响材料吸声效果的因素有材料的表观密度和声速、材料的孔隙构造及材料的厚度等。

2. 隔声性

隔声与吸声不同,不能简单地把吸声材料作为隔声材料使用。

声波在建筑结构中的传播主要通过空气和固体来实现。因而隔声方式可分为隔空气声和隔固体声两种。这两种隔声方法是不同的。

隔声量 R,又称传声损失,表示材料隔绝空气声的能力,是在标准隔声试验室内测出的,其单位为分贝(dB)。R 越大,隔声效果越好。

根据声学中的"质量定律",墙或板的隔声量主要取决于单位面积的材料质量(kg/m^2),材料的质量越大,越不易振动,则隔声效果越好。因此,必须选用密实、沉重的材料(如黏土砖、钢板、钢筋混凝土)作为隔声材料。

隔声性能的优劣要通过标准方法进行检测,在实验室中按照《建筑和建筑构件隔声测量》(GB/T 19889—2017);在施工现场则按照《建筑和建筑构件隔声声强法测量》(GB/T 31004—2014)。

对隔固体声最有效的措施是采用不连续的结构,即在楼板层与结构之间加弹性衬垫,如毛毡、软木、橡皮等材料,或在楼板上铺设地毯、塑料地面、木地板等柔软材料,以吸收能量而减声。

2.4.3 光学性质

光是以电磁波形式传播的辐射能。电磁波辐射的波长范围很广,只有波长在 380~760 nm 的这部分辐射才能引起光视觉,称为"可见光"。波长短于 380 nm 的光是紫外线、X 射线;长于 760 nm 的光是红外线、无线电波等。

光的波长不同,人眼对其产生的颜色感觉也不同。各种颜色的波长之间并没有明显的界限,即一种颜色逐渐减弱,另一种颜色则逐渐增强,慢慢变到另一种颜色。另外,波长还关系到光通量、发光强度、无线电波等。

根据光学原理,颜色不是材料本身固有的,而决定于材料的光谱反射、光线的光谱组成、观看者的光谱敏感性。其中光线尤为重要,按《彩色建筑材料色度测量方法》(GB/T 11942—1989)评定。

材料的光泽是材料表面的特征。光线照到物体上,一部分被反射,另一部分被吸收,如果物体是透明的,则有一部分透射物体。当光线入射角和反射角对称时,为镜面反射;当反射光线分散在各个方向时称为漫反射,漫反射与物体颜色和亮度有关。镜面反射是产生光泽的主要因素,对物体形象形成的清晰程度、反射光线的强弱起决定性作用,材料的光泽按《建筑饰面材料镜向光泽度测定方法》(GB/T 13891—2008)评定。

另外,材料的光学性质,还关系到材料的透明度、表面组织、形状尺寸和立体造型等。

总之,一幢建筑物(或建筑群体),除了满足物理、力学等性能外,还要充分利用自然光线为室内采光,建筑的立面要充分运用自然光形成凹凸的光影效果、强烈的明暗对比,使建筑物矗立在大地上栩栩如生、色泽鲜明、清晰、立体感强,美观耐久。

第3章

气硬性胶凝材料及其制品

3.1 石灰

我国在公元前7世纪开始使用石灰,至今石灰仍然是用途广泛的建筑材料。石灰具有较强的碱性,在常温下,能与玻璃态的活性氧化硅或活性氧化铝反应,生成具有水硬性的产物,产生胶结。因此,石灰还是建筑材料工业中重要的原材料。

3.1.1 石灰生产的原料

凡是以碳酸钙为主要成分的天然岩石,如石灰岩、白垩、白云质石灰岩等,都可用来生产石灰。

将主要成分为碳酸钙($CaCO_3$)的天然岩石,在适当温度下煅烧,排除分解出的二氧化碳(CO_2)后,所得的以氧化钙(CaO)为主要成分的产品即石灰,又称生石灰。

$$CaCO_3 \Longrightarrow CaO + CO_2 \uparrow$$

在实际生产中,为加快分解,煅烧温度常提高到 $1\,000 \sim 1\,100$ ℃。由于石灰石原料的尺寸大,或煅烧时窑中温度分布不匀等原因,石灰中常含有欠火石灰和过火石灰。欠火石灰中的 $CaCO_3$ 未完全分解,使用时缺乏黏结力。过火石灰结构密实,表面常包覆一层熔融物,熟化很慢。由于生产原料中常含有碳酸镁($MgCO_3$),因此生石灰中还含有次要成分氧化镁(MgO),根据 MgO 含量的多少,生石灰分为钙质石灰($MgO \leqslant 5\%$)和镁质石灰($MgO > 5\%$)。

生石灰呈白色或灰色块状,为便于使用,块状生石灰常需加工成生石灰粉、消石灰粉或石灰膏。生石灰粉是由块状生石灰磨细而得到的细粉,其主要成分是 CaO;消石灰粉是块状生石灰用适量水熟化而得到的粉末,又称熟石灰,其主要成分是 $Ca(OH)_2$;石灰膏是块状生石灰用较多的水(为生石灰体积的 $3 \sim 4$ 倍)熟化而得到的膏状物,也称石灰浆,其主要成分也是 $Ca(OH)_2$。

3.1.2 生产工艺

原始的石灰生产工艺是将石灰石与燃料(木材)分层铺放,引火煅烧一周即得。现代则采用机械化、半机械化立窑以及回转窑、沸腾炉等设备进行生产。煅烧时间也相应地缩短,用回转窑生产石灰仅需 $2 \sim 4$ h,生产效率比用立窑生产可提高5倍以上。目前又出现了横流式、双斜坡式及烧油环行立窑和带预热器的短回转窑等节能效果显著的工艺和设备,燃料也扩大为煤、焦炭、重油或液化气等。带预热器的短回转窑工艺流程如图3-1所示。

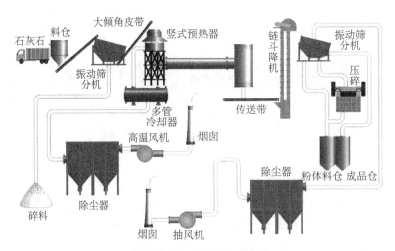

图 3-1　石灰生产工艺流程

3.1.3　熟化与硬化

生石灰（CaO）与水反应生成 $Ca(OH)_2$ 的过程,称为石灰的熟化或消化。反应生成的产物 $Ca(OH)_2$ 称为熟石灰或消石灰。

石灰熟化时放出大量的热,体积增大 1.5～2 倍。煅烧良好、CaO 含量高的石灰熟化较快,放热量和体积增大也较多。工地上熟化石灰常用两种方法:消石灰浆法和消石灰粉法。

$$CaO + H_2O === Ca(OH)_2$$
$$Ca(OH)_2 + CO_2 === CaCO_3 \downarrow + H_2O$$

根据加水量的不同,石灰可熟化成消石灰粉或石灰膏。石灰熟化的理论需水量为石灰质量的 32%。在生石灰中,均匀加入 60%～80% 的水,可得到颗粒细小、分散均匀的消石灰粉。若用过量的水熟化,将得到具有一定稠度的石灰膏。石灰中一般都含有过火石灰,过火石灰熟化慢,若在石灰浆体硬化后再发生熟化,会因熟化产生的膨胀而引起隆起和开裂。为了消除过火石灰的这种危害,石灰在熟化后,还应"陈伏"2 周左右。

石灰浆体的硬化包括干燥结晶和碳化两个同时进行的过程。石灰浆体因水分蒸发或被吸收而干燥,在浆体内的孔隙网中,产生毛细管压力,使石灰颗粒更加紧密而获得强度。这种强度类似于黏土失水而获得的强度,其值不大,遇水会丧失。同时,由于干燥失水,引起浆体中 $Ca(OH)_2$ 溶液过饱和,结晶出 $Ca(OH)_2$ 晶体,产生强度;但析出的晶体数量少,强度增长也不大。在大气环境中,$Ca(OH)_2$ 在潮湿状态下会与空气中的 CO_2 反应生成 $CaCO_3$,并释放出水分,即发生碳化。

碳化所生成的 $CaCO_3$ 晶体相互交叉连生或与 $Ca(OH)_2$ 共生,形成紧密交织的结晶网,使硬化石灰浆体的强度进一步提高。但是,由于空气中的 CO_2 含量很低,表面形成的 $CaCO_3$ 层结构较致密,会阻碍 CO_2 的进一步渗入,因此,碳化过程是十分缓慢的。

生石灰熟化后形成的石灰浆中,石灰粒子形成 $Ca(OH)_2$ 胶体结构,颗粒极细(粒径约为 $1\,\mu m$),比表面积很大(达 10～30 m^2/g),其表面吸附一层较厚的水膜,可吸附大量的水,因而有较强的保持水分的能力,即保水性好。将它掺入水泥砂浆中,配成混合砂浆,可显著提高砂浆的和易性。

石灰依靠干燥结晶以及碳化作用而硬化,由于空气中的 CO_2 含量低,且碳化后形成的 $CaCO_3$ 硬壳阻止 CO_2 向内部渗透,也妨碍水分向外蒸发,因而硬化缓慢,硬化后的强度也不高,1∶3 的石灰砂浆 28 d 的抗压强度只有 0.2～0.5 MPa。在处于潮湿环境时,石灰中的水分不蒸发,CO_2 也无法渗入,硬化将停止;加上 $Ca(OH)_2$ 微溶于水,已硬化的石灰遇水还会溶解溃散。因此,石灰不宜在长期潮湿和受水浸泡的环境中使用。

石灰在硬化过程中,要蒸发掉大量的水分,引起体积显著收缩,易出现干缩裂缝。所以,石灰不宜单独使用,一般要掺入砂、纸筋、麻刀等材料,以减少收缩,增加抗拉强度,并能节约石灰用量。

3.1.4　技术质量要求

石灰中产生胶结性的成分是有效 CaO 和 MgO,其含量是评价石灰质量的主要指标。石灰中的有效 CaO 和 MgO 的含量可以直接测定,也可以通过 CaO 与 MgO 的总量和 CO_2 的含量反映。生石灰还有未消化残渣含量的要求;生石灰粉有细度的要求;消石灰粉则还有体积安定性、细度和游离水含量的要求。

我国建材行业将建筑生石灰、建筑生石灰粉和建筑消石灰粉分为优等品、一等品和合格品三个等级。

3.1.5　深加工制品

石灰深加工制品主要有重质、轻质 $CaCO_3$ 制品,主要用于建材、冶金、制药、轻工等行业。

1. 碳化法
将石灰石等原料煅烧生成石灰(主要成分为 CaO)和 CO_2,加水消化石灰生成 $Ca(OH)_2$,再通入 CO_2,碳化石灰乳生成 $CaCO_3$ 沉淀,然后 $CaCO_3$ 沉淀经脱水、干燥后再经石灰磨粉机粉碎便制得轻质 $CaCO_3$。

2. 纯碱氯化钙法
在纯碱(Na_2CO_3)水溶液中加入氯化钙(CaCl),即可生成 $CaCO_3$ 沉淀。

3. 碱法
在生产烧碱(NaOH)过程中,可得到副产品轻质 $CaCO_3$。在 Na_2CO_3 水溶液中加入消石灰即可生成 $CaCO_3$ 沉淀,并同时得到 NaOH 水溶液,最后 $CaCO_3$ 沉淀经脱水、干燥和粉碎便制得轻质 $CaCO_3$。

4. 联钙法
用盐酸处理消石灰得到 CaCl 溶液,CaCl 溶液在吸入氨气(NH_3)后用 CO_2 进行碳化便得到 $CaCO_3$ 沉淀。

5. 苏尔维(Solvay)法
在生产 Na_2CO_3 过程中,可得到副产品轻质 $CaCO_3$。饱和食盐水在吸入 NH_3 后用 CO_2 进行碳化,便得到重碱[$Ca(HCO_3)_2$]沉淀和 NH_4Cl 溶液。在 NH_4Cl 溶液中加入石灰乳

$[Ca(OH)_2]$便得到氯化钙氨$(CaCl_2 \cdot 8NH_3)$水溶液,然后用CO_2对其进行碳化便得到$CaCO_3$沉淀。

3.2 石膏

石膏的应用由来已久,但是早期只是简单地用来做豆腐、做腻子和做简单工艺品等,缺少深入的研究开发,因而也就没有引起人们的重视。20世纪70年代后期,特别是我国实行改革开放以来,随着经济的高速发展,大量消费石膏的建筑、建材及其他相关工业对石膏的需求急剧增加,石膏引起了人们越来越多的重视,目前已形成了庞大的新兴产业。

3.2.1 石膏的原料

世界上最大的石膏生产国是美国,其次为德国、英国和西班牙。我国石膏矿产资源丰富,天然石膏矿产资源总储量达近600亿t,位居世界第一。我国也是化学石膏的制造大国,每年有大量的化学石膏产生:仅磷石膏每年就有多达近2 000万t,部分磷肥厂磷石膏的堆积量多达上千万吨,特别是随着我国经济的飞速发展和近年来对环境保护的重视,电厂脱硫已成为发电厂必需的工艺环节,产生了大量的脱硫石膏,另外还有柠檬酸石膏、氟石膏、盐石膏及其他化学石膏,依托丰富的天然与人工资源开展综合利用、发展石膏产业也是建设循环经济的需要。

3.2.2 石膏的凝结与硬化

天然二水石膏$(CaSO_4 \cdot 2H_2O)$又称生石膏,经过煅烧、磨细可得β型半水石膏$(2CaSO_4 \cdot H_2O)$,即建筑石膏,也称熟石膏、灰泥。煅烧温度为190 ℃时可得模型石膏,其细度和白度均比建筑石膏高。若将生石膏在400~500 ℃或高于800 ℃下煅烧,即得地板石膏,其凝结、硬化较慢,但硬化后强度、耐磨性和耐水性均较普通建筑石膏为好。

生石膏加热时存在三个排出结晶水阶段(表3-1):①105~180 ℃,首先排出1个水分子,随后立即排出半个水分子,转变为烧石膏$CaSO_4 \cdot 0.5H_2O$,也称熟石膏或半水石膏。②200~220 ℃,排出剩余的半个水分子,转变为Ⅲ型硬石膏$CaSO_4 \cdot \varepsilon H_2O (0.06 < \varepsilon < 0.11)$。③约350 ℃时,转变为Ⅱ型石膏$CaSO_4$,1 120 ℃时进一步转变为Ⅰ型硬石膏。熔融温度为1 450 ℃。

表3-1 石膏排出结晶水三阶段

结晶水排出阶段	温度	石膏
第一阶段	105~180 ℃	熟石膏或半水石膏
第二阶段	200~220 ℃	Ⅲ型硬石膏
第三阶段	350 ℃	Ⅱ型石膏
	1 120 ℃	Ⅰ型硬石膏

3.2.3 技术质量特性

石膏通常为白色、无色,无色透明晶体称为透石膏,有时因含杂质而成灰、浅黄、浅褐等色。性脆,硬度 1.5～2,不同方向稍有变化;相对密度 2.3,偏光镜下呈无色。

石膏及其制品具有微孔结构和加热脱水性,使之具有优良的隔声、隔热和防火性能。

3.2.4 石膏制品

生产石膏制品时,α 型半水石膏比 β 型半水石膏需水量少,制品有较高的密实度和强度。通常用蒸压釜在饱和蒸汽介质中蒸炼而成的是 α 型半水石膏,也称高强石膏;用炒锅或回转窑敞开装置煅炼而成的是 β 型半水石膏,亦即建筑石膏。工业副产品化学石膏具有天然石膏同样的性能,不需要过多的加工。半水石膏与水拌和的浆体重新形成二水石膏,其在干燥过程中迅速凝结硬化而获得强度,但遇水则软化。

石膏是生产石膏胶凝材料和石膏建筑制品的主要原料,也是硅酸盐水泥的缓凝剂。石膏经 600～800 ℃煅烧后,加入少量石灰等催化剂共同磨细,可以得到硬石膏胶结料(也称金氏胶结料);经 900～1 000 ℃煅烧并磨细,可以得到高温煅烧石膏。用这两种石膏制得的制品,强度高于建筑石膏制品,而且硬石膏胶结料有较好的隔热性,高温煅烧石膏有较好的耐磨性和抗水性。

利用建筑石膏生产的建筑制品主要有石膏粉、纸面石膏板、纤维石膏板、装饰石膏板、石膏空心条板和石膏砌块。

3.2.5 纸面石膏板生产工艺

1. 纸面石膏板种类

(1)普通纸面石膏板。

象牙白色纸面板芯、灰色板芯是最为经济与常见的品种,适用于无特殊要求的场所,使用场所连续相对湿度不超过 65%。因为价格的原因,很多人喜欢使用 9.5 mm 厚的普通纸面石膏板来做吊顶或隔墙,但是由于 9.5 mm 厚普通纸面石膏板比较薄、强度不高,在潮湿条件下容易发生变形,因此一般选用 12 mm 厚以上的石膏板。同时,使用较厚的板材也是预防接缝开裂的一个有效手段。

(2)耐水纸面石膏板。

其板芯和护面纸均经过了防水处理,根据国标的要求,耐水纸面石膏板的纸面和板芯都必须达到一定的防水要求(表面吸水量不大于 160 g,吸水率不超过 10%)。耐水纸面石膏板适用于连续相对湿度不超过 95% 的场所,如卫生间、浴室等。

(3)耐火纸面石膏板。

其板芯内增加了耐火材料和大量玻璃纤维,如果切开石膏板,可以从断面处看见很多玻璃纤维。质量好的耐火纸面石膏板会选用耐火性能好的无碱玻璃纤维,一般的产品都选用中碱或高碱玻璃纤维。

(4)防潮纸面石膏板。

具有较高的表面防潮性能,表面吸水率小于 160 g/m²,防潮石膏板用于环境潮度较大的房间吊顶、隔墙和贴面墙等。

表 3-2 为纸面石膏板执行标准。

表 3-2　纸面石膏板执行标准

序号	种　类	适用建筑档次	执行标准
1	普通纸面石膏板(代号 P)	一般	《纸面石膏板》(GB/T 9775—2008)
2	高级普通纸面石膏板(代号 GP)	中档、较高档或高档	主要指标高于《纸面石膏板》(GB/T 9775—2008)
3	耐水纸面石膏板(代号 S)	一般	《纸面石膏板》(GB/T 9775—2008)
4	高级耐水纸面石膏板(代号 GS)	中档、较高档或高档	ASTMC 630 和《纸面石膏板》(GB/T 9775—2008)
5	耐火纸面石膏板(代号 H)	一般	《纸面石膏板》(GB/T 9775—2008)
6	高级耐火纸面石膏板(代号 GH)	中档、较高档或高档	ASTM C36 和《纸面石膏板》(GB/T 9775—2008)
7	高级耐水耐火纸面石膏板(代号 GSH)	中档、较高档或高档	ASTM C630M-00 和《纸面石膏板》(GB/T 9775—2008)
8	普通装饰纸面石膏板(代号 ZP)	中档、较高档或高档	《装饰纸面石膏板》(JC/T 997—2006)
9	防潮装饰纸面石膏板(代号 ZF)	中档、较高档或高档	《装饰纸面石膏板》(JC/T 997—2006)

2. 性能特点

纸面石膏板作为一种新型建筑材料,在性能上有以下特点。

(1)生产能耗低,生产效率高:生产同等单位的纸面石膏板的能耗比水泥节省 78%;投资少,生产能力大,工序简单,便于大规模生产。

(2)轻质:用纸面石膏板做隔墙,质量仅为同等厚度砖墙的 1/15,砌块墙体的 1/10,有利于结构抗震,并可有效减少基础及结构主体造价。

(3)保温隔热:纸面石膏板板芯 60%左右是微小气孔,因空气的导热系数很小,因此具有良好的轻质保温性能。

(4)防火性能好:由于石膏芯本身不燃,且遇火时在释放化合水的过程中会吸收大量的热,延迟周围环境温度的升高,因此,纸面石膏板具有良好的防火阻燃性能。经国家防火检测中心检测,纸面石膏板隔墙耐火极限可达 4 h。

(5)隔声性能好:采用单一轻质材料,如加气混凝土、膨胀珍珠岩板等构成的单层墙体其厚度很大时才能满足隔声的要求;而纸面石膏板隔墙具有独特的空腔结构,因此具有很好的隔声性能。

(6)装饰功能好:纸面石膏板表面平整,板与板之间通过接缝处理形成无缝表面,表面可直接进行装饰。

(7)加工方便,可施工性好:纸面石膏板具有可钉、可刨、可锯、可粘的性能,用于室内装饰,可取得理想的装饰效果,仅需裁制刀便可随意对纸面石膏板进行裁切,施工非常方便,用它做装饰材料可极大地提高施工效率。

(8)舒适的居住功能:由于石膏板的孔隙率较大,并且孔结构分布适当,所以具有较高的透气性能。当室内湿度较高时,可吸湿;而当空气干燥时,又可释放出一部分水分,因而对室内湿度起到一定的调节作用。国外将纸面石膏板的这种功能称为"呼吸"功能,正是由于石膏板具有这种独特的性能,可在一定范围内调节室内湿度,使居住条件更为舒适。

(9) 绿色环保:纸面石膏板采用天然石膏及纸面作为原材料,决不含对人体有害的石棉(绝大多数的硅酸钙类板材及水泥纤维板均采用石棉作为板材的增强材料)。

(10) 节省空间:采用纸面石膏板作墙体,墙体厚度最小可达 74 mm,且可保证墙体的隔声、防火性能。

由于纸面石膏板具有质轻、防火、隔声、保温、隔热、加工性能良好(可刨、可钉、可锯)、施工方便、可拆装性能好、增大使用面积等优点,因此广泛用于各种工业建筑、民用建筑,尤其是在高层建筑中可作为内墙材料和装饰装修材料,如用于框架结构中的非承重墙、室内贴面板、吊顶等。

3. 工艺流程

纸面石膏板生产工艺如图 3-2 所示,生产工艺分配料、烘干和横向三个部分。

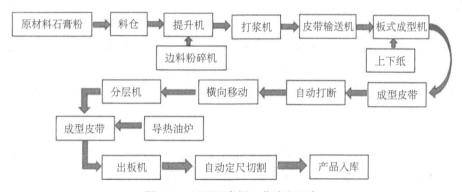

图 3-2　纸面石膏板工艺流程示意

1) 配料部分

(1) 备料。

改性淀粉、缓凝剂、纸浆、减水剂、水经定量计量后放入水力碎浆机搅拌成原料浆,然后泵入料浆储备罐备用。

发泡剂和水按比例投入发泡剂制备罐搅拌均匀,泵入发泡剂储备罐(带加热装置,保持35 ℃以上)备用。

促凝剂和石膏粉原料经提升输送设备进入料仓备用。

(2) 配料。

料浆储备罐中的浆料使用计量泵泵入搅拌机,发泡剂使用动态发泡装置发泡后进入搅拌机,促凝剂和石膏粉使用全自动计量皮带秤计量后进入搅拌机,然后所有主辅料在搅拌机内混合成合格的石膏浆。

说明:所有主辅料的添加都在自动控制系统中,随生产线速度的不同进行自动调节,以适应大规模、高速度的要求。

（3）成型输送。

上纸开卷后经自动纠偏机进入成型机，下纸开卷后经自动纠偏机、刻痕机、震动平台进入成型机，搅拌机的料浆落到震动平台的下纸上进入成型机，在成型机上挤压出要求规格的石膏板，然后在凝固皮带上完成初凝、在输送辊道上完成终凝，经过定长切断机切成需要的长度（2 400 mm，3 000 mm 或其他），经横向机转向，转向后两张石膏板同时离开横向机，然后靠拢辊道使两张板材的间距达到要求后，经分配机分配进入干燥机干燥。

2）烘干部分

采用燃油型导热油炉作为热源，热油经过翅片换热器换出热风后经风机送入干燥机内部完成烘干任务，干燥机分为两个区，能很好地完成石膏板干燥的干燥曲线，避免过烧、不干等缺陷。该工艺环保、节能、热效率高、工艺参数容易控制。

3）横向部分

干燥机完成干燥任务后，经出板机送入 2# 横向系统，完成石膏板的定长切边、全自动包边，然后经过成品输送机送入自动堆垛机堆垛，堆垛完成后用叉车运送到打包区检验包装，完成全套生产流程。

4. 质量检验

1）目测

外观检查时应在 0.5 m 远处光照明亮的条件下，对板材正面进行目测检查，先看表面，表面应平整光滑，不能有气孔、污痕、裂纹、缺角、色彩不均和图案不完整现象，纸面石膏板上、下两层护面纸须结实，可预防开裂且在打螺钉时不至于将石膏板打裂；再看侧面，看石膏质地是否密实，有没有空鼓现象，越密实的石膏板越耐用。

2）用手敲击

检查石膏板的弹性。用手敲击，如发出很实的声音，说明石膏板严实耐用；如发出很空的声音，说明板内有空鼓现象，且质地不好。用手掂分量也可以衡量石膏板的优劣。

3）尺寸允许偏差、平面度和直角偏离度

尺寸允许偏差、平面度和直角偏离度要符合标准规定，装饰石膏板如偏差过大，会使装饰表面拼缝不整齐，整个表面凹凸不平，对装饰效果会有很大的影响。

3.3 水玻璃

硅酸钠（Na_2SiO_3）又名泡花碱，其水溶液叫作水玻璃，为无色、青绿色或棕色的固体或黏稠液体。硅酸钠是由硅石（石英砂）、纯碱（或土碱）在熔化窑炉中共熔，冷却粉碎制得，其燃料为煤、天然气、煤气均可。

水玻璃用途非常广泛，几乎遍及国民经济的各个部门。在化工系统被用来制造硅胶、白炭黑、沸石分子筛、偏硅酸钠、硅溶胶、层硅、速溶粉状泡花碱及硅酸钾钠等各种硅酸盐类产品，是硅化合物的基本原料；在轻工业中是洗衣粉、肥皂等洗涤剂中不可缺少的原料，也是水质软化剂、助沉剂；在纺织工业中用于助染、漂白和浆纱；在机械行业中广泛用于铸造、砂轮制造和作为金属防腐剂等；在建筑行业中用于制造快干水泥、耐酸水泥、防水油、土壤固化剂及耐火材料等；在农业方面可制造硅素肥料；另外泡花碱作为黏合剂，广泛应用于纸板（瓦楞纸）纸箱的黏合。

3.3.1　水玻璃的组成与分类

1. 组成

水玻璃分子式为 $Na_2O \cdot nSiO_2$，其模数 n 为 SiO_2 与 Na_2O 的摩尔比，模数显示了硅酸钠的组成，是硅酸钠的重要参数，一般在 1.5～3.5。模数越大，固体硅酸钠越难溶于水，水玻璃的水溶性见表 3-3。

表 3-3　水玻璃的水溶解性

模数 n	溶解性
$n=1$	常温水即能溶解
$1<n<3$	需热水才能溶解
$n>3$	4 个大气压以上的蒸汽才能溶解

模数 n 越大，Si 含量越多，水玻璃黏度增大，易于分解硬化，黏结力增大，而且不同模数的硅酸钠聚合程度不同，从而导致其水解产物中对生产应用有着重要影响的硅酸组分也有重大差异，因此不同模数的水玻璃有着不同的用处。

2. 分类

硅酸钠按照物态可分为液态硅酸钠和固态硅酸钠两大类。

（1）液态硅酸钠。

液态硅酸钠是根据石英砂与碱的不同比例及碱的不同种类加以区分的，外观呈黏稠液体，不同牌号其颜色有明显差异，从无色变化到灰黑。主要有中性硅酸钠、碱性硅酸钠、弱碱性硅酸钠和复合硅酸钠四种类型。

（2）固态硅酸钠。

固态硅酸钠是一种中间产品，外观大多呈淡蓝色。干法浇注成型的硅酸钠为块状且透明，湿法水淬成型的硅酸钠为颗粒状，转化成液体硅酸钠才能使用。常见的硅酸钠固体产品有块状固体、粉状固体、速溶硅酸钠、零水偏硅酸钠、五水偏硅酸钠和原硅酸钠。

3.3.2　水玻璃的硬化

水玻璃在空气中的凝结固化与石灰的凝结固化非常相似，主要通过碳化和脱水结晶固结两个过程来实现。

随着碳化反应的进行，硅胶含量增加，接着自由水分蒸发和硅胶脱水成固体而凝结固化，其特点是：

（1）速度慢，由于空气中 CO_2 浓度低，故碳化反应及整个凝结固化过程十分缓慢；

（2）体积收缩；

（3）强度低。

为加速水玻璃的凝结固化速度，提高强度，使用水玻璃时一般要求加入固化剂氟硅酸钠，其分子式为 Na_2SiF_6。

氟硅酸钠（Na_2SiF_6）的掺量一般为 12%～15%。掺量少，凝结固化慢且强度低；掺量太多,则凝结固化过快,不便于施工操作,而且硬化后的早期强度虽高,但后期强度明显降低。因此,使用时应严格控制固化剂掺量,并根据气温、湿度、水玻璃的模数和密度在上述范围内作适当调整,即气温高、模数大、密度小时选下限,反之亦然。

3.3.3 水玻璃的生产工艺

水玻璃的生产工艺分为两大类:干法生产工艺和湿法生产工艺。

1. 干法生产工艺

将石英砂和钠盐(主要指 Na_2CO_3,Na_2SO_4)搅拌均匀,在 1 400 ℃左右的高温下煅烧,发生熔融反应。根据原料不同又分为纯碱法和芒硝法。生产过程都包括配料、煅烧、浸溶、浓缩等四道工序,具体过程是:

(1)配料与煅烧。

纯碱或芒硝与石英砂按比例混合,经搅拌机搅均匀后,经贮槽、加料斗由螺旋输送机加入反射炉或马蹄焰炉进行煅烧,发生熔融反应。

(2)浸溶。

熔窑加入生料时,已熔融的水玻璃即可从下料口流入冷却槽中,经小型履带式输送机送入贮料桶内,过磅后由电动行车将桶内的玻璃块吊起倒入滚筒内,根据块子质量及不同产品规格加入适量水,通入蒸汽溶解,蒸汽压力一般为 0.4～0.5 MPa,液筒转速为 2～4 r/min,溶解到一定浓度后放入沉清槽内,经自然沉清除去杂质。

(3)浓缩。

除去杂质后的溶液送到浓缩槽内进行浓缩,采用蒸汽间接加热,槽底利用熔窑烟道气余热加热,溶液浓缩至要求浓度时即为成品。

2. 湿法生产工艺

湿法生产工艺又分为传统湿法生产工艺和活性 SiO_2 常压生产工艺两种。

(1)传统湿法生产工艺。传统湿法生产水玻璃产量高、能耗低、劳动强度低、原料易得,但该法只能生产模数小于 2.5 的产品,其生产原理是石英砂在高温烧碱中溶解生成硅酸钠。

(2)活性 SiO_2 常压生产工艺。这是近几年在三废治理过程中开发的一种新工艺,目前采用该法的生产厂家不多,该法可生产模数为 2.2～3.7 的任何产品。其机理是利用工业生产中产生的副产品或下脚料中的活性 SiO_2(或硅胶),在常压下加热,与烧碱反应生成硅酸钠。反应方程式与传统湿法工艺相同。

第4章

水 泥

4.1 概述

水泥是建筑工业三大基本材料之一,被称为建筑的"粮食",可广泛用于民用、工业、农业、水利、交通和军事等工程,使用范围广,用量大,其地位无法被其他材料所取代。水泥工业也是我国国民经济发展的重要基础产业,在未来相当长的时期内,水泥仍将是不可或缺的建筑材料。

4.1.1 水泥的定义

凡能在物理、化学作用下,从浆体变成坚硬的石状体,并能胶结其他物料而具有一定机械强度的物质,统称为胶凝材料。胶凝材料可分为有机和无机两大类别。沥青和各种树脂属于有机胶凝材料;无机胶凝材料按硬化条件,又可分为水硬性和非水硬性两类。水硬性胶凝材料拌水后既能在空气中硬化,又能在水中硬化,通常称为水泥;非水硬性胶凝材料只能在空气中硬化,故又称气硬性胶凝材料,如石灰和石膏等。

凡细磨成粉末状,加入适量水后可成为塑性浆体,既能在空气中硬化,又能在水中继续硬化,并能将砂石等材料胶结在一起的水硬性胶凝材料通称为水泥。

4.1.2 水泥的分类

水泥的种类很多,按其用途和性能,可分为通用水泥、专用水泥和特种水泥三大类。

通用水泥为用于大量土木建筑工程一般用途的水泥,如硅酸盐水泥、普通硅酸盐水泥、矿渣硅酸盐水泥、火山灰质硅酸盐水泥、粉煤灰硅酸盐水泥和复合硅酸盐水泥。专用水泥则指有专门用途的水泥,如油井水泥、砌筑水泥、道路水泥等。特种水泥是指某种性能比较突出的水泥,如抗硫酸盐硅酸盐水泥、低热硅酸盐水泥等。也可按其组成,分为硅酸盐水泥、铝酸盐水泥、硫铝酸盐水泥、铁铝酸盐水泥、氟铝酸盐水泥等。

目前,水泥品种已达 100 余种,主要的分类见表 4-1。

表 4-1 我国水泥的分类

划分方法	类别	说 明
按照用途和性能划分	通用水泥	其主要是指《通用硅酸盐水泥》(GB 175—2007)规定的六大类水泥
	专用水泥	有专门用途的水泥,如油井水泥等
	特种水泥	某种性能比较突出的水泥,如快硬硅酸盐水泥等

划分方法	类别	说　明
按照熟料煅烧方法不同划分	立窑	目前主要用于规模较小的特种水泥的生产
	回转窑	湿法窑(能耗高);立波尔窑(能耗高);新型干法窑(悬浮预热器窑和窑外分解窑)
按照水泥熟料的产物组成划分	硅酸盐水泥、铝酸盐水泥、硫铝酸盐水泥、氟铝酸盐水泥、铁铝酸盐水泥、无熟料水泥等

4.1.3　硅酸盐水泥的主要技术性质

一般土木建筑中常用的是硅酸盐水泥,硅酸盐水泥的主要技术性质如下。

1. 密度与堆积密度

硅酸盐水泥的密度一般为 3 100～3 200 kg/m³;松散状态时的堆积密度一般为 900～1 300 kg/m³;紧密状态时的堆积密度可达 1 400～1 700 kg/m³。

2. 细度

水泥的细度用筛分析法和比表面积法检验。筛分析法是用 80 μm 的方孔筛对水泥试样进行筛分析试验,用筛余百分率表示水泥细度的方法。该法又有干筛法、水筛法、负压筛法三种检验方法。硅酸盐水泥的细度采用比表面积法检验,其比表面积应不小于 300 m²/kg。

3. 标准稠度用水量

水泥浆的稠度对水泥某些技术性质(如凝结时间、体积安定性)的测定有较大的影响,所以必须在规定的稠度下进行测定,这个规定的稠度称为标准稠度。水泥净浆达到标准稠度时所需的用水量占水泥质量的百分数,即标准稠度用水量。

硅酸盐水泥的标准稠度用水量一般在 24%～30%。标准稠度用水量与水泥熟料的矿物成分及细度有关,磨得越细,标准稠度用水量也越大。标准稠度用水量大的水泥,拌制一定稠度的砂浆或混凝土时,需加较多的水,故硬化时收缩较大,硬化后强度及密实度也较差。因此,同样条件下,以标准稠度用水量小的水泥为好。

4. 凝结时间

凝结时间分初凝时间和终凝时间。初凝时间为水泥加拌和水起至水泥浆开始失去塑性所需要的时间;终凝时间是从水泥加拌和水起至水泥浆完全失去可塑性并开始有一定结构强度所需的时间。《通用硅酸盐水泥》(GB 175—2007)规定:硅酸盐水泥初凝时间不小于45 min,终凝时间不大于 390 min。普通水泥初凝时间不小于 45 min,终凝时间不大于600 min。

5. 体积安定性

水泥体积安定性是指水泥浆体在硬化过程中体积是否均匀变化的性能。安定性不好的水泥,在浆体硬化过程中会产生不均匀的体积膨胀并引起开裂、翘曲等现象,从而影响和降低工程质量,引起工程质量事故。因此体积安定性不合格的水泥作废品处理,严禁用于工程中。

引起体积安定性不良的原因主要是熟料中含有过量的游离 CaO、游离 MgO 和掺入过量的石膏。国家标准规定,用沸煮法检验水泥的体积安定性。具体测试时可用试饼法,也可用雷氏法。水泥熟料中游离 MgO 含量不得超过 5.0%,水泥中 SO_3 含量不得超过 3.5%。

6. 强度及强度等级

水泥强度是指水泥胶结能力的大小,用一定硬化龄期的水泥胶砂试件的强度表示。根据水泥胶砂的抗压、抗折强度值划分水泥的强度等级。

《水泥胶砂强度检验方法(ISO 法)》(GB/T 17671—1999)规定,将水泥、标准砂和水按质量比(水泥:标准砂:水=1:3:0.5),用规定方法拌制成规格为 40 mm×40 mm×1 160 mm 的棱柱体标准试件,在标准条件(20 ℃±2 ℃水中)下养护,测其 3 d, 28 d 的抗压强度、抗折强度,确定水泥的强度等级。

硅酸盐水泥强度等级分为 42.5, 42.5R, 52.5, 52.5R, 62.5, 62.5R,其中 R 为早强型。各强度等级硅酸盐水泥的各龄期强度不得低于表 4-2 中的数值,要求 4 个数值全部满足规定,如有一项不满足,则降低强度等级。

表 4-2　硅酸盐水泥强度　　　　　　　　单位:MPa

强度等级	抗压强度		抗折强度	
	3 d	28 d	3 d	28 d
42.5	17.0	42.5	3.5	6.5
42.5R	22.0	42.5	4.0	6.5
52.5	23.0	52.5	4.0	7.0
52.5R	27.0	52.5	5.0	7.0
62.5	28.0	62.5	5.0	8.0
62.5R	32.0	62.5	5.5	8.0

7. 水化热

水泥与水发生水化过程中所放出的热量称为水化热。水泥的水化放热量和放热速度主要取决于水泥的细度及矿物组成。水泥中铝酸三钙($3CaO \cdot Al_2O_3$)和硅酸三钙($3CaO \cdot SiO_2$)的含量越高,颗粒越细,则水化热越大。这对一般工程的冬季施工是有利的,但对于大体积混凝土工程是不利的。因为在大体积混凝土工程中,水泥水化放出的热量积聚在内部不易散失,使混凝土表面与内部形成过大的温差,导致混凝土产生温度裂缝。

4.1.4　常见的水泥制品

水泥制品就是采用水泥、砂石、钢筋以及各种添加剂制成的,以满足建筑领域需求的各种水泥管、杆、板、桩和混凝土制品。由于水泥制品具有优良的物理、力学性能和耐久性能,能按设计要求制成所需的形状,能耗低、使用寿命长、维修费用少,并具有节约金属材料和木材等独特的优点,所以我们日常生活中很多设施都是采用水泥制品制作而成的。水泥制品分类有以下几种。

1. 水泥管类

常见的水泥管都是采用水泥和钢筋制成的,在城市建设中主要用来排水。如混凝土输水管、水泥排水管、水泥井管、钢筋混凝土排水管等。

2. 桥梁类

最早的时候桥梁都是由木头制成的,叫木桥。然后就是石桥,秦代开始推行,以赵州桥为代表。自从工业革命之后桥梁都是采用水泥制作而成,如公路钢筋混凝土桥梁、铁路钢筋混凝土桥梁。

3. 水泥瓦类

早期铺在屋顶上的瓦都是采用泥土烧制而成的,后面慢慢发展到以水泥为原材料来烧制,经常被称为水泥瓦。水泥瓦拥有更多的优点,防水隔热性能更好,还可以制作成各种颜色,使用寿命长,如水泥混凝土平瓦、水泥混凝土脊瓦及其他水泥混凝土瓦。

4. 水泥砖类

砖是建筑工程中必不可少的材料,早期的砖是采用黏土制作的,到后面慢慢采用煤矸石和粉煤灰等工业废料来烧制而成。如今的砖都是采用水泥为原材料制成的,如水泥路面砖、水泥花砖、环保彩砖等。

5. 水泥盖板类

水泥盖板主要采用水泥和铸铁为原材料制成,常见的有水泥沟盖板、电缆沟盖板、电力盖板、混凝土盖板及镀锌包边防盗盖板。

6. 水泥板类

水泥板也是以水泥为原材料加工而成的一种建筑平板,有很多分类,被广泛应用于建筑行业。有预制水泥板,也有现浇水泥板。常见的有混凝土空心板、钢丝网水泥板、氯氧镁水泥板块、水泥木屑板及吸声用穿孔纤维水泥板等。

7. 人造文化石

这是一种比较新型的建材产品,采用水泥、陶粒、颜料等为主要原材料,通过模具进行加工然后浇注而成。广泛应用于建筑行业,特别是在别墅的建筑方面发挥着极为重要的作用,利润比较高。

8. 欧式构件

欧式构件又叫欧式装饰构件,是一种新型的复合材料,广泛应用于欧式建筑的装修中。与人造文化石一样,欧式构件利润也相当高。

9. 其他类

其他水泥制品有水泥电杆、水泥桩、水泥坑柱支架、建筑水磨石制品及其他水泥混凝土制品等。

4.2　水泥的生产方法

水泥生产方法可简单概括为"两磨一烧",即生料粉磨、熟料煅烧、水泥粉磨三个阶段(图4-1)。石灰质原料、黏土质原料与少量校正原料经破碎后,按一定比例磨细,配制成成分合理的生料,这一阶段就是生料粉磨制备。生料在水泥窑内煅烧至部分熔融得到以硅酸钙为主要成分的硅酸盐水泥熟料,这一阶段就是熟料煅烧。熟料加适量石膏,或者加适量混合材料或外加剂共同磨细为粉状水泥,这一阶段被称为水泥粉磨。原料经破碎后,按一定比例配合,经粉磨设备磨细,并配合成为成分合适、质量均匀的生料;生料在水泥窑内煅烧至部分熔融,成为熟料;熟料加入适量石膏和混合材料,经粉磨设备磨细,即为水泥。

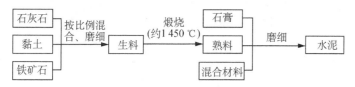

图 4-1　水泥"两磨一烧"工艺

4.2.1　水泥生产方法的分类

水泥的生产方法可以依据生产原料的来源和性质、生产规模、使用的生产设备等多种方式进行分类。

按照煅烧窑的结构,分为立窑和回转窑。立窑有普通立窑和机械化立窑,回转窑有湿法回转窑、干法回转窑和半干法回转窑。其中湿法回转窑的窑内有热交换装置(如链条等);干法回转窑有中空式窑、带余热锅炉的窑、带旋风预热器的窑、带立筒预热器的窑和预分解窑;半干法回转窑有立波尔窑等。

按生料制备方法的不同,分为干法、半干法和湿法三大类。将原料先烘干后粉磨或先破碎预均匀化再粉磨成生料粉,喂入干法窑内煅烧成熟料,称为干法生产。如干法中空窑、悬浮预热器窑和预分解窑均为干法生产。将生料粉加入适量水分制成生料球,喂入立窑或立波尔窑内煅烧成熟的生产方法为半干法生产。将原料加水粉磨成生料浆,生料浆经调配均匀并使化学成分符合要求后喂入湿法回转窑煅烧成熟料,称为湿法生产。另外,将湿法制备的生料浆脱水后入窑煅烧,入预热器窑、预分解窑等干法窑中煅烧成熟料称为湿磨干烧,也属半干法生产,亦可将其归入半湿法或湿法。

湿法生产由于水分蒸发需要吸收大量气化潜热,所以热耗较高,但湿法生产电耗较低,生料易于均化,成分均匀,熟料质量较高,且输送方便,扬尘少,在 20 世纪 30 年代得以迅速发展。

半干法生产的立波尔窑在后来得到很大发展,熟料热耗大大降低。但由于炉篦子加热机的结构和操作较复杂,物料受热不均匀,熟料的质量较差。

随着生料和原料的均化技术的发展、烘干粉磨设备和收尘设备的不断改进,新型干法生产的熟料质量与湿法相当,由于热耗的大幅度降低和单机生产能力的大幅度提高,逐渐出现向干法发展的趋势,以悬浮预热和窑外分解技术为代表的新型干法生产技术逐渐成为水泥生产的主导技术。

4.2.2　水泥的生产工艺流程

新型干法水泥生产技术的出现,彻底改变了水泥生产技术的格局和发展进程,它采用现代最新的水泥生产工艺和装备,逐步取代了立窑生产技术、湿法窑生产技术、干法中空窑生产技术以及半干法生产技术,从而把水泥工业生产推向一个新的阶段。新型干法水泥生产工艺流程如图 4-2 所示。

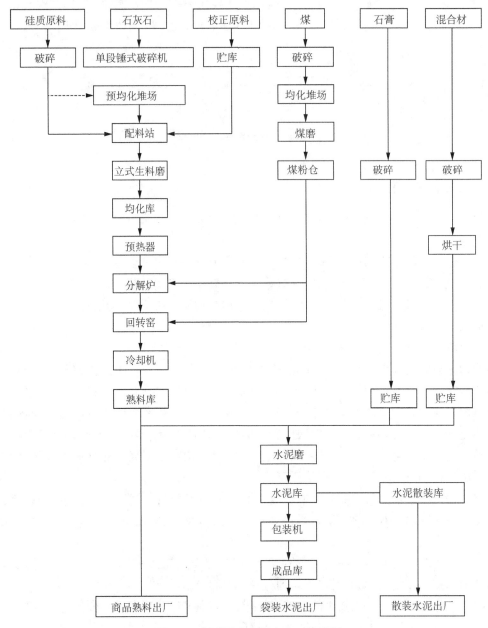

图 4-2 新型干法水泥生产工艺流程

新型干法水泥生产技术,就是以悬浮预热和预分解技术为核心,把现代科学技术和工业生产最新成就,如原料矿山计算机控制网络化开采,原料预均化,生料均化,挤压粉磨,新型耐热、耐磨、耐火、隔热材料以及 IT 技术等,广泛应用于水泥干法生产过程,使水泥生产成为具有高效、优质、节约资源、清洁生产、符合环境保护要求和大型化、自动化、科学管理特征的现代化水泥生产方法。

新型干法水泥生产的特点如下:

(1) 产品质量高。由于生料制备全过程广泛采用现代均化技术,生料成分均匀稳定,熟料质量可与湿法生产相媲美。

（2）生产能耗低。采用高效多功能挤压粉磨、新型粉体输送设备，大大降低了粉磨和输送电耗。

（3）环保。有利于低质原燃材料的综合利用，系统 NO_x 生成量少，可广泛利用废渣、废料、再生燃料及降解有害废弃物。

（4）生产规模大。单机生产能力可达 10 000 t/d，劳动生产率高。

（5）自动化程度高。将各种现代化控制手段应用于生产全过程，保证生产的均衡稳定，达到优质、高效、低消耗的目的。

（6）管理科学化。应用 IT 技术进行有效管理，信息获取、分析、处理的方法科学化、现代化。

（7）投资大、建设周期长。由于技术含量高，资源、地质、交通运输等条件要求较高，耐火材料消耗大，整体投资大。

4.3 水泥原料

水泥原料主要有钙质原料（石灰岩、大理岩、泥灰岩）、硅铝质原料（天然黏土、工业废渣）及校正原料（当石灰原料和黏土质原料配料配合所得生料成分不能符合配料方案要求时，必须根据所缺少的组分掺加相应的原料）。

4.3.1 水泥的主要原料

1. 石灰质原料

凡是以 $CaCO_3$ 为主要成分的原料都属于石灰质原料，是水泥熟料中 CaO 的主要来源。它可分为天然石灰质原料和人工石灰质原料两类。水泥生产中常用的是含有 $CaCO_3$ 的天然矿石。

（1）石灰石：是由 $CaCO_3$ 组成的化学与生物化学沉积岩。

主要矿物为方解石微粒，并常含有白云石（$CaCO_3 \cdot MgCO_3$），石英（结晶 SiO_2），燧石（又称玻璃质石英、火石，主要成分为 SiO_2，属结晶 SiO_2），黏土质及铁质等杂质。

纯石灰石含 CaO 56%，烧失量为 44%，随杂质含量增加，CaO 含量减少。其含水率一般不大于 1.0%，具体值随气候而异。含黏土杂质越多，水分越高。

（2）泥灰岩：是 $CaCO_3$ 和黏土物质同时沉积所形成的均匀混合的沉积岩，属石灰岩向黏土过渡的中间类型岩石。它是一种极好的水泥原料。泥灰岩可分为高钙泥灰岩（CaO 含量≥45%）和低钙泥灰岩（CaO 含量<45%）。主要矿物是方解石。

有些地方产的泥灰岩成分接近制造水泥的原料，可直接烧制成水泥，称天然水泥岩。

（3）白垩：是海生生物外壳与贝壳堆积而成的，富含生物遗骸，主要由隐晶或无定形细粒疏松的 $CaCO_3$ 所组成的石灰岩。其主要成分为 $CaCO_3$，含量 80%～90%，甚至高于 90%。

性能：易于粉磨和煅烧，是立窑水泥厂的优质石灰质原料。

（4）贝壳和珊瑚类：主要有贝壳、蛎壳和珊瑚石。主要成分：含 $CaCO_3$ 90% 左右。表面附有泥砂和盐类(如 $MgCl_2$,NaCl,KCl)等对水泥生产有害的物质,所以使用时需用水冲洗干净。沿海小水泥厂有的采用这种原料。

对石灰质原料质量一般要求见表 4-3。

表 4-3　石灰质原料的质量要求

成分	CaO	MgO	f-SiO_2(燧石或石英)	SO_3	K_2O+Na_2O
含量/%	≥48	≤3	≤4	≤1	≤0.6

2. 黏土质原料

黏土质原料系指含水铝硅酸盐物原料的总称。在生料中占 11%～17%,主要化学成分是 SiO_2,其次是 Al_2O_3 和 FeO_3。

水泥工业采用的天然黏土质原料有黏土、黄土、页岩、泥岩、粉砂岩及河泥等,使用最多的是黏土和黄土。

(1)黏土。

黏土是多种微细的呈疏松或胶状密实的含水铝硅酸盐矿物的混合体,它是由富含长石等铝硅酸盐矿物的岩石经漫长地质年代风化而成。包括华北、西北地区的红土,东北地区的黑土与棕壤,南方地区的红壤与黄壤等。

根据黏土中主导矿物的不同,将其分为高岭石类、蒙脱石类、水云母类等。

(2)黄土。

黄土是没有层理的黏土与微粒矿物的天然混合物。成因以风积为主,也有成因于冲积、坡积、洪积和淤积的。颜色以黄褐色为主。

(3)页岩。

页岩是黏土经长期胶结而成的黏土岩。一般形成于海相或陆相沉积,或海相与陆相交互沉积。化学成分类似于黏土,可作为黏土使用,但其硅率较低,通常配料时需掺硅质校正原料。页岩颜色不定,一般呈灰黄、灰绿、黑色及紫色等,结构致密坚实,层理发育,通常呈页状或薄片状。

(4)粉砂岩。

粉砂岩是由直径为 0.01～0.1 mm 的粉砂经长期胶结变硬后形成的碎屑沉积岩。主要矿物是石英、长石、黏土等,胶结物质有黏土质、硅质、铁质及碳酸盐质。颜色呈淡黄、淡红、淡棕色、紫红色等,质地一般疏松,但也有较坚硬的。

粉砂岩的硅率较高,一般大于 3.0,可作为硅铝质原料。

(5)河泥、湖泥类。

江、河、湖、泊是由于流水速度分布不同,使挟带的泥沙规律地分级沉降的产物。其成分决定于河岸崩塌物和流域内地表流失土的成分。建造在靠江、湖的湿法水泥厂,可利用挖泥船在固定区域内进行采掘,作黏土质原料使用。

(6)千枚岩。

由页岩、粉砂岩或中酸性凝灰岩经低级区域变质作用形成的变质岩称千枚岩。岩石中的细小片状矿物定向排列,断面上可见许多大致平行、极薄的片理,片理面呈丝绢光泽。岩石常呈浅红、深红、灰及黑等色。

一般对黏土质原料的质量要求见表4-4。

表 4-5　黏土质原料的质量要求

品　位	n	p	MgO/%	R_2O/%	SO_3/%	塑性指数
一级品	2.7～3.5	1.5～3.5	<3.0	<4.0	<2.0	>12
二级品	2.0～2.7 或 3.5～4.0	不限	<3.0	<4.0	<2.0	>12

4.3.2　水泥的辅助原料

1. 校正原料

当石灰质原料和黏土质原料配合所得生料成分不能符合配料方案要求时,必须根据所缺少的组分掺加相应的原料,这种以补充某些成分不足为主的原料称校正原料。

(1)铁质校正原料。

当 Fe_2O_3 含量不足时,应掺加 Fe_2O_3 含量大于 40% 的铁质校正原料。常用的铁质校正原材料有低品位的铁矿石、炼铁厂尾矿及硫酸厂工业废渣硫酸渣等。目前有用铅矿渣或铜矿渣的,既是校正原料,又兼作矿化剂。

(2)硅质校正原料。

当生料中 SiO_2 含量不足时,需掺加硅质校正原料。常用的硅质校正原料有硅藻土,硅藻石,含 SiO_2 多的河砂、砂岩、粉砂岩等。其中砂岩、河砂中结晶 SiO_2 多,难磨难烧,尽量不用,风化砂岩易于粉磨,对煅烧影响小。

(3)铝质校正原料。

当生料中 Al_2O_3 含量不足时,需掺加铝质校正原料。常用的铝质校正原料有炉渣、煤矸石和铝矾土等。一般对校正原料的质量要求见4-5。

表 4-5　校正原料常用品种及质量要求

校正原料	常用品种	质量要求
铁质校正原料	低品位的铁矿石、炼铁厂尾矿、硫酸厂工业废渣硫酸渣(俗称铁粉)、铅矿渣,铜矿渣(还兼作矿化剂)	$Fe_2O_3 \geqslant 40\%$
硅质矿化剂	硅藻土,硅藻石,含 SiO_2 多的河砂、砂岩、粉砂岩	$n>4.0$; SiO_2:70%～90%; $R_2O<4.0\%$
铝质校正原料	炉渣、煤矸石、铝矾土	$Al_2O_3>30\%$

2. 工业废渣和低品位原料的利用

工业废渣是指企业生产过程中的废渣或副产品。低品位原料是指化学成分、杂质含量、物理性能等不符合一般水泥生产要求的原料。目前水泥原料结构的一个新的技术方向是:石灰质原料低品位化;硅、铝质原料岩矿化;铁质原料废渣化。

(1)低品位原料。其 CaO 含量小于 48% 或含较多杂质。其中白云石质岩不适宜生产硅酸盐水泥熟料,其余均可用,但要与优质石灰质原料搭配使用。

(2) 煤矸石和石煤。煤矸石是煤矿生产时的废渣,在采矿和选矿过程中被分离出来。其主要成分是 SiO_2,Al_2O_3 以及少量 Fe_2O_3,CaO 等,并含 $4\,180\sim9\,360$ kJ/kg 的热值。石煤多为古生代和晚古生代菌藻类低等植物所形成的低碳煤,其组成性质及生成等与煤无本质区别,但含碳量少,挥发分低,发热量低,灰分含量高。

煤矸石、石煤在水泥工业中的应用目前主要有三种途径:代黏土配料;经煅烧处理后作混合材;沸腾燃烧室燃料,其渣作水泥混合材。

(3) 粉煤灰及炉渣的利用。粉煤灰是火力发电厂煤粉燃烧后所得的粉状灰烬。炉渣是煤在工业锅炉燃烧后排出的灰渣。粉煤灰、炉渣的主要成分以 SiO_2,Al_2O_3 为主,但波动较大,一般 Al_2O_3 含量偏高。

一般部分或全部替代黏土参与配料;作为铝质校正原料使用;作水泥混合材料。作原料使用时应注意:加强均化;精确计量;注意可燃物对煅烧的影响;因其可塑性差,立窑生产时要搞好成球。

(4) 玄武岩资源的开发与利用。玄武岩是一种分布较广的火成岩,其颜色由灰到黑,风化后的玄武岩表面呈红褐色。其化学成分类似于一般黏土,主要成分为 SiO_2,Al_2O_3,但 Fe_2O_3,R_2O 含量偏高,即助熔氧化物含量较多。

可以替代黏土,作水泥的铝硅酸盐组分,以强化煅烧。因其可塑性、易磨性差,使用时要强化粉磨。

(5) 其他原料的应用。珍珠岩:是一种主要以玻璃态存在的火成非晶类物质,富含 SiO_2,也是一种天然玻璃,可用作黏土质原料配料。赤泥:是烧结法从矾土中提取 Al_2O_3 时所排放出的赤色废渣,其化学成分与水泥熟料的化学成分相比较,Al_2O_3,Fe_2O_3 含量高,CaO 含量低,含水率大,赤泥与石灰质原料搭配配合便可配制出生料。通常用于湿法生产。电石渣:是化工厂乙炔发生车间消解石灰排出的含水率为 $85\%\sim90\%$ 的废渣,其主要成分是 $Ca(OH)_2$,可替代部分石灰质原料。常用于湿法生产。

4.4 水泥熟料的组成

4.4.1 水泥熟料的化学组成

硅酸盐水泥熟料主要由 CaO,SiO_2,Al_2O_3,Fe_2O_3 四种氧化物组成,含量在 95% 以上,此外还有少量其他氧化物。四种主要氧化物含量的波动范围为 CaO:$62\%\sim67\%$,SiO_2:$20\%\sim24\%$,Al_2O_3:$4\%\sim7\%$,Fe_2O_3:$2.5\%\sim6.0\%$。

水泥熟料中各氧化物的含量对水泥的性质有极大影响,从氧化物的含量大致可推断水泥的性质。

4.4.2 水泥熟料的矿物组成

硅酸盐水泥熟料主要由以下四种矿物组成:硅酸三钙($3CaO\cdot SiO_2$,通常简写为 C_3S);硅酸二钙($2CaO\cdot SiO_2$,通常简写为 C_2S);铝酸三钙($3CaO\cdot Al_2O_3$,通常简写为 C_3A);铁铝酸四钙($4CaO \cdot Al_2O_3 \cdot Fe_2O_3$，通常简写为 C_4AF）。

这四种主要矿物组成决定硅酸盐水泥的主要性质，在硅酸盐水泥熟料中，四种矿物占 95% 以上，C_3S 和 C_2S 约占 75%，称为硅酸盐矿物；C_3A 和 C_4AF 约占 22%，它们在 1 250～1 280 ℃ 时会熔融形成液相，促进 C_3S 形成，称为熔剂矿物。通常硅酸盐水泥熟料中，以上四种矿物组成含量波动范围为 C_3S：37%～60%，C_2S：15%～37%，C_3A：7%～15%，C_4AF：10%～18%。

熟料中的主要矿物由各主要氧化物经高温煅烧化合而成，熟料矿物组成取决于化学组成，控制合适的熟料化学成分是获得优质水泥熟料的中心环节，根据熟料化学成分也可推测出熟料中各矿物的相对含量高低。

水泥熟料的性能在很大程度上决定了水泥的性能，熟料是水泥厂的半成品，近年来也越来越多地作为商品出售。《硅酸盐水泥熟料》(JC/T 853—1999)对硅酸盐水泥熟料的物理性能提出了具体要求：初凝时间不得早于 45 min，终凝时间不得迟于 390 min；沸煮法检验安定性合格；抗压强度不低于表 4-6 所列数值。

表 4-6　水泥熟料抗压强度要求

水泥熟料类型	强度等级	抗压强度/MPa	
		3 d	28 d
通用、中等抗硫酸盐水泥熟料	42.5	25	42.5
	52.5	30	52.5
	62.5	35	62.5
中等水化热、高抗硫酸盐水泥熟料	42.5	—	42.5
	52.5	22	52.5
	62.5	26	62.5

注：熟料应不带有杂物，运输和储存应不与其他物品相混杂。

4.4.3　熟料煅烧过程中的物理化学变化

生料在加热过程中，依次进行如下物理化学变化：

(1) 干燥与脱水，入窑料当温度升高到 100～150 ℃ 时，生料中的自由水全部被排除，特别是湿法生产；当入窑物料的温度升高到 450 ℃ 时，黏土中的主要组成高岭土($Al_2O_3 \cdot 2SiO_2 \cdot 2H_2O$)发生脱水反应，脱去其中的化学结合水。

(2) 碳酸盐分解，当物料温度升高到 600 ℃ 时，石灰石中的 $CaCO_3$ 和原料中夹杂的 $MgCO_3$ 进行分解。

(3) 固相反应，水泥熟料的主要矿物是硅酸三钙(C_3S)、硅酸二钙(C_2S)、铝酸三钙(C_3A)、铁铝酸四钙(C_4AF)，它们是由固态物质相互反应生成的。从原料分解开始，物料中便出现了性质活泼的游离氧化钙，它与生料中的 SiO_2，Al_2O_3，Fe_2O_3 进行固相反应，形成熟料矿物。

4.4.4 水泥熟料的率值

硅酸盐水泥熟料中各氧化物之间比例关系的系数称作率值。硅酸盐水泥熟料中各氧化物并不是以单独状态存在,而是由各种氧化物化合成的多矿物集合体。因此在水泥生产中不仅要控制各氧化物含量,还应控制各氧化物之间的比例。

在一定工艺条件下,率值是质量控制的基本要素。因此,国内外水泥厂把率值作为控制生产的主要指标,我国主要采用硅酸率(n)、铝氧率(p)、石灰饱和系数(KH)三个率值。

1. 硅酸率

硅酸率又称硅率,是表示水泥熟料中 SiO_2 与 Al_2O_3,Fe_2O_3 之和的比值,也表示熟料中硅酸盐矿物与熔剂矿物的比例。常用 n 或 SM 表示。

$$n = \frac{SiO_2}{Al_2O_3 + Fe_2O_3} \tag{4-1}$$

硅酸率高,硅酸盐矿物含量多,熟料质量高,但烧成困难;硅酸率低,液相量多,易烧性好,但熔剂矿物高,硅酸盐矿物减少,会降低熟料强度,n 过低时易结大块。硅酸盐水泥熟料的 n 波动范围为 1.7~2.7。

2. 铝氧率

铝氧率又称铝率或铁率,表示熟料中 Al_2O_3 和 Fe_2O_3 的含量之比,也表示熟料熔剂矿物中 C_3A 与 C_4AF 含量的比例。常用 p 或 IM 表示。

$$p = \frac{Al_2O_2}{Fe_2O_3} \tag{4-2}$$

p 值的大小,一方面关系到熟料水化速率的快慢,同时又关系到熟料液相的黏度,从而影响熟料煅烧的难易度。p 高,C_3A 高,C_4AF 降低,水泥趋于早凝早强,但液相黏度大,不利于 C_3S 形成;p 低,C_3A 低,C_4AF 提高,水泥趋于缓凝,早强低,煅烧时液相黏度小,有利于 C_3S 形成,但 p 过低时易结大块。

硅酸盐水泥熟料的 p 值波动范围为 0.9~1.7。

3. 石灰饱和系数

石灰饱和系数表示熟料中全部 SiO_2 生成 $CaSiO_3$ 所需的 CaO 含量与 SiO_2 生成 C_3S 所需 CaO 最大含量的比值,也即表示熟料中 SiO_2 被 CaO 饱和形成 C_3S 的程度。常用 KH 表示。

$$KH = \frac{CaO - (1.65Al_2O_3 + 0.35Fe_2O_3 + 0.7SO_3)}{2.8SiO_2} \tag{4-3}$$

当熟料 $p > 0.64$ 时,熟料中的矿物为 C_3S,C_2S,C_3A,C_4AF;当 $p < 0.64$ 时,熟料中的矿物为 C_3S,C_2S,C_4AF,C_2F。

当 $p < 0.64$ 时,石灰饱和系数的表达式为

$$KH = \frac{CaO - (1.10Al_2O_3 + 0.70Fe_2O_3 + 0.7SO_3)}{2.8SiO_2} \tag{4-4}$$

实际生产的熟料中还可能有 f-CaO 和 f-SiO₂,则石灰饱和系数表示为

$$KH = \frac{CaO - f\text{-}CaO - (1.65Al_2O_3 + 035Fe_2O_3 + 0.7SO_3)}{2.8(SiO_2 - f\text{-}SO_2)} \tag{4-5}$$

一般工厂熟料的 f-SiO₂ 和 SO₃ 含量很少,略去 f-CaO 时,石灰饱和系数表达式可简化为

$$KH = \frac{CaO - 1.65Al_2O_3 - 0.36Fe_2O_3}{2.8SiO_2} \tag{4-6}$$

当 $KH=1$ 时,熟料中硅酸盐矿物全部为 C_3S,$KH=2/3=0.667$ 时,硅酸盐矿物全部为 C_2S,故 KH 值介于 $0.667\sim1$。KH 值高,C_3S 含量多,有利于提高水泥质量,但煅烧困难,热耗高,易产生 f-CaO。KH 值低,则 C_2S 高,易烧性好,水化热低,但水泥凝结硬化慢,早期强度低。为保证熟料质量,同时不出现过量 f-CaO,通常 KH 值控制在 $0.82\sim0.96$。

在国外,尤其是欧美国家大多采用石灰饱和率(LSF)来控制生产,用于限定水泥中的最大石灰含量,其表达式为

$$LSF = \frac{CaO}{2.8SiO_2 + 1.18Al_2O_3 - 0.65Fe_2O_3} \tag{4-7}$$

LSF 的含义是熟料中 CaO 的含量与全部酸性组分需要结合的 CaO 含量之比,一般 LSF 高,水泥强度也高。

硅酸盐水泥熟料的 LSF 波动范围在 $0.66\sim1.02$,一般在 $0.85\sim0.95$。

4.5　生料的配料

由石灰质原料、黏土质原料、少量校正原料(有时还加入适量的矿化剂、晶种等,立窑生产时还会加入一定量的煤)按比例配合,粉磨到一定细度的物料,称为生料。原料可以采用天然矿山开采,也可采用工业废渣。生料化学成分随产品品种、生产方法、原料品质、窑型及其他生产条件等不同而有所差异。

生料形态有生料粉、生料浆两种。干法生产用的生料为生料粉,其水分含量一般不超过1%。根据生料中是否配煤及配煤方式的不同,又可分为白生料、全黑生料、半黑生料和差热料等。

湿法生产所用的生料为生料浆,是由各种原料掺入适量水后共同磨制而成的含水率为32%～40%的料浆。

4.5.1　生料配料的基本概念及原则

根据水泥品种、原燃材料品质、工厂具体生产条件等选择合理的熟料矿物组成或率值,并由此计算所用原料及燃料的配合比,称为生料配料,简称配料。

配料计算是为了确定各种原料、燃料的消耗比例和优质、高产、低消耗地生产水泥熟料。在水泥厂的设计和生产中,都必须进行配料。合理的配料方案既是工厂设计的依据,又是正常生产的保证。

设计水泥工厂时,配料是为了判断原料的可用性及矿山的可用程度和经济合理性,决定原料种类及配比,并选择合适的生产方法及工艺流程,计算全厂的物料平衡,作为全厂工艺设计及主机选型的依据。

配料的基本原则是:配制的生料易磨易烧,生产的熟料优质,充分利用矿山资源,生产过程易于操作、控制和管理,并尽可能简化工艺流程。

4.5.2 配料计算方法

配料计算的依据是物料平衡。任何化学反应的物料平衡是:反应物的量应等于生成物的量。随着温度的升高,生料煅烧成熟料经历着生料干燥蒸发物理水、黏土矿物分解放出结晶水、有机物质的分解挥发、碳酸盐分解放出二氧化碳、液相出现使熟料烧成。因为有水分、二氧化碳以及挥发物的逸出,所以计算时必须采用统一基准。

1. 干燥基准

物料中的物理水分蒸发后处于干燥状态,以干燥状态质量所表示的计量单位,称为干燥基准,简称干基。干基用于计算干燥原料的配合比和干燥原料的化学成分。如果不考虑生产损失,则干燥原料的质量等于生料的质量,即干石灰石＋干黏土＋干铁粉＝干生料。

2. 灼烧基准

生料经灼烧以后去掉烧失量(结晶水、二氧化碳与挥发物质等)之后,处于灼烧状态。以灼烧状态质量所表示的计算单位,称为灼烧基准。灼烧基准用于计算灼烧原料的配合比和熟料的化学成分。如不考虑生产损失,在采用有灰分掺入的煤作燃料时,则灼烧生料与掺入熟料中的煤灰的质量之和应等于熟料的质量,即灼烧生料＋煤灰(掺入熟料中的)＝熟料。

3. 湿基准

用含水物料作计算基准时称为湿基准,简称湿基。各基准之间的换算如下。

已知某物质干基化学成分与烧失量,则该物料的灼烧基成分(%)为

$$灼烧基成分 = \frac{A}{100-L} \times 100\% \tag{4-8}$$

物料的干基用量与灼烧基用量可按式(4-9)换算:

$$灼烧基用量 = \frac{(100-L) \times 干基用量}{100} \tag{4-9}$$

$$干基用量 = \frac{100 \times 灼烧基用量}{100-L} \tag{4-10}$$

$$湿基成分 = \frac{100 \times 干基成分}{100-W} \tag{4-11}$$

式中 A——干基物料成分(%);

L——干基物料烧失量(%);

W——物料水分含量(%)。

4. 配料方案的选择

配料方案,即熟料的矿物组成或熟料的三率值。配料方案的选择,实质上就是选择合理的熟料矿物组成,也就是对熟料三率值 KH,n,p 的确定。确定配料方案,应根据水泥品种、原料与燃料品质、生料质量及易烧性、熟料煅烧工艺与设备等进行综合考虑。

不同品种的水泥,其用途和特性也不同,所要求的熟料矿物组成也不同,因而熟料率值就不同。

原料和燃料的品质,对熟料组成的选择有很大影响。熟料率值的选取应与原料化学组成相适应。要综合考虑原料中四种主要氧化物的相对含量,尽量减少校正原料的品种,以简化工艺流程,便于生产控制。

熟料率值的选取要与生料成分的均匀性、细度及易烧性相适应。生料成分均匀性差或粒度较粗时,选取 KH 值低一些,否则熟料中的游离氧化钙会增加,熟料质量变差。生料易烧性好,可以选择较高石灰饱和系数、高硅率、高铝率(或低铝率)的配料方案;反之,只能配低一些。

由于生产窑型和生产方法的不同,即使生产同一种水泥,所选的率值也应该有所不同。对于湿法窑、新型干法窑,由于生料均匀性较好,生料预烧性好,烧成带物料反应较一致,因此 KH 值可适当高些。预分解窑的生料预烧性好,分解率高,窑内热工制度稳定,窑内气流温度高,为了有利于挂窑皮和防止结皮、堵塞、结大块,目前趋向于低液相量的配料方案。

实际生产中,由于总有生产损失,且飞灰的化学成分不可能等于生料成分,煤灰的掺入量也并不相同。因此,在生产中应以生熟料成分的差别进行统计分析,对配料方案进行校正。熟料中的煤灰掺入量可按式(4-12)计算:

$$G_A = \frac{qA^Y S}{Q^Y \times 100} = \frac{PA^Y S}{100} \tag{4-12}$$

式中　G_A ——熟料中的煤灰掺入量(%);

q ——单位熟料热耗[kJ/(kg 熟料)];

Q^Y ——煤的应用基低热值[kJ/(kg 煤)];

A^Y ——煤的应用基灰分含量(%);

S ——煤灰沉落率(%);

P ——煤耗[kg/(kg 熟料)]。

煤灰沉落率因窑型而异,见表4-7。

表 4-7　不同窑型的煤灰沉落率　　　　　　　　　　　单位:%

窑　型	无电收尘	有电收尘	窑　型	无电收尘	有电收尘
湿法长窑($L/D=30\sim50$)有链条	100	100	窑外分解窑	90	100
湿法短窑($L/D<30$)有链条	80	100	立波尔窑	80	100
湿法短窑带料浆蒸发机	70	100	立窑	100	100
干法短窑带立筒、旋风预热器	90	100			

注:电收尘窑灰不入窑者,按无电收尘窑者计算。

4.6 水泥的生产过程及设备

水泥生产线设备主要由原料破碎及预均化、生料制备均化、预热分解、水泥熟料的烧成、水泥粉磨包装等过程中的设备构成。

4.6.1 原料破碎及烘干

1. 破碎

水泥生产过程中,大部分原料要进行破碎,如石灰石、黏土、铁矿石及煤等。石灰石是生产水泥用量最大的原料,开采后的粒度较大,硬度较高,因此石灰石的破碎在水泥机械的物料破碎中占有比较重要的地位。

破碎是利用机械方法将大块物料变成小块物料的过程。也有把粉碎后产品粒度大于2~5 mm 的称为破碎。常用的破碎工艺主要有一段、二段和三段破碎流程,图 4-3 为一段、二段破碎工艺流程示意图。破碎比是物料破碎前后的粒度之比,是确定破碎段数和破碎机选型的重要参数之一。

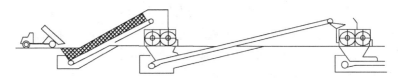

图 4-3 采用一段、二段破碎的两段破碎工艺流程

图 4-4 破碎机

担任破碎过程的设备是破碎机(图 4-4)。水泥工业中常用的破碎机有颚式破碎机、锤式破碎机、反击式破碎机、圆锥式破碎机、反击锤式破碎机及立轴锤式破碎机等。各种破碎机具有各自的特性,生产中应视要求的生产能力、破碎比、物料的物理性质和破碎设备特性来确定用什么样的破碎机。

2. 烘干

烘干是利用热能将物料中的水分汽化并排除的过程。目的是为了提高磨机粉磨效率,有利于粉状物料的输送、储存和均化。常需要烘干的物料有黏土、煤、矿渣等。

确定需烘干的物料品种及烘干后物料水分要求时,应考虑磨机的类型及对入磨物料平均水分的要求,一般需烘干的物料是用量较多、水分较高的物料。表 4-8 为不同入磨物料的天然水分及烘干后的水分含量。

表 4-8 不同入磨物料的天然水分及烘干后的水分含量

品 种	石灰石	黏土	铁粉	煤
天然水分	<1%	约 15%	约 5%	不定
入磨水分	0.5%~1.0%	<1.5%	<5%	<3.0%

烘干系统有两种：一种是烘干磨，另一种是单独的烘干设备。烘干磨中辊式磨较常用，单独烘干系统是利用单独的烘干设备对物料进行烘干。单独烘干系统常用的烘干设备有回转烘干机、流态烘干机、振动烘干机及立式烘干窑（塔），其中回转烘干机最成熟，也被最常用。

4.6.2 原料预均化

原料预均化技术就是在原料的存、取过程中，运用科学的堆取料技术，实现原料的初步均化，使原料堆场同时具备贮存与均化的功能。

原料的预均化主要用于石灰质原料，其他原料基本均质，不需要预均化。其基本原理采用"平铺直取"。即堆放时，尽可能地以最多的相互平行、上下重叠的同厚度的料层构成料堆；取料时，按垂直于料层方向的截面对所有料层切取一定厚度的物料。

提高原料预均化效果的主要措施就是采用各类预均化堆场或预均化库来提高原料的均化效果。

1. 预均化堆场

预均化堆场主要分两种类型：矩形预均化堆场和圆形预均化堆场。矩形预均化堆场：设两个料堆，一个堆料，另一个取料，相互交替作业，两堆料可以平行排列，也可以纵向直线排列，每堆料的储量为 5～7 d。圆形预均化堆场：设一个圆弧料堆，在料堆的开口处，一端连续堆料，一端连续取料，储量为 4～7 d。表 4-9 为不同堆料方式和取料方式。

表 4-9 堆料方式和取料方式

堆料方式	取料方式
人字形堆料	端面取料法
波浪形堆料	端面取料法
倾斜形堆料	侧面取料法

矩形预均化堆场的缺点是换堆时由于料堆的端部效应会出现短暂的成分波动，好处是扩建时较简单，只要加长料堆即可。

圆形预均化堆场不存在换堆问题，但不能扩建，且进料皮带要架空，中心出料口要在地坑中。

2. 预均化库

预均化库常用仓式预均化法。利用几个混凝土圆库或方库，库顶用卸料小车往复地对各库进料，卸料时几个库同时卸料或抓斗在方库上方往复取料。特点是平铺布料，但没有完全实现断面切取的取料方式，均化效果较差。

4.6.3 生料的粉磨及均化

所谓生料粉磨，就是将原料配合后粉磨成生料的工艺。合理选择粉磨设备和工艺流程，优化工艺参数，正确操作，控制作业制度，对保证产品质量、降低能耗具有重大意义。

根据生产方法的不同,生料粉磨流程可分为湿法和干法两大类,而无论是湿法还是干法都有开路系统和闭路系统之分。在粉磨过程中,当物料一次通过磨机后即为产品时,称为开路系统,又称开流;当物料出磨以后经过分级设备选出产品,粗料返回磨机内再磨时,称为闭路系统,又称圈流。图 4-5 为湿法开路粉磨流程。

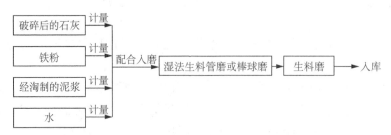

图 4-5　湿法开路粉磨流程

生料粉磨的目的在于使各配合原料成为一定粒度的产品,最终满足熟料煅烧的要求。熟料煅烧过程中,生料颗粒越细,其比表面积越大,各组分间接触面积越大,反应进行越快、越完全,有利于提高熟料的产量和质量。故生料必须粉磨到一定细度。但当生料细度超过一定程度(比表面积大于 500 m²/kg)时,细度对熟料煅烧及质量的积极影响并不显著,且随粉磨产品细度越细,磨机产量越低,粉磨电耗则明显升高。因此,实际生产中,应结合磨机的产量、电耗及对熟料煅烧和质量的影响,进行综合的技术经济分析,确定合理的生料细度控制范围。图 4-6 为立磨机及其模型。

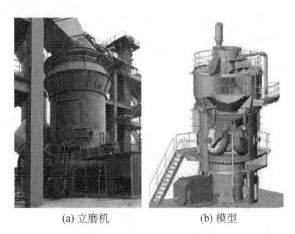

(a) 立磨机　　　　　(b) 模型

图 4-6　立磨机及其模型

新型干法水泥生产过程中,稳定入窑生料成分是稳定熟料烧成热工制度的前提,生料均化系统起着稳定入窑生料成分的最后一道把关作用。均化原理是采用空气搅拌、重力作用,产生"漏斗效应",使生料粉在向下卸落时,尽量切割多层料面,充分混合。利用不同的流化空气,使库内平行料面发生大小不同的流化膨胀作用,有的区域卸料,有的区域流化,从而使库内料面产生倾斜,进行径向混合均化。图 4-7 为新型干法水泥熟料工艺流程。

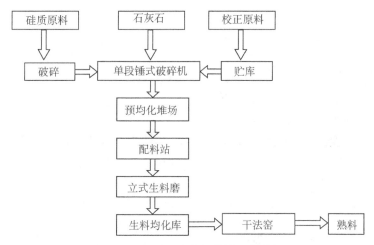

图 4-7　新型干法水泥熟料工艺流程

随着水泥厂设备向大型化、自动化发展,以及原料预均化堆场的广泛使用,国外从 1960 年开始研究采用连续式生料均化库。连续式生料均化库是干法水泥厂的生产工艺环节之一,它既是生料均化装置,又是生料磨和窑之间的缓冲、储存装置。

4.6.4　预分解

把生料的预热和部分分解由预热器来完成,代替回转窑部分功能,达到缩短回转窑长度,同时使窑内以堆积状态进行气料换热过程,移到预热器内在悬浮状态下进行,使生料能够同窑内排出的炽热气体充分混合,增大了气料接触面积,传热速度快,热交换效率高,达到提高窑系统生产效率、降低熟料烧成热耗的目的。

预热器的主要功能是充分利用回转窑和分解炉排出的废气余热加热生料,使生料预热及部分碳酸盐分解。为了最大限度提高气固间的换热效率,实现整个煅烧系统的优质、高产、低消耗,预热器必须具备气固分散均匀、换热迅速和高效分离三个功能。

图 4-8 为预热器及其结构示意图。

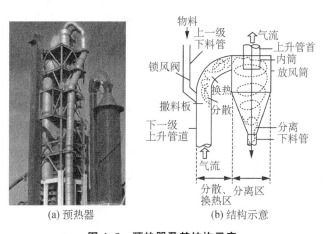

(a) 预热器　　(b) 结构示意

图 4-8　预热器及其结构示意

4.6.5 熟料的煅烧

1. 回转窑

水泥回转窑是水泥熟料煅烧的主要设备,已被广泛用于水泥、冶金、化工等行业。该设备由筒体、支承装置、带挡轮支承装置、传动装置、活动窑头、窑尾密封装置及燃烧装置等部件组成,该回转窑具有结构简单、运转可靠、生产过程容易控制等特点。

回转窑筒体内壁镶砌耐火材料,它是一种以化学反应、燃料煅烧及传热为主要功能的水泥生产设备。回转窑分干法、湿法回转窑两类,这两类的共同特点是:生料的整个煅烧过程都在回转窑窑筒内和冷却机内完成。通常,回转窑与冷却机、煤粉燃烧装置、鼓风机、排风机及收尘设备等组成完整的熟料烧成系统。图 4-9 为回转窑及其结构示意。

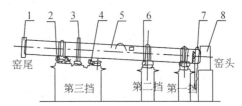

1,7—窑尾头密封装置;2—挡轮;3—大齿圈;4—减速装置;
5—筒体;6—支承装置;8—窑头罩

(a) 回转窑　　　　　　　　　(b) 结构示意

图 4-9　回转窑及其结构示意

2. 回转窑不同带划分

生料进入回转窑后,在窑内气体温度控制下,依次发生干燥、黏土矿物脱水分解、碳酸盐分解、固相反应、熟料烧结以及冷却过程,最终由生料变成熟料。

根据其形成过程,回转窑相应划分为 6 个带,即干燥带、预热带、分解带、放热反应带、烧成带和冷却带。这些带的划分是人为的,各带的位置及长度不是不变的,而且分界不是明确的,有的相互交错。不同带的物料湿度如图 4-10 所示。

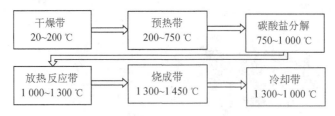

图 4-10　回转窑不同带的物料温度

（1）干燥带:物料入窑后首先进行水分蒸发,这一过程所占的空间称为"干燥带",其任务就是蒸发自由水。该带物料温度为 20～200 ℃。

（2）预热带:物料升温至 450 ℃时,黏土开始脱水,该过程所占据的空间为"预热带",该带的主要任务是黏土脱水,即脱去化学结合水而成为无定形氧化物。该带物料的温度为 200～750 ℃。

（3）分解带:物料在该带进行剧烈的分解反应,生成大量的 CO_2 气体,由于大量气体存在,物料流动的速度较快,使该带较长,约占全窑的 50%,碳酸盐分解需要大量的热,约占熟料热耗的 40%。该带物料的温度为 750~1 000 ℃。

（4）放热反应带:物料在该带进行固相反应,形成熟料中的三种矿物,包括熔剂矿物。该带进行的是放热反应,其温度与分解带的温差较大。在该带的物料发光性强,从窑头看过去,在相界处出现"黑影",看火工由此判断窑内的煅烧情况。该带物料的温度为 1 000~1 300 ℃。

（5）烧成带:该带也称为"烧结带"或"石灰吸收带",物料在此带内进行烧结反应,形成主要矿物硅酸三钙,物料在该带的温度为 1 300~1 450 ℃(从 1 300 ℃升至 1 450 ℃,再降至 1 300 ℃),是全窑内温度最高的地方。

（6）冷却带:物料在该带内开始进行冷却,而且需要急冷,防止硅酸三钙的分解,该带物料的温度为 1 300~1 000 ℃(从 1 300 ℃降至 1 000 ℃),为了加强熟料的冷却,需要使熟料尽快地进入冷却机。

4.6.6　水泥的粉磨

硅酸盐水泥是将硅酸盐水泥熟料、石膏以及混合材料进行合理配比,经机械粉磨,然后储存、均化制备而成。水泥粉磨是水泥制造的最后工序,也是耗电最多的工序。其主要功能在于将水泥熟料及胶凝剂、性能调节材料等粉磨至适宜的粒度(以细度、比表面积等表示),形成一定的颗粒级配,增大其水化面积,加速其水化速率,满足水泥浆体凝结、硬化要求。

水泥细度越细,水化、硬化越快,强度越高;反之,水泥细度粗,不能充分水化、硬化,只能起微集料作用,降低了熟料的利用率,强度也随之降低。

但水泥细度过细不仅增大了水泥需量,影响混凝土的性能,并且会导致粉磨系统产量下降,单位产品电耗增加。在满足水泥品种和强度等级的前提下,水泥细度不宜太细。

水泥颗粒级配、圆度也影响水泥强度的发展,水泥生产过程中要不断调整水泥粉磨工艺,尽量使水泥颗粒的级配接近理想分布。

水泥粉磨机械有球磨机、立磨机和辊压机等。不同粉磨机械或不同机械的组合,形成了多种粉磨系统。

粉磨工艺和设备的发展除主要体现在节能、增产、提高产品质量和劳动生产率、减少易损件的磨耗量、降低成本外,广泛使用各种先进的自动化仪表和微机进行自动控制、降低劳动强度、实现文明生产,也是水泥粉磨系统发展的重要方向。

4.6.7　水泥的储存与发运

水泥粉磨后需送入水泥库储存并进行均化,水泥在水泥库中储存,可以起到调节作用,使粉磨车间不间断工作,保证水泥生产的连续性,确保水泥均衡出厂,同时改善水泥的安定性和水泥质量。水泥库要以分别储存不同品种、强度等级的水泥,通过调配生产满足各种土建工程项目需要的水泥。

为确保出厂水泥全部合格,同时减少超强度等级的水泥的比例,降低乃至消灭不合格品,在生产中必须对出厂水泥进行均化,水泥均化可在专设的均化库中进行空气搅拌或机械倒库,消除水泥分层及不均的问题,提高水泥的均匀性。或根据化验结果,按比例进行多库搭配出库,混合包装或散装。

经过质量检测合格的水泥成品可以用包装和散装两种方式通过公路、铁路、水路发运。

4.7 特种水泥

特种水泥是指具有特殊性能的水泥和用于某种工程的专用水泥。目前我国特种水泥生产年产量低,仅占全国水泥总产量的 2% 以下,与发达国家 7%～9% 的生产规模有相当大的差距。这类水泥品种繁多,主要有以下几种。

4.7.1 快硬水泥

快硬水泥也称早强水泥,通常以水泥的 1 d 或 3 d 抗压强度值确定标号。按其矿物组成不同,可分为快硬硅酸盐水泥、快硬铝酸盐水泥、快硬硫铝酸盐水泥和快硬氟铝酸盐水泥。按其早期强度增长速度不同又可分为:快硬水泥,以 3 d 抗压强度值确定标号;特快硬水泥,以小时抗压强度值确定标号,快硬氟铝酸盐水泥即属特快硬水泥。

1. 快硬硅酸盐水泥

快硬硅酸盐水泥技术要求:①MgO 含量≤5.0%;②SO_3 含量≤4%;③水泥细度,筛余≤10%;④凝结时间,初凝不早于 45 min,终凝不迟于 10 h;⑤安定性,合格;⑥强度,不得低于国标。

快硬硅酸盐水泥生产工艺:①设计合理的矿物组成;②适当提高水泥的比表面积;③适当增加石膏的含量。

快硬硅酸盐水泥早期强度高,1 d 抗压强度为 28 d 的 30%～35%,后期强度呈持续增长趋势;其凝结时间正常,一般初凝时间为 2～3 h;水泥的水化热较高,早期干缩率亦较大。主要用于抢修工程、军事工程、预应力混凝土制件。

2. 快硬硫铝酸盐水泥

以适当成分的生料,经煅烧所得以无水硫铝酸钙和硅酸二钙为主要矿物成分的熟料,加入适量石膏和 0～10% 的石灰石,磨细制成的早期强度高的水硬性胶凝材料,称为快硬硫铝酸盐水泥,代号 R·SAC。快硬硫铝酸盐水泥的标号以 3 d 抗压强度表示,分 425,525,625,725 四个标号。

快硬硫铝酸盐水泥技术指标:①比表面积不得低于 350 m^2/kg;②凝结时间,初凝不得早于 25 min,终凝不迟于 3 h;③强度,各龄期强度不得低于国标。

3. 快硬氟铝酸盐水泥

以矾土、石灰石、萤石(或再加石膏)经配料煅烧得到的以氟铝酸钙($C_{11}A_7·CaF_2$)为主要矿物的熟料,再与石膏一起磨细而成的水泥称为快硬氟铝酸盐水泥。

(1)快硬氟铝酸盐水泥主要矿物组成:氟铝酸钙、阿利特、贝利特和铁铝酸钙固溶体。

(2)快硬氟铝酸盐水泥配料:先设计水泥熟料的矿物组成,然后计算出熟料的化学成分,再用试配法进行配料。

(3)快硬氟铝酸盐水泥生产工艺:烧成温度一般控制在 1 250～1 350 ℃,火焰温度控制在 1 350～1 400 ℃,温度过高,易结大块,易结圈;温度过低,容易产生生烧。熟料要求急冷。

水泥粉磨细度要求较高,一般比表面积控制在 $500\sim600\ m^2/kg$。

(4)快硬氟铝酸盐水泥性能与用途:快硬氟铝酸盐水泥凝结很快,硬化很快;可用于抢修工程,用作喷锚用的喷射水泥;由于其水化产物钙矾石可在高温迅速脱水分解,它可用作铸造业用的型砂水泥。

4. 快硬铁铝酸盐水泥

以适当成分的生料,经煅烧所得以铁相、无水硫铝酸钙和硅酸钙为主要矿物的熟料,加入适量石灰石和石膏,磨细制成的早期强度高的水硬性胶凝材料,称为快硬铁铝酸盐水泥。快硬铁铝酸盐水泥生产工艺如下:

(1)熟料的化学成分及矿物组成:主要化学成分为 CaO,Al_2O_3,Fe_2O_3,SiO_2,SO_3,主要矿物为 C_4A_3,$\beta\text{-}C_2S$,C_4AF。

(2)配料:石灰石、铁矾土、石膏。

(3)煅烧设备:回转窑,烧成温度一般为 $1\,250\sim1\,350\ ℃$。

(4)粉磨过程中,比表面积应控制在 $350\ m^2/kg$ 以上,一般为 $350\sim400\ m^2/kg$。

(5)快硬铁铝酸盐水泥的特性和用途:①早强高强;②抗冻性;③耐蚀性能好;④高抗渗性能。快硬铁铝酸盐水泥适合于冬季施工工程、抢修工程、配制喷射混凝土及生产预制构件等。

4.7.2 低热和中热水泥

低热和中热水泥这类水泥水化热较低,适用于大坝和其他大体积建筑。按水泥组成不同,可分为硅酸盐中热水泥、普通硅酸盐中热水泥、矿渣硅酸盐低热水泥和低热微膨胀水泥等。低热和中热水泥是按水泥在 $3\ d$,$7\ d$ 龄期内放出的水化热量来区别。《中热硅酸盐水泥、低热硅酸盐水泥》(GB/T 200—2017)规定:42.5 级低热水泥 $3\ d$,$7\ d$ 的水化热值分别不大于 $230\times10^3\ J/kg$ 和 $260\times10^3\ J/kg$;42.5 级中热水泥 $3\ d$,$7\ d$ 后水化热值分别不大于 $251\times10^3\ J/kg$ 和 $293\times10^3\ J/kg$。

4.7.3 抗硫酸盐水泥

抗硫酸盐水泥是指对硫酸盐腐蚀具有较高抵抗能力的水泥。按水泥矿物组成不同,可分为抗硫酸盐硅酸盐水泥、铝酸盐贝利特水泥和矿渣锶水泥等。按水泥抵抗硫酸盐侵蚀能力的大小,又可分为抗硫酸盐水泥和高抗硫酸盐水泥。抗硫酸盐硅酸盐水泥是抗硫酸盐水泥的主要品种,由特定矿物组成的硅酸盐水泥熟料,掺加适量石膏磨细而成。

《抗硫酸盐水泥》(GB/T 748—2005)规定:抗硫酸盐硅酸盐水泥熟料中,硅酸三钙含量不大于 50%;铝酸三钙含量不大于 5%;铝酸三钙与铁铝酸四钙含量不大于 22%;游离石灰含量不得超过 1.0%;氧化镁含量不得超过 4.5%;而水泥中的三氧化硫含量不得超过 2.5%;水泥的抗硫酸盐侵蚀指标,即腐蚀系数 F_b 不得小于 0.8。

抗硫酸盐水泥适用于同时受硫酸盐侵蚀、冻融和干湿作用的海港工程、水利工程以及地下工程。

抗硫酸盐水泥的生产工艺基本上与硅酸盐水泥生产相似,不同之处在于熟料矿物有所区别。对于抗硫酸盐水泥熟料,由于 KH 值低,n 值高,p 值也较低,所以熟料的形成热较硅酸盐水泥熟料低,易于烧成。对于回转窑的窑皮维护不利,应加强稳定热工制度、严格控制熟料的结粒情况;对于立窑来讲,应加强熟料烧成控制,浅暗火操作,快烧快冷,减少中间结大块,提高立窑煅烧能力。

4.7.4　油井水泥

油井水泥是指专用于油井、气井固井工程的水泥,也称堵塞水泥。按用途可分为普通油井水泥和特种油井水泥。

普通油井水泥由适当矿物组成的硅酸盐水泥熟料和适量石膏磨细而成,必要时可掺加不超过水泥质量15%的活性混合材料(如矿渣),或不超过水泥质量10%的非活性混合材料(如石英砂、石灰石)。中国的普通油井水泥按油(气)井温度(及深度)不同,分为45 ℃(约1 500 m),75 ℃(1 500～2 500 m),95 ℃(2 500～3 000 m)和120 ℃(约5 000 m)四个品种,适用于一般油(气)井的固井工程。特种油井水泥通常由普通油井水泥掺加各种外加剂制成。

4.7.5　膨胀水泥

膨胀水泥是指硬化过程中体积膨胀的水泥,按矿物组成不同,分为硅酸盐类膨胀水泥、铝酸盐类膨胀水泥、硫铝酸盐类膨胀水泥和氢氧化钙类膨胀水泥。硅酸盐膨胀水泥、明矾石膨胀水泥、氧化铁膨胀水泥、氧化镁膨胀水泥、K型膨胀水泥等属于硅酸盐类膨胀水泥。

这类水泥一般是在硅酸盐水泥中,掺加各种不同的膨胀组分磨制而成。如以高铝水泥和石膏作为膨胀组分,适量加入硅酸盐水泥中,可制得硅酸盐膨胀水泥。石膏矾土膨胀水泥属于铝酸盐类膨胀水泥,通常是在高铝水泥中掺加适量石膏和石灰共同磨制而成。硫铝酸盐膨胀水泥是由硫铝酸盐水泥熟料掺加适量石膏共同磨制而成。

一般膨胀值较小的水泥,可配制收缩补偿胶砂和混凝土,适用于加固结构,灌筑机器底座或地脚螺栓,堵塞、修补漏水的裂缝和孔洞,以及地下建筑物的防水层等。

膨胀值较大的水泥,也称自应力水泥,用于配制钢筋混凝土。自应力水泥在硬化初期,由于化学反应,水泥石体积膨胀,使钢筋受到拉应力;反之,钢筋使混凝土受到压应力,这种预压应力能够提高钢筋混凝土构件的承载能力和抗裂性能。对自应力水泥,要求其砂浆或混凝土在膨胀变形稳定后的自应力值大于2 MPa(一般膨胀水泥为1 MPa以下)。自应力水泥按矿物组成不同可分为硅酸盐类自应力水泥、铝酸盐类自应力水泥和硫铝酸盐类自应力水泥。这类水泥的抗渗性良好,适宜于制作各种直径的、承受不同液压和气压的自应力管,如城市水管、煤气管和其他输油、输气管道。

膨胀水泥在硬化过程中,水泥中的矿物水化生成的水化物在结晶时会产生很大的膨胀能,人们利用这一原理研制成功了无声破碎剂,已应用于混凝土构筑物的拆除及岩石的开采、切割和破碎等方面,取得了良好的效果。

4.7.6　耐火水泥

耐火水泥是指耐火度不低于1 580 ℃的水泥。按组成不同可分为铝酸盐耐火水泥、低钙铝酸盐耐火水泥、钙镁铝酸盐水泥和白云石耐火水泥等。耐火水泥可用于胶结各种耐火集料(如刚玉、煅烧高铝矾土等),制成耐火砂浆或混凝土,用于水泥回转窑和其他工业窑炉作内衬。

4.7.7 白色水泥

白色硅酸盐水泥是白色水泥中较主要的品种,是以氧化铁和其他有色金属氧化物含量低的石灰石、黏土、硅石为主要原料,经高温煅烧、淬冷成水泥熟料,加入适量石膏(也可加入少量白色石灰石代替部分熟料),在装有石质(或耐磨金属)衬板和研磨体的磨机内磨细而成的一种硅酸盐水泥。在制造过程中,为了避免有色杂质混入,煅烧时大多采用天然气或重油作燃料。也可用电炉炼钢生成的还原渣、石膏和白色粒化矿渣,配制成无熟料水泥。

白色水泥的色泽以白度表示,分四个等级,用白度计测定。白色硅酸盐水泥的物理性能和普通硅酸盐水泥相似,主要用作建筑装饰材料,也可用于雕塑工艺制品。

4.7.8 彩色水泥

彩色水泥通常由白色水泥熟料、石膏和颜料共同磨细而成。所用的颜料要求在光和大气作用下具有耐久性、高的分散度、耐碱,不含可溶性盐,对水泥的组成和性能不起破坏作用。常用的无机颜料有氧化铁(可制红、黄、褐、黑色水泥)、二氧化锰(黑、褐色)、氧化铬(绿色)、钴蓝(蓝色)、群青蓝(蓝色)、炭黑(黑色);有机颜料有孔雀蓝(蓝色)、天津绿(绿色)等。在制造红、褐、黑等深色彩色水泥时,也可用硅酸盐水泥熟料代替白色水泥熟料磨制。

彩色水泥还可在白色水泥生料中加入少量金属氧化物作为着色剂,直接煅烧成彩色水泥熟料,然后再磨细,制成水泥。彩色水泥主要用作建筑装饰材料,也可用于混凝土、砖石等的粉刷饰面。

4.7.9 防辐射水泥

防辐射水泥是指对 X 射线、γ 射线、快中子和热中子能起较好屏蔽作用的水泥。这类水泥的主要品种有钡水泥、锶水泥、含硼水泥等。

钡水泥以重晶石黏土为主要原料,经煅烧获得以硅酸二钡为主要矿物组成的熟料,再掺加适量石膏磨制而成。其比重达 4.7~5.2,可与重集料(如重晶石、钢段等)配制成防辐射混凝土。钡水泥的热稳定性较差,只适宜于制作不受热的辐射防护墙。

锶水泥是以碳酸锶全部或部分代替硅酸盐水泥原料中的石灰石,经煅烧获得以硅酸三锶为主要矿物组成的熟料,加入适量石膏磨制而成。其性能与钡水泥相近,但防射线性能稍逊于钡水泥。

在高铝水泥熟料中加入适量硼镁石和石膏,共同磨细,可获得含硼水泥。这种水泥与含硼集料、重质集料可配制成比重较高的混凝土,适用于防护快中子和热中子的屏蔽工程。

4.7.10 其他特种水泥

抗菌水泥:在磨制硅酸盐水泥时,掺入适量的抗菌剂(如五氯酚、DDT 等)制成。用它可配制抗菌混凝土,用在需要防止细菌繁殖的地方,如游泳池、公共澡堂或食品工业构筑物等。

防藻水泥:在高铝水泥熟料中掺入适量硫黄(或含硫物质)及少量的促硬剂(如消石灰等),共同磨细而成。主要用于潮湿背阴结构的表面,防止藻类的附着,减轻藻类对建(构)筑物的破坏作用。

第5章

混凝土及其制品

5.1 混凝土及其组成材料

社会的进步推动了混凝土材料科学的发展,而混凝土材料的创新与发展又进一步影响和促进着社会的进步。在人们日常生活的各个方面都直接或间接地涉及混凝土,工业与民用建筑、道路、桥梁、机场、海港码头、电站、蓄水池、大坝、混凝土输水管道、排水管,以及地下工程、国防工程、海上石油钻井平台、宇宙空间站等都离不开混凝土。混凝土已是当代最重要的建筑材料之一,也是世界上用量最大的人工建筑材料。广义上的混凝土是由胶凝材料、水、粗骨料、细骨料或必要的外加剂,经混合、硬化而成的人造石材。

目前,工程上使用最多的是以水泥为胶凝材料,砂、石为骨料,加水或掺入适量外加剂和掺合料拌制而成的水泥混凝土,简称普通混凝土。

5.1.1 混凝土的分类

混凝土的分类方法较多,常用的分类方法有以下几种。

(1) 按混凝土表观密度分类:重混凝土(表观密度大于 2 500 kg/m³),普通混凝土(表观密度 1 950～2 500 kg/m³),轻混凝土(表观密度小于 1 950 kg/m³)。

(2) 按混凝土功能及用途分类:结构混凝土、防水混凝土、耐热混凝土、耐火混凝土、不发火混凝土、绝热混凝土、耐油混凝土、耐酸混凝土、耐碱混凝土、防护混凝土及补偿收缩混凝土等。

(3) 按混凝土胶凝材料分类:硅酸盐水泥混凝土、铝酸盐水泥混凝土、沥青混凝土、硫黄混凝土、树脂混凝土、聚合物水泥混凝土及石膏混凝土等。

(4) 按混凝土流动性分类:干硬性混凝土(坍落度 0～10 mm)、低塑性混凝土(坍落度 10～40 mm)、塑性混凝土(坍落度 50～90 mm)、流动性混凝土(坍落度 100～150 mm)、大流动性混凝土(坍落度 160～200 mm)及流态混凝土(坍落度＞200 mm)。

(5) 按混凝土强度分类:普通混凝土(抗压强度 10～55 MPa)、高强混凝土(抗压强度＞60 MPa)、超高强混凝土(抗压强度≥100 MPa)。

(6) 按混凝土施工方法分类:泵送混凝土、喷射混凝土、离心混凝土、真空混凝土、振实挤压混凝土及升浆法混凝土等。

5.1.2 混凝土的特性

混凝土之所以在工程中得到广泛的应用,是因为它与其他材料相比具有一系列的优点:

(1) 成本低。占混凝土体积 60%～80% 的砂石原材料资源丰富,易就地取材,价格低。

（2）可塑性好。在凝结硬化前具有良好的塑性,可以浇制成任意形状和尺寸的结构,有利于建筑造型。

（3）配制灵活,适应性好。可根据不同要求,改变其组成成分及其数量比例,配制成不同性质的混凝土,满足不同工程的要求。

（4）可装饰。表面可做成各种花饰,具有一定的装饰效果。

（5）耐久性好。混凝土中的水化物在一般的环境下很稳定,无需特别的维护保养,维护费用低。

（6）耐火性好。混凝土耐火性远比木材、钢材、塑料要好,可耐数小时的高温作用而保持其力学性能,有利于火灾的扑救。

（7）抗压强度高。混凝土的抗压强度一般为 15～60 MPa。当掺入高效减水剂和掺合料时,强度可达 100 MPa 以上。可浇筑成整体建筑物以提高抗震性,也可预制成各种构件再行装配。

（8）有利于环境保护。可以充分利用工业废料作骨料和掺和料,有利于环境保护。

混凝土也存在以下缺点:

（1）混凝土抗拉强度很低,受拉时抵抗变形能力小,容易开裂。

（2）自重大。

（3）生产工艺复杂,质量难以控制,管理困难。

（4）凝结硬化需要一定时间。

随着现代科学技术的发展、施工方法的不断改善,混凝土的不足之处在不断地被克服。如掺入纤维或聚合物,可提高混凝土的抗拉强度,大大降低混凝土的脆性;掺入减水剂、早强剂等外加剂,可显著缩短硬化周期等。

5.1.3　普通混凝土的组成材料

普通混凝土的基本组成材料有天然砂、石子、水泥和水,为改善混凝土的某些性能,还常加入适量的外加剂或掺合料。砂、石在混凝土中起骨架作用,所以也称为骨料(集料)。水泥和水形成水泥浆,又包裹在砂粒表面并填充砂粒间的空隙而形成水泥砂浆,水泥砂浆包裹石子间的空隙而形成混凝土。在混凝土硬化前水泥浆起润滑作用,赋予混凝土拌和物一定的流动性,便于施工。水泥浆硬化后,起胶结作用,把砂、石、骨料胶结在一起,成为坚硬的人造石,并产生力学强度。混凝土的结构如图 5-1 所示。

在普通混凝土中,水泥占 10%～15%,水的用量占水泥质量的 40%～70%,其余为砂、石,砂、石比例大约为 1∶2。

1. 水泥

水泥是混凝土和砂浆的主要组成材料,是强度的来源。在配制混凝土时,合理选择品种和强度等级是决定混凝土强度、耐久性及经济性的重要因素。

水泥品种主要是根据混凝土工程的特点及所处环境加以选择。水泥标号的选择应与混凝土设计强度等级相

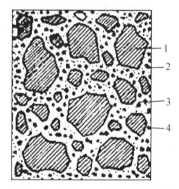

1—石子；2—砂子；3—水泥浆；4—气孔

图 5-1　混凝土结构示意

当,过高或过低均对混凝土的技术性能和经济性带来不利的影响,一般以水泥强度等级为混凝土 28 d 强度的 1.5～2.0 倍为宜。

2. 骨料

骨料也称为集料。粒径大于 5 mm 的岩石颗粒称为粗骨料,粒径在 5 mm 以下的岩石颗粒称为细骨料。混凝土中常用的粗骨料有碎石和卵石两种,常用的细骨料是天然砂,包括河砂、海砂和山砂。骨料的总体积占混凝土体积的 60%～80%,因此骨料对所配制的混凝土性能影响很大。如图 5-2(a),(b),(c)所示,三种石子的形状不同,对混凝土的性能影响也不同。

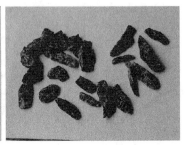

(a) 卵石   (b) 碎石1   (c) 碎石2

图 5-2　石子的形状

图 5-2(a)为卵石,表面光滑、少棱角,空隙率及表面积较小。故拌制混凝土时所需水泥量较小。混凝土拌和物和易性较好;但卵石与水泥石黏结力会较差,在相同条件下,混凝土强度较低。

图 5-2(b)为碎石 1,表面较粗糙,多棱角,比表面积较碎石 2 小,拌制混凝土时的性能优于碎石 2。

图 5-2(c)为碎石 2,针片状颗粒含量较多。此针片状的碎石过多,表面积大,不仅会影响混凝土和易性,还会影响强度。

3. 搅拌及养护用水

对混凝土用水的质量要求是:不影响混凝土的凝结硬化,不影响混凝土的强度发展和耐久性;不加快钢筋的锈蚀,不会导致预应力钢筋的脆断;不污染混凝土表面。一般来说,凡可饮用的自来水或天然水均可用来拌制和养护混凝土。地表水、地下水必须按标准,经检验合格后方可使用。

4. 外加剂

混凝土外加剂是指在拌制混凝土过程中,掺入的用于改善混凝土性能的物质,其掺入量一般不大于水泥质量的 5%。混凝土外加剂的种类繁多,功能各异。外加剂对于改善拌和物的和易性、调节凝结硬化时间、控制强度发展和提高耐久性等方面,起着显著的作用。现代混凝土工程几乎离不开外加剂的参与。常用的外加剂有减水剂、早强剂、速凝剂、缓凝剂、防水剂等。

5.2　混凝土拌和物

混凝土在未凝结硬化以前,称为混凝土拌和物。它必须具有良好的和易性,便于施工,以保证能获得良好的浇灌质量;混凝土拌和物凝结硬化以后,应具有足够的强度,以保证建筑物能安全地承受设计荷载;并应具有必要的耐久性。

5.2.1　混凝土拌和物和易性概念

和易性是指混凝土拌和物易于施工操作(拌和、运输、浇灌、捣实)并能获致质量均匀、成型密实的性能。和易性是一项综合的技术性质,包括流动性、黏聚性和保水性等三方面的含义。

流动性是指混凝土拌和物在本身自重或施工机械振捣的作用下,能产生流动,并均匀密实地填满模板的性能。流动性的大小取决于混凝土拌和物中用水量或水泥浆含量的多少。

黏聚性是指混凝土拌和物在施工过程中其组成材料之间有一定的黏聚力,不致产生分层和离析的性能。黏聚性的大小主要取决于细骨料的用量以及水泥浆的稠度等。

保水性是指混凝土拌和物在施工过程中,具有一定的保水能力,不致产生严重泌水的性能。保水性差的混凝土拌和物,由于水分分泌出来会形成容易透水的孔隙,从而降低混凝土的密实性。

混凝土拌和物的流动性、黏聚性、保水性三者之间互相关联又互相矛盾。如黏聚性好则保水性往往也好,但流动性可能较差;当流动性增大时,黏聚性和保水性往往变差。因此。拌和物的和易性良好,就要使这三个方面的性能在某种具体条件下得到统一,达到均为良好的状态。

5.2.2　混凝土拌和物和易性测定

目前,尚没有能够全面反映混凝土拌和物和易性的测定方法。在工地和试验室,通常是测定拌和物的流动性,并辅以直观经验评定黏聚性和保水性。

1. 坍落度筒法

将混凝土拌和物按规定方法装入坍落度筒中(图 5-3),逐层插捣并装满刮平后,垂直提起圆锥筒,混凝土拌和物由于自重将会向下坍落,量测坍落的高度(以 mm 计),即为坍落度。坍落度越大,则混凝土拌和物的流动性越大。

在做坍落度试验的同时,应观察混凝土拌和物的黏聚性、保水性及含砂等情况,以更全面地评定混凝土拌和物的和易性。坍落度法适用于骨料最大粒径不大于 40 mm、坍落度值不小于 10 mm 的混凝土拌和物。

根据坍落度的不同,可将混凝土拌和物分为:大流动性混凝土(坍落度大于 160 mm);流动性混凝土(坍落度

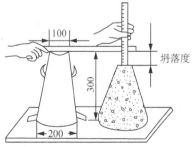

图 5-3　坍落度测定仪(单位:mm)

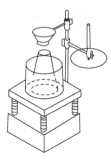

图 5-4 维勃稠度仪

为 100～150 mm）；塑性混凝土（坍落度为 50～90 mm）；低塑性混凝土（坍落度为 10～40 mm）。坍落度值小于 10 mm 的拌和物为干硬性混凝土。

2. 维勃稠度法

对干硬性的混凝土拌和物通常采用维勃稠度仪（图 5-4）测定其稠度。维勃稠度测试方法是：在维勃稠度仪上的坍落度筒中按规定方法装满拌和物，垂直提起坍落度筒，在拌和物试体顶面放一透明圆盘，开启振动台，同时用秒表计时，在透明圆盘的底面完全为水泥浆所布满的瞬间，停止秒表，关闭振动台。此时可认为混凝土混合物已密实。读出秒表的秒数，称为维勃稠度。该法适用于粗骨料最大粒径不超过 40 mm、维勃稠度在 5～30 s 的混凝土拌和物的稠度测定。

5.2.3 影响和易性的因素

1. 水泥浆的数量

在混凝土拌和物中，水泥浆包裹骨料表面，填充骨料空隙，使骨料润滑，提高混合料的流动性；在水灰比不变的情况下，单位体积混合物内，随水泥浆的增多，混合物的流动性增大。若水泥浆过多，超过骨料表面的包裹限度，就会出现流浆现象，这既浪费水泥又降低混凝土的性能；若水泥浆过少，达不到包裹骨料表面和填充空隙的目的，使黏聚性变差，流动性低，不仅会产生崩塌现象，还会使混凝土的强度和耐久性降低。混合物中水泥浆的数量以满足流动性要求为宜。

2. 水泥浆的稠度

水泥浆的稀稠，取决于水灰比的大小。水灰比小，水泥浆稠，拌和物流动性就小，混凝土拌和物难以保证密实成型。若水灰比过大，又会造成混凝土拌和物的黏聚性和保水性不良，而产生流浆、离析现象。

水泥浆的数量和稠度取决于用水量和水灰比。实际上用水量是影响混凝土流动性最大的因素。当用水量一定时，水泥用量适当变化（增减 50～100 kg/m³）时，基本上不影响混凝土拌和物的流动性，即流动性基本上保持不变。由此可知，在用水量相同的情况下，采用不同的水灰比可配制出流动性相同而强度不同的混凝土。

3. 砂率

砂率是指混凝土中砂的用量占砂、石总用量的百分率。

混合料中，砂填充石子的空隙。在水泥浆一定的条件下，若砂率过大，则骨料的总表面积及空隙率增大，混凝土混合物就显得干稠，流动性小。如要保持一定的流动性，则要多加水泥浆，耗费水泥。若砂率过小，砂浆量不足，不能在粗骨料的周围形成足够的砂浆层起润滑和填充作用，也会降低混合物的流动性，同时会使黏聚性、保水性变差，使混凝土混合物显得粗涩，粗骨料离析，水泥浆流失，甚至出现溃散现象。因此，砂率既不能过大，也不能过小，应通过试验找出最佳（合理）砂率。

4. 其他影响因素

水泥品种、骨料种类、粒形和级配以及外加剂等，都对混凝土拌和物的和易性有一定影响。水泥的标准稠度用水量大,则拌和物的流动性小。骨料的颗粒较大、形状圆整、表面光滑及级配较好时,则拌和物的流动性较大。此外,在混凝土拌和物中加入外加剂时(如减水剂),能显著地改善和易性。

混凝土拌和物的和易性还与时间、温度有关。拌和物拌制后,随时间延长,流动性减小;温度越高,水分丢失越快,坍落度损失越大。

5.3　硬化后混凝土性质

混凝土的性能包括两部分:一是混凝土硬化之前的性能,即和易性;二是混凝土硬化之后的性能,包括强度、变形性能和耐久性等。

5.3.1　混凝土的强度

混凝土的强度包括抗压强度、抗拉强度、抗弯强度、抗剪强度及与钢筋的黏结强度等。其中混凝土的抗压强度最大,抗拉强度最小。混凝土强度与混凝土的其他性能关系密切,通常混凝土的强度越大,其刚性、不透水性、抗风化及耐蚀性也越大。混凝土的结构以抗压强度为主要参数进行设计,习惯上泛指混凝土的强度,即它的极限抗压强度。

混凝土的强度等级采用 C 与立方体抗压强度标准值(以 N/m^2 即 MPa 计)表示,划分为 C7.5,C10,C15,C20,C25,C30,C35,C40,C45,C50,C55,C60,C65,C70,C75,C80 共 16 个强度等级。

采用高强度等级水泥、低水灰比、强制搅拌、加压振捣或其他综合措施可以提高混凝土的密实度和强度。采用蒸汽养护,也可以加速混凝土早期强度的发展。

5.3.2　混凝土的耐久性

混凝土除应具有设计要求的强度,以保证其能安全地承受设计的荷载外,还应具有与自然环境及使用条件相适应的经久耐用的性能。混凝土的耐久性主要包括抗渗、抗冻、抗腐蚀、抗碳化、抗碱-集料反应等。

1. 抗渗性

抗渗性是指混凝土抵抗有压力的介质(水、油、溶液等)渗透的性能。它是混凝土耐久性最重要的方面之一。抗渗性差的混凝土由于水与溶液的浸入,会加重混凝土的侵蚀和冻融破坏作用。对于钢筋混凝土,还可能引起钢筋的锈蚀和保护层的开裂甚至剥落,降低混凝土的耐久性。

混凝土的抗渗性用抗渗等级表示。抗渗等级是以 28 d 龄期的标准试件在标准试验方法下所能承受的最大静水压力来表示。共有 P4,P6,P8,P10,P12 五个等级,分别表示能抵抗 0.4 MPa,0.6 MPa,0.8 MPa,1.0MPa,1.2 MPa 的静水压力而不渗透。

2. 抗冻性

混凝土的抗冻性是指混凝土在饱和水状态下,能经受多次冻融循环而不破坏,同时也不严重降低其性能的能力。在寒冷地区,特别是接触水又受冻的环境下,混凝土要求具有较高等级的抗冻性。

混凝土的抗冻性用抗冻等级表示。抗冻等级是以 28 d 龄期的混凝土标准试件,在吸水饱和后承受反复冻融循环,以抗压强度损失不超过 25%、质量损失不超过 5%时能承受的最大冻融循环次数来确定的。抗冻等级有 F10,F15,F25,F50,F100,F150,F200,F250 和 F300 等 9 个等级,分别表示混凝土能承受冻融循环的最大次数不小于 10,15,25,50,100,150,200,250 和 300 次。

混凝土的密实度、孔隙率和孔隙构造、孔隙的充水程度是影响混凝土抗冻性的主要因素。掺入引气剂、减水剂或防冻剂可有效地提高混凝土的抗冻性。

3. 抗腐蚀性

抗腐蚀性是混凝土抵抗环境介质侵蚀作用的能力。混凝土的腐蚀主要是水泥石在外界侵蚀性介质作用下受到破坏所引起的,其腐蚀机理与水泥石的侵蚀一样,在这里不再赘述。因此,水泥品种是决定混凝土抗腐蚀性的主要因素。同时还与混凝土本身的密实度和孔隙率有关。根据混凝土的使用环境选择水泥,同时提高混凝土密实度,尽量减少混凝土的孔隙率并使孔隙处于封闭状态的混凝土,侵蚀介质不易进入,抗腐蚀性强。

4. 抗碳化性

混凝土的碳化是指混凝土内水泥石中的 $Ca(OH)_2$ 与空气中的 CO_2 和 H_2O 反应,生成 $CaCO_3$ 和 H_2O 的过程,也称中性化。混凝土的碳化是 CO_2 由表及里向混凝土内部扩散的过程。碳化作用使混凝土碱度降低,减弱了混凝土对钢筋的防锈作用,且显著增加了混凝土的收缩,使表面碳化层产生细微裂缝,混凝土的抗拉、抗折强度降低。为防止混凝土碳化,可采用硅酸盐水泥或普通硅酸盐水泥,同时采用较小的水灰比,在混凝土表面涂刷保护层,可提高混凝土的抗碳化性能。

5. 抗碱-集料反应

碱-集料反应主要是指水泥中的碱(Na_2O,K_2O)与集料中活性 SiO_2 发生化学反应,在骨料表面生成复杂的碱-硅酸凝胶,吸水后体积膨胀(体积可增加 3 倍以上),从而导致混凝土开裂而破坏,这种现象称为碱-集料反应。

发生碱-集料反应必须具备三个条件:一是水泥中碱的含量必须高;二是集料中含有一定的活性成分;三是有水存在。

在实际工程中,应对碱-集料反应给予足够的重视。要采取相应的措施,抑制碱-集料反应的危害,如控制水泥中的碱含量小于 0.6%;选用非活性骨料;降低混凝土的单位用量;在混凝土中掺入引气剂;防止水分侵入,保持混凝土干燥等。

5.4 混凝土生产工艺及主要设备

5.4.1 生产工艺

预拌混凝土生产工艺主要有原材料储存、原材料计量和混凝土搅拌三个部分,具体如图 5-5 所示。

(1)工艺布置。预拌混凝土生产的工艺布置主要由原材料计量系统,特别是由骨料计量的形式决定。

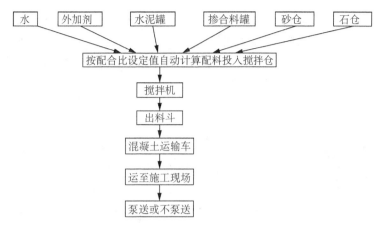

图 5-5　预拌混凝土生产工艺流程

（2）生产流程。预拌混凝土生产基本组成有供料系统、计量系统、搅拌系统、电气系统及辅助设备（如空气压缩机等），用以完成混凝土原材料的输送、上料、储存、配料、称量、搅拌和出料等工作。

（3）计量系统。计量系统是预拌混凝土生产的核心，按照国家标准的规定，在生产中通常采用重量法计量，计量精度直接影响预拌混凝土的质量，计量速度直接影响预拌混凝土的生产能力。

（4）搅拌机。搅拌机是保证混凝土组成材料混合均匀的核心设备。

5.4.2　主要设备

（1）搅拌主机：双螺带搅拌主机、双卧轴搅拌主机，主要有普通混凝土用、水工专用加强型和预制件专用等三种类型，主机外形如图 5-6 所示。

（2）控制系统：双机同步控制方式、经典型控制方式。

（3）骨料输送：（平、人字、槽形）皮带上料、提升斗上料。

（4）粉料输送：螺旋输送、气力输送、风槽输送。

（5）物料计量：单独计量、累加计量。

（6）除尘系统：（布袋式、振动式、脉冲式）除尘器。

（7）气路系统：压缩空气管道输送系统。

图 5-6　南方路机双卧轴搅拌主机

5.5　预制混凝土构件种类

目前，预制混凝土构件可按结构形式分为水平构件和竖向构件，其中水平构件包括预制叠合板、预制空调板、预制阳台板、预制楼梯板和预制梁等；竖向构件包括预制楼梯隔墙板、预制内墙板、预制外墙板（预制外墙飘窗）、预制女儿墙、预制 PCF 板和预制柱等。

预制构件可按照成型时混凝土浇筑次数分为一次浇筑成型混凝土构件和二次浇筑成型混凝土构件,其中一次浇筑成型混凝土构件包括预制叠合板、预制阳台板、预制空调板、预制内墙板、预制楼梯、预制梁和预制柱等;二次浇筑成型混凝土构件包括预制外墙板(保温装饰一体化外墙板)、预制女儿墙和预制 PCF 板等。

5.5.1 预制叠合板

图 5-7 预制叠合板

预制叠合板(图 5-7)是建筑物中预制和现浇混凝土相结合的一种楼板结构形式。预制叠合板(一般厚度 5~8 cm)与上部现浇混凝土层(厚度 6~9 cm)结合成一个整体,共同工作。叠合板采用可扩展固定模台数字化生产工艺,实现一次性浇筑成型,表面拉毛。采用干热养护工艺进行蒸养。模板采用磁盒固定。

5.5.2 预制内墙板

装配整体式建筑中,如剪力墙作为承重内隔墙的预制构件,如图 5-8 所示,上下层预制内墙板的钢筋也是采用套筒灌浆连接的。内墙板之间水平钢筋采用整体式接缝连接。采用环形生产线一次浇筑成型,预埋件安装可采用磁性底座,但预埋件应避免振捣时产生位移。预养护后,表面人工抹平、压光,蒸养拆模后翻板机辅助起吊。

5.5.3 预制外墙板

预制外墙板是装配式整体式建筑结构中作为承重的外墙板,上下层外墙板主筋采用灌浆套筒连接,相邻预制外墙板之间采用整体接缝式现浇连接。预制外墙板分为外叶装饰层、中间夹芯保温层及内叶承重层。此外还有带飘窗的外墙板。预制夹芯保温外墙板采用分层法浇筑,先浇筑外叶墙,铺保温板,再浇筑内叶墙,两层混凝土墙板通过保温连接件相连,中间夹有轻质高效保温材料,具有承重、围护、保温、隔热、隔声、装饰等功能。内层混凝土为结构层,外层为装饰层,如图 5-9 所示,可根据不同的建筑风格做成不同的样式,如清水混凝土、彩色混凝土、面砖饰面及石材饰面等。预制混凝土飘窗采取反打工艺,同反打夹芯复合保温外墙板、飘窗上下板及主墙一同预制。飘窗模板加工需严格按模板图制作,一次浇筑成型。

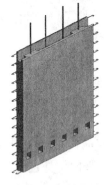

图 5-8 预制剪力墙

图 5-9 带窗框夹心保温墙板

5.5.4　预制楼梯板

预制楼梯板为楼梯间使用的预制混凝土构件,如图 5-10 所示,一般为清水构件,不再进行二次装修,代替了传统现浇结构楼梯,一般有梯段板、两端支撑段及休息平台段组成。一般按形式可分为双跑楼梯和剪刀式单跑楼梯。楼梯采用立式生产,分层下料振捣,附着式振动器配合振捣棒。工业化生产比现浇楼梯质量好,外形精度高,棱角清晰。

5.5.5　预制空调板

预制空调板为建筑物外立面悬挑出来放置空调外机的平台,如图 5-11 所示。预制空调板通过预留负弯矩筋伸入主体结构后浇层,浇筑整体。

图 5-10　预制楼梯板

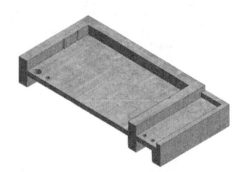

图 5-11　预制空调板

5.5.6　预制阳台板

预制阳台板为突出建筑物外立面悬挑的构件,如图 5-12 所示。按照构件形式分为叠合板式阳台、全预制板式阳台和全预制梁式阳台,按照建筑做法分为封闭式阳台和敞开式阳台。预制阳台板通过预留焊接及钢筋锚入主体结构后浇筑层进行有效连接。

5.5.7　预制 PCF 板

预制 PCF 板即预制混凝土剪力墙外墙模,一般由外叶装饰层及中间夹芯保温层组成。在构件安装后,通过预留连接件将内叶结构层与 PCF 板浇筑连接在一起,如图 5-13 所示。

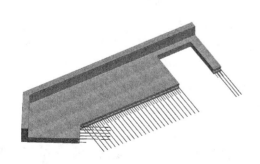

图 5-12　阳台板

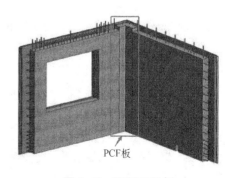

图 5-13　预制 PCF 板

5.5.8 预制梁

梁类构件采用工厂生产,现场安装,预制梁通过外露钢筋、埋件等进行二次浇筑连接,如图 5-14 所示。

5.5.9 预制柱

柱类构件采用工厂生产,现场安装,上下层预制柱竖向钢筋通过灌浆套筒连接,如图 5-15 所示。

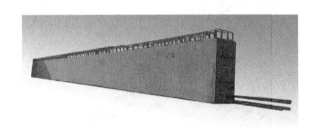

图 5-14 预制梁

图 5-15 预制柱

5.6 传统预制混凝土构件生产工艺

图 5-16 固定模台

预制构件生产有多种形式,最早的是采用传统固定模台生产方式,如图 5-16 所示,传统固定模台生产方式的特点是模台固定、以人工操作为主、自动化程度低。固定模台工艺的组模、放置钢筋与预埋件、浇筑振捣混凝土、养护预制构件和拆模都在固定模台上进行。固定模台工艺的模台是固定不动的,作业人员和钢筋、混凝土等材料在各个固定模台间"流动"。绑扎或焊接好的钢筋骨架用起重机送到各个固定模台处;混凝土用送料车或送料吊斗送到固定模台处,养护蒸汽管道也通到各个固定模台下,预制构件就地养护;预制构件脱模后再运送到存放区。

固定模台工艺具有适用范围广、通用性强、启动资金较少、见效快等特点,可制作各种标准化预制构件、非标准化预制构件和异形预制构件。

本节主要介绍梁、柱、墙板、叠合楼板等预制构件的固定模台工艺流程。

(1)梁、柱、除夹芯保温板外的墙板、叠合楼板类预制构件的工艺流程基本相同,如图 5-17 所示。

(2)夹芯保温板工艺流程与上述预制构件工艺流程有所不同:一是内叶板、外叶板需要分两次进行混凝土浇筑;二是增加了安装拉结件和保温板的作业。

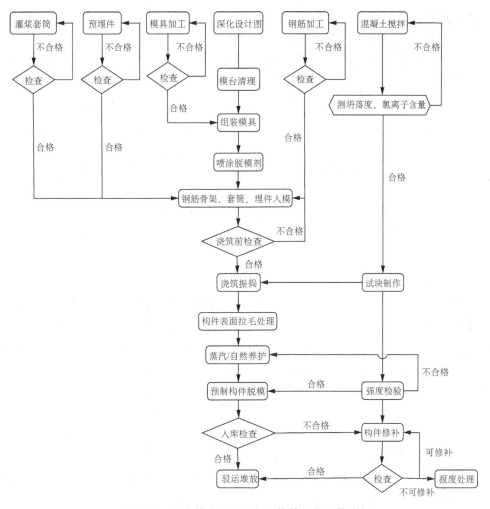

图 5-17　固定模台预制混凝土构件制作工艺流程

5.7　预制混凝土构件数字化生产工艺

随着预制构件生产能力的不断提升,预制构件生产设备不断改进,一些传统的生产方式正逐步被智能化设备生产方式所替代,如可扩展式模台数字化加工生产方式、移动式模台数字化加工生产方式、长线模台数字化加工生产方式,将通过各设备之间的联动性改变传统的生产方式,使得预制构件生产各项工序更加便捷、快速。

5.7.1　可扩展式模台的预制构件数字化工艺

1. 生产线布局

可扩展式模台预制构件数字化生产线,如图 5-18 所示,整个生产线布局灵活,适应性强,生产线可按产能需求逐条投入。预制构件数字化加工生产线主要以智能化设备为主,在预制构件实际生产过程中,各种设备之间协同作用,控制预制构件的整个生产过程。

图 5-18 可扩展式模台预制构件
数字化生产线

2. 数字化生产线设备

基于固定模台生产方式,结合流水线中高效的单元设备,通过在轨道自行移动,使得这些设备在固定模台上进行工作,这样就形成了一种全新的生产方式:模台不动(但可侧翻),清扫划线机、物料输送平台小车、混凝土布料机、移动式振动及侧翻小车在轨道上往复直线移动,生产线与生产线之间有中央行走平台装置将各个移动设备进行转运,实现构件在生产线上柔性生产;同时结合高效鱼雷罐综合布料系统,可从搅拌楼自动、定点添加混凝土,自动识别并传递到生产线上的布料机中,使得工厂现场能得到有效管理。

1)生产轨道及固定模台

生产轨道在非固定生产模台上完成,铺设于固定模台底部及两侧,每条纵向生产线总共 6 排轨道,用于运输主要生产设备及辅助装置。生产模台放置于设有限位装置的支撑脚上,生产模台处于非固定状态(无焊接固定),在可运行的翻转支架上经行翻转。生产模台集振动、侧翻及养护功能于一体,待预制构件混凝土浇筑完成后,预制构件直接放置于固定模台进行原位养护,减少建设养护室的投资,如图 5-19 所示。

2)清扫划线机

清扫划线机由龙门式结构拓展单元、纵向行走机构、安全装置、布模区划线装置、划线装置电控单元、无线电控制单元、双集电器单元及识别单元等组成,如图 5-20 所示。预制构件模具在固定模台上拼装前,可利用清扫划线装置对底模进行清扫处理,保证底模干净、无垃圾残留。清扫划线机通过布模划线装置可以 1:1 地将预制构件外形和相关信息绘出,使用特制颜料进行划线,便于识别。模具拼装完成后利用此装置对底模进行喷洒脱模剂,保证构件模具每个区域均能喷洒到位。

图 5-19 生产轨道及固定模台

图 5-20 清扫划线机

3)物料输送平台小车

预制构件生产所需要的物料种类和数量众多,如钢筋骨架、预埋件、边模侧模、饰面材料、保温材料、工装架等,所以必须借助物料运输平台小车,如图 5-21 所示,以减轻人力劳动量,并提高运送效率。该物料运输平台小车是一种有轨运行的物料输送系统,适用于室内,由操作者通过设置的遥控器来控制整台车的运作,完成物料在不同位置之间的输送。小车沿轨道运行,操作和维护方便,行驶稳定,用于工厂车间的物料搬运工作。

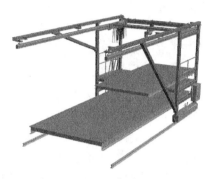

图 5-21　物料输送平台小车

图 5-22　中央行走平台装置

4) 中央行走平台装置

中央行走平台装置又称摆渡装置,是焊接而成的坚固结构,带平台和运行导轨,通过电动凸缘轮驱动,集成的锁定装置可固定在传送装置上的准确位置。手动遥控操作,用于连接两条纵向轨道,把设备通过一条轨道运输到另一条轨道,此装置只可横向移动,达到指定轨道时,两侧通过液压油泵进行锁住,防止设备穿过时发生错位沉降,如图 5-22 所示。

5) 桥式混凝土料罐

桥式混凝土料罐是轧制钢材制成的坚固焊接结构,带活动底板的料仓,可用液压缸装置将其打开。主要由桥式结构、横向驱动锁定装置、纵向行走机构、横向行走机构、光栅发射器、集电轨、进给导轨、双集电器单元、料罐电控单元及导轨轧制钢材托梁等组成,如图 5-23 所示。直接连接混凝土拌楼,通过无线控制系统进行发料,启动此装置将混凝土运输至指定的模台。

图 5-23　桥式混凝土料罐

图 5-24　混凝土布料机

6) 混凝土布料机

混凝土布料机根据制作预制构件强度等方面的需要,在钢筋笼绑扎、预埋件安装及验收完成后,通过桥式混凝土料罐将混凝土运输至指定模台倒入混凝土布料机,如图 5-24 所示,把混凝土均匀地浇洒在底模板上由边模构成的预制混凝土构件位置内,过程可控。该混凝土布料机为数控型布料机,可通过重量和路径测量系统布料,由纵向行走系统、龙门架结构、横向行走系统、料罐、料罐提升单元等组成,料罐带布料搅笼,通过电力驱动进行布料,可附加布料搅笼将布料宽度扩展到 1 700 mm,可预设搅笼的布料速度,可采用横向或纵向的布料方式。

7) 移动式侧翻及振动设备

模台侧翻和振动装置是集模台侧翻装置和模台振动装置于一体的移动式设备,并采用无线控制形式,当混凝土浇筑和构件脱模起吊时,该装置移动到模台下面使模台进行振动和侧翻。侧翻模台装置是在预制构件脱模起吊时,采用液压顶升侧立模台方式脱模,将载有预制构件成品的模台翻转一定角度,使预制构件成品可以非常方便地被起吊设备竖直吊起并运输到指定区域。振动装置主要是对在模板上新浇筑好的混凝土进行振动密实,消除混凝土内部的气泡,确保混凝土良好的颗粒分布,该系统可根据实际需要,选择水平振动式或水平振动和垂直振动组合式的振动装置。可通过调节振动电机激振力大小,使平台上散装物料实现理想的振实成型等形式的转变,亦可通过调频器调节振动电机的频率和振幅,达到橡胶弹簧对振动台的升、降减振作用。该一体化侧翻和振动装置安装使用方便,移动式设计避免了每个模台上都安装装置的情况,只需根据生产线规模配备 1~2 台即可,减少不必要的资金投入。为保证混凝土浇筑密实和方便构件原位脱模,必须安装无线移动式模台侧翻和振动装置,如图 5-25 所示。

8) 旋翼式抹平装置

旋翼式抹平装置主要是使预制构件可视面的平滑程度达到最高要求的装置,该系统采用垂直升降机精细抹平装置,主要由一个用于粗略抹平的整平圆盘和一个用于精细抹平的翼型抹平器组成,同时该装置带有水平矫正板精细抹平装置,主要配合外部振动装置,根据需要将混凝土层振动密实后,进行进一步抹平,如图 5-26 所示。

图 5-25　移动式侧翻及振动设备　　　　图 5-26　旋翼式抹平装置

3. 预制混凝土构件数字化生产工艺流程

预制构件生产时,通过各设备之间的联动性及无线控制,数字化加工步骤如下所示:

操作人员将生产图纸导入控制系统→操作人员向清扫划线装置中输入目标模台编号→中央行走平台装置将物料输送小车移动至目标轨道→隐蔽工程验收→中央行走平台装置将移动式侧翻及振动设备移动至目标轨道→通过旋翼式抹平装置对预制构件的上表面进行抹面→料输送平台装置将拆除的模具吊放至下一目标模台。流程如图 5-27 所示。

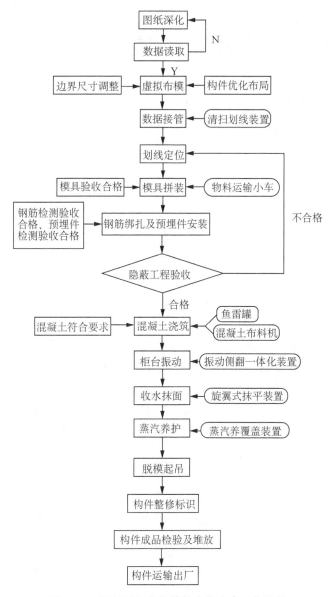

图 5-27　预制混凝土构件数字化生产工艺流程

5.7.2　移动式模台的预制构件数字化工艺

随着建筑科技的不断推进,预制构件工业走向自动化,移动式模台兴起,传统固定式模台将逐渐被取代。

数字化移动式模台预制构件加工系统是一个由多个数控单元构成的数控系统的集合,一个成熟的数字化移动式模台预制构件加工系统包括数字化构件成型加工系统、数字化钢筋加工系统、数字化模板加工系统。数字化构件成型加工系统是整个系统的核心板块,移动模台又是实现构件流水线加工成型的关键技术,工位系统、模具机器人、绘图仪、中央移动车、混凝土运输配料系统、托盘转向器、表面处理技术、蒸养加热设备、卸载臂和运输架及出库系统是构建实现数字化生产管理的重要设备构成。

1. 移动式模台生产线结构形式与数字化系统架构

1）系统架构

移动模台由钢平台、移动轨道、支撑钢柱、主动轮装置和从动轮装置构成，钢平台由钢板和框架角钢焊接制成，在矩形的钢板底部设有由四根框架角钢组成的矩形框架，在框架角钢和钢板形成的敞开空间内，沿横向焊接有支撑角钢，沿纵向焊接有防变形角钢；端部的支撑钢柱分别处于行车的作业范围内，如图5-28所示。

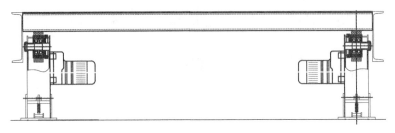

图5-28 平台装置

移动式模台生产线采用平模传送流水法进行生产，由水平钢平台和钢轮滚动系统构成，同时配有其他数字化操作设备协同工作。PC流水线为多功能PC构件生产线，必须能同时生产内墙板、外墙板、叠合楼板等板类构件（厚度≤450 mm）。PC流水线集PC专用搅拌站、钢筋加工两大原材料加工中心于一体，主要由中央控制系统、模台循环系统、模台预处理系统、布料系统（图5-29）、养护系统（图5-30）和脱模系统等六大系统组成。

在生产双层墙时，有必要将被硬化的上表面旋转180°，通过新浇筑的下表面进行定位和下沉。一种方法就是通过托盘换向器实现。在托盘换向时，借助专用伸臂梁运送带上表面的托盘。此时，运送带上表面的完整模具托盘被锁定且被转向。获得专利技术的张紧臂系统确保了操作简单明了。根据设备要求，可使用固定托盘换向器或吊顶式托盘换向器。

图5-29 布料机

图5-30 蒸养仓

2）分项工序

预制构件自动化生产线还必备以下分项程序生产线：模板加工生产线和钢筋加工生产线。预制构件全自动化流水生产线的钢筋生产线设备包括数控钢筋切割机、弯箍机、焊网机、数控钢筋调直机，切割机主要对钢筋进行规定的尺寸切割，弯箍机用于制作梁柱板等箍筋,结构紧凑并且功率强劲,用于生产直径在5~16 mm的钢筋弯箍和板材,操作简单,具备集成的高级控制系统,性能和精度较高。

2. 移动式模台数字化制造工艺

1) 外墙板生产工艺流程

台模清扫→自动喷洒脱模剂→标线→安装边模→安装底层钢筋网片→安放预留预埋件→检查复查→第一次浇筑、振捣→安装保温板→安装上层钢筋网→安装连接件→第二次浇筑→振动赶平→进入预养护窑(预养护2 h)→抹光作业→送入立体养护窑(养护8 h)→拆除边模→立起脱模、吊装→运输到成品堆放区→修饰并标注编码。

2) 内墙板生产工艺流程

台模清扫→自动喷洒脱模剂→标线→安装边模→安装钢筋网片→安放预留预埋件→检查复查→浇筑、振捣→振动赶平→进预养护房(预养护2 h)→抹光作业→送入立体养护窑(养护8 h)→拆除边模→立起脱模、吊装→运输到成品堆放区→修饰并标注编码。

3) 叠合楼板生产工艺流程

台模清扫→自动喷洒脱模剂→标线→安装边模→安装钢筋网片→安放预留预埋件→检查复查→浇筑、振捣→静停→拉毛作业→送入立体养护窑(养护8 h)→拆除边模→吊装→运输到成品堆放区→修饰并标注编码。

5.8 预制混凝土构件制作

预制构件应根据深化设计图纸制作。深化设计图应满足建筑、结构和机电设备等各专业的要求,并符合构件制作、运输、安装等各环节的综合要求。

(1)用于预制构件制作的深化设计应包括以下内容:

① 预制构件加工图、配筋图、预埋吊具及埋件的细部构造图等。

② 饰面砖、饰面板或装饰造型衬模的排版图。

③ 复合保温墙板的连接件布置图及保温板排版图。

(2)设计变更必须经原施工图设计单位审核批准后才能实施。

(3)预制构件生产企业应编制构件模具图和钢筋翻样图等制作文件。

(4)预制构件制作过程中涉及预制构件质量的模具拼装、钢筋制作安装、预埋件设置、门窗框设置、保温材料设置、混凝土浇筑、养护、脱模等每道工序应进行检验。上道工序质量检测和检查结果不合格时,不得进行下道工序的生产。

(5)对预制构件生产过程中产生的不合格品应进行标识并按规定处置。

5.8.1 模具拼装

(1)模具应安装牢固、尺寸准确、拼缝严密、不漏浆,精度必须符合设计要求和表5-2的规定,并应经验收合格后再投入使用。

检查数量:全数检查。

检查方法:按表5-2检查。

表 5-2　模具尺寸的允许偏差和检验方法

检验项目及内容		允许偏差/mm	检验方法
长度	≤6 m	1，－2	用钢尺量平行构件高度方向，取其中偏差绝对值较大处
	>6 m 且≤12 m	2，－4	
	>12 m	3，－5	
截面尺寸	墙板	1，－2	用钢尺测量两端或中部，取其中偏差绝对值较大处
	其他构件	2，－4	
对角线差		3	用钢尺量纵、横两个方向对角线
侧向弯曲		$L/1\,500$ 且≤5	拉线，用钢尺量侧向弯曲最大处
翘曲		$L/1\,500$	对角拉线测量交点间距离值的 2 倍
底模表面平整度		2	用 2 m 靠尺和塞尺检查
组装缝隙		1	用塞片或塞尺量
端模与侧模高低差		1	用钢尺量

注：L 为模具与混凝土接触面中最长边的尺寸。

（2）模具组合前应对模具和预埋件定位架等部位进行清理，严禁敲击。

（3）模具与混凝土接触的表面应均匀涂刷隔离剂。

（4）装饰造型衬模应与底模和侧模密贴，不得漏浆。

5.8.2　饰面材料铺贴与涂装

（1）面砖在入模铺设前，应先将单块面砖根据构件排版图的要求分块制成面砖套件。套件的尺寸应根据构件饰面砖的大小、图案、颜色确定，每块套件的长度不宜大于 600 mm，宽度不宜大于 300 mm。

（2）面砖套件应在定型的套件模具中制作。面砖套件的图案、排列、色泽和尺寸应符合设计要求。

（3）面砖套件的薄膜粘贴不得有折皱，不应伸出面砖，端头应平齐。嵌缝条和薄膜粘贴后应采用工具沿接缝将嵌缝条压实。

（4）石材在入模铺设前，应核对石材尺寸，并应提前 24 h 在石材背面安装锚固拉勾和涂刷防泛碱处理剂。

（5）面砖套件、石材铺贴前应清理模具，并应在模具上设置安装控制线，按控制线固定和校正铺贴位置，可采用双面胶带或硅胶按预制加工图分类编号铺贴。

（6）石材和面砖等饰面材料与混凝土的连接应牢固、无空鼓。石材等饰面材料与混凝土之间连接件的结构、数量、位置和防腐处理应符合设计要求。

（7）石材和面砖等饰面材料铺设后表面应平整，接缝应顺直，接缝的宽度和深度应符合设计要求。

（8）面砖、石材需要更换时，应采用专用修补材料，对嵌缝进行修整。

（9）面砖、石材粘贴的允许偏差应符合表 5-3 的规定。

表5-3　面砖、石材粘贴的允许偏差和检验方法

项次	项目	允许偏差/mm	检验方法
1	表面平整度	2	2 m靠尺和塞尺检查
2	阳角方正	2	2 m靠尺检查
3	上口平直	2	拉线钢直尺检查
4	接缝平直	3	钢直尺和塞尺检查
5	接缝深度	1	钢直尺和塞尺检查
6	接缝宽度	1	钢直尺检查

（10）涂料饰面的构件表面应平整、光滑，棱角、线槽应符合设计要求，直径大于1 mm的气孔应进行填充修补。

5.8.3　钢筋和预应力筋的制作与安装

（1）钢筋制品的尺寸应准确，钢筋的下料及成型宜采用自动化设备进行加工。钢筋绑丝甩扣应弯向构件内侧。

（2）钢筋制品中钢筋、配件和埋件的品种规格、数量和位置等应符合有关设计文件的要求。

（3）钢筋制品中开孔部位应根据图纸要求设置加强筋。加强筋不应少于3处绑扎固定点。

（4）钢筋制品吊运入模应对其质量进行检查，并应合格后再入模，吊运时宜采用多吊点的专用吊架。

（5）钢筋制品应轻放入模，并应采用保护层垫块等方式达到钢筋各部位的保护层厚度要求。

（6）钢筋制品安装位置的偏差应符合表5-4的规定。

检查数量：全数检查。

检查方法：观察，钢尺检查。

表5-4　钢筋制品尺寸允许偏差和检验方法

项目			允许偏差/mm	检验方法
钢筋网片	长、宽		±5	钢尺检查
	网眼尺寸		±5	钢尺量连续三档，取最大值
钢筋骨架	长		±5	钢尺检查
	宽、高		±5	钢尺检查
受力钢筋	间距		±5	钢尺量两端、中间各一点，取最大值
	排距		±5	钢尺量两端、中间各一点，取最大值
	保护层	柱、梁	±5	钢尺检查
		板、墙	±3	钢尺检查

项目	允许偏差/mm	检验方法
钢筋、横向钢筋间距	±5	钢尺量连续三档,取最大值
钢筋弯起点位置	15	钢尺检查

（7）预应力筋的制作与安装应符合《混凝土结构工程施工规范》（GB 50666—2011）和设计文件的规定。

5.8.4 预埋件及预留孔设置

（1）预埋件、连接用钢材和预留孔洞模具的数量、规格、位置、安装方式等应符合设计规定,固定措施应可靠。

（2）预埋件应固定在模板或支架上,预留孔洞应采用孔洞模具加以固定。

（3）预埋件、预留孔和预留洞的允许偏差应符合表5-5的规定。

检查数量:全数检查。

检查方法:钢尺检查。

表5-5　预埋件和预留孔洞的允许偏差和检验方法

项　　目		允许偏差/mm	检验方法
预埋钢筋锚固板	中心线位置	3	钢尺检查
	安装平整度	0,−3	靠尺和塞尺检查
预埋管、预留孔	中心线位置	3	钢尺检查
	孔尺寸	±3	钢尺检查
门窗口	中心线位置	3	钢尺检查
	宽度、高度	±2	钢尺检查
插筋	中心线位置	3	钢尺检查
	外露长度	+5,0	钢尺检查
预埋吊环	中心线位置	3	钢尺检查
	外露长度	+8,0	钢尺检查
预留洞	中心线位置	3	钢尺检查
	尺寸	±3	钢尺检查
预埋螺栓	螺栓中心线位置	2	钢尺检查
	螺栓外露长度	±2	钢尺检查
钢筋套筒	中心线位置	1	钢尺检查
	平整度	±1	靠尺和塞尺检查

5.8.5　门窗框设置

（1）门窗框在构件制作、驳运、堆放、安装过程中，应采取包裹或遮挡等防护措施。

（2）预制构件的门窗框应在浇筑混凝土前预先放置于模具中，位置应符合设计要求，并应在模具上设置限位框或限位件进行可靠固定。

（3）门窗框的品种、规格、尺寸、相关物理性能和开启方向、型材壁厚和连接方式等应符合设计要求

（4）门窗框安装位置应逐件检验，允许偏差应符合表 5-6 的规定。

检查数量：全数检查

检查方法：观察。

表 5-6　门框和窗框安装允许偏差和检验方法

项目		允许偏差/mm	检验方法
锚固脚片	中心线位置	5	钢尺检查
	安装平整度	+5,0	钢尺检查
门窗框位置		±1.5	钢尺检查
门窗框高、宽		±1.5	钢尺检查
门窗框对角线		±1.5	钢尺检查
门窗框的平整度		1.5	钢尺检查

5.8.6　保温材料设置

（1）保温材料应根据设计要求设置，并应符合国家相关墙体防火、节能设计与施工规范的要求。

（2）预制混凝土夹心保温外墙板可采用平模工艺或立模工艺成型，并应符合下列规定：

① 采用平模工艺成型时，混凝土宜分内、外叶两层浇筑，内、外叶混凝土之间应安装保温材料和连接件，混凝土的振捣效果应达到设计及规范要求。

② 采用立模工艺成型时，应同步浇筑内、外叶混凝土层，生产时应采取可靠措施以保证内、外叶混凝土厚度，保温材料及连接件的位置准确。

5.8.7　隐蔽工程验收

1. 首件验收制度

预制混凝土构件生产企业应建立健全的预制构件首件验收制度。以项目为单位，对同类型主要受力构件和异形构件的首个构件，由预制构件生产单位技术负责人组织有关人员验收，明确模具及工装、钢筋及预埋件、混凝土搅拌、浇筑、养护、脱模和存储等满足验收要求，并按照规定留存相应的验收资料，验收合格后方可进行批量生产。

2. 隐蔽工程验收内容

在混凝土浇筑成型前应进行预制构件的隐蔽工程，验收隐蔽工程应符合下列规定：

(1) 纵向受力钢筋和预应力筋的品种、规格、数量和位置必须符合设计要求。

(2) 灌浆套筒、波纹管、吊具和插筋的品种、规格、数量和位置必须符合设计要求。

(3) 其他隐蔽工程检查项目应符合有关标准规定和设计文件要求,检验项目包括以下内容:

① 模具各部位尺寸、定位、固定和拼缝。

② 饰面材料铺设品种、质量。

③ 钢筋的连接方式、接头位置、接头数量和接头面积百分率。

④ 箍筋、横向钢筋的品种、规格、数量和间距。

⑤ 预留孔洞、预埋件及门窗框的规格、数量和位置固定。

⑥ 保温板、保温板连接件的数量、规格和位置。

⑦ 钢筋的混凝土保护层厚度。

⑧ 隔离剂品种涂刷。

5.8.8 构件养护

(1) 预制构件的成型和养护宜在车间内进行,成型后蒸养可在生产模位上或养护窑内进行。

(2) 预制构件可根据需要选择洒水、覆盖、喷涂养护剂养护,或采用蒸汽养护、电加热养护等养护方式。

(3) 预制构件采用蒸汽养护时,宜采用自动蒸汽养护装置,并应保证蒸汽管道通畅、养护区无积水。

(4) 蒸汽养护应分静停、升温、恒温和降温四个阶段,并应符合下列规定:

① 混凝土全部捣完毕后静停时间不宜少于 2 h。

② 升温速度不得大于 15 ℃/h。

③ 恒温时最高温度不宜超过 55 ℃,恒温时间不宜少于 3 h。

④ 降温速度不宜大于 10 ℃/h。

5.8.9 构件脱模

(1) 预制构件停止蒸汽养护拆模前,预制构件表面与环境温度的温差不宜高于 20 ℃。

(2) 模具的拆除应根据模具结构的特点及拆模顺序进行,严禁使用振动模具方式拆模。

(3) 预制构件脱模起吊应符合下列规定:

① 预制构件脱模起吊时,同条件养护混凝土立方体试块抗压强度应满足设计要求,且不应小于 15 N/mm²。

② 预应力混凝土构件脱模起吊时,同条件养护混凝土立方体试块抗压强度应满足设计要求,且不应小于混凝土强度等级设计值的 75%。

③ 预制构件吊点设置应满足平稳起吊的要求,平吊吊运不宜少于 4 个吊点,侧吊吊运不宜少于 2 个且不宜多于 4 个吊点。

(4) 预制构件脱模后应对预制构件进行整修,并应符合下列规定:

① 构件生产应设置专门的混凝土构件整修场地,在整修区域对刚脱模的构件进行清

理、质量检查和修补。

② 对于各种类型的混凝土外观缺陷,构件生产单位应制订相应的修补方案,并配有相应的修补材料和工具。

③ 预制构件应在修补合格后再驳运至合格品堆放场地。

5.8.10　预制构件成品的质量检验

(1) 生产企业生产的预制构件应按本节规定进行检验,构件生产企业和施工现场制作的预制构件应按《混凝土结构工程施工质量验收规范》(GB 50204—2015)的规定进行验收。

(2) 预制构件应按设计要求和《混凝土结构工程施工质量验收规范》(GB 50204—2015)的有关规定进行结构性能检验。

(3) 预制构件表面装饰、涂饰施工和保温板设置质量检验要求应按《建筑装饰装修工程施工规范》(GB 50210—2018)和《建筑节能工程施工质量验收规范》(DGJ 08-113—2017)执行。

(4) 陶瓷类装饰面砖与构件基面的黏结强度应符合《建筑工程饰面砖粘结强度检验标准》(JGJ 110—2008)和《外墙饰面砖工程施工及验收规程》(JGJ 126—2000)等的规定。

(5) 预制构件的外观质量不宜有一般缺陷,构件的外观质量应根据表5-7确定。对已经出现的一般缺陷,应按技术处理方案进行处理,并重新检查验收;对已经出现的严重缺陷应经原设计单位认可,并按技术处理方案进行处理,重新检查验收。

检查数量:全数检查。

检验方法:观察,检查,处理记录。

表 5-7　预制构件外观质量缺陷

名称	现　象	严重缺陷	一般缺陷
露筋	构件内钢筋未被混凝土包裹而外露	主筋有露筋	其他钢筋有少量露筋
蜂窝	混凝土表面缺少水泥砂浆而形成石子外露	主筋部位和搁置点位置有蜂窝	其他部位有少量蜂窝
孔洞	混凝土中孔穴深度和长度均超过保护层厚度	构件主要受力部位有孔洞	非受力部位有孔洞
夹渣	混凝土中夹有杂物且深度超过保护层厚度	构件主要受力部位有夹渣	其他部位有少量夹渣
疏松	混凝土中局部不密实	构件主要受力部位有疏松	其他部位有少量疏松
裂缝	缝隙从混凝土表面延伸至混凝土内部	构件主要受力部位有影响结构性能或使用功能的裂缝	其他部位有少量不影响结构性能或使用功能的裂缝
裂纹	构件表面的裂纹或者龟裂现象	预应力构件受拉侧有影响结构性能或使用功能的裂纹	非预应力构件有表面的裂纹或者龟裂现象
连接部位缺陷	构件连接处混凝土缺陷及连接钢筋、连接件松动,灌浆套筒未保护	连接部位有影响结构传力性能的缺陷	连接部位有基本不影响结构传力性能的缺陷

名称	现 象	严重缺陷	一般缺陷
外形缺陷	内表面缺棱掉角、棱角不直、翘曲不平等;外表面面砖黏结不牢、位置偏差、面砖嵌缝没有达到横平竖直、面砖表面翘曲不平等	清水混凝土构件有影响使用功能或装饰效果的外形缺陷	其他混凝土构件有不影响使用功能的外形缺陷
外表缺陷	构件内表面麻面、掉皮、起砂、沾污等;外表面面砖污染、预埋门窗破坏	具有重要装饰效果的清水混凝土构件、门窗框有外表缺陷	其他混凝土构件有不影响使用功能的外表缺陷,门窗框不宜有外表缺陷

(6) 预制构件采用钢筋套筒灌浆连接时,应在构件生产前进行钢筋套筒灌浆连接接头的抗拉强度试验。

检查数量:每个工程、每种规格的连接接头试件数量不少于3个。

检查方法:第三方检验报告。

(7) 预制构件的尺寸偏差及预留孔、预留洞、预埋件、预留插筋、键槽应符合标准图或设计的要求,其位置偏差应符合表5-8的规定。

表5-8 预制构件尺寸允许偏差及检查方法

项 目			允许偏差/mm	检查方法
长度	板、梁、柱、桁架	<12 m	±5	尺量检查
		≥12 m且<18 m	±10	
		≥18 m	±20	
宽度、高(厚)度	板、梁、柱、桁架截面尺寸		±5	钢尺量一端及中部,取其中偏差绝对值较大处
	墙板的高度、厚度		±3	
表面平整度	板、梁、柱、墙板内表面		5	2 m靠尺和塞尺检查
	墙板外表面		3	
侧向弯曲	板、梁、柱		$L/750$ 且≤20	拉线、钢尺量最大侧向弯曲处
	墙板、桁架		$L/1\ 000$ 且≤20	
翘曲	板		$L/750$	调平尺在两端量测
	墙板		$L/1\ 000$	
对角线差	板		10	钢尺量两个对角线
	墙板、门窗口		5	
挠度变形	梁、板、桁架设计起拱		±10	拉线、钢尺量最大弯曲处
	梁、板、桁架下垂		0	
预留孔	中心线位置		5	尺量检查
	孔尺寸		±5	

项　目		允许偏差/mm	检查方法
预留洞	中心线位置	5	尺量检查
	洞口尺寸、深度	±5	
门窗口	中心线位置	5	尺量检查
	宽度、高度	±3	
预埋件	预埋件钢筋锚固板中心线位置	5	尺量检查
	预埋件钢筋锚固板与混凝土面平面高差	0，−5	
	预埋螺栓中心线位置	2	
	预埋螺栓外露长度	±5	
	预埋套筒、螺母中心线位置	2	
	预埋套筒、螺母与混凝土面平面高差	0，−5	
	线管、电盒、木砖、吊环在构件平面的中心线位置偏差	20	
	线管、电盒、木砖、吊环与构件表面混凝土高差	0，−10	
预留插筋	中心线位置	3	尺量检查
	外露长度	+5.0	
键槽	中心线位置	5	尺量检查
	长度、宽度、深度	±5	

对于施工过程中临时使用的预埋件中心线位置及预制构件粗糙面处的尺寸允许偏差可按表 5-8 的规定放大 1 倍执行。对于形状复杂或设计有特殊要求的构件，其尺寸偏差应符合设计要求。

检查数量：同一规格（品种）、同一个工作班为一检验批，每检验批抽检不应少于 30%，且不少于 5 件。

检查方法：钢尺、拉线、靠尺、塞尺检查。

（8）预制构件粗糙面的质量及键槽的数量应符合设计要求。

检查数量：全数检查。

检查方法：观察。

（9）预制构件饰面板（砖）的尺寸允许偏差应符合表 5-8 的规定。

检查数量：根据规范要求进行全数检查。

检查方法：钢尺、靠尺、塞尺检查。

（10）预制构件门框和窗框位置及尺寸允许偏差应符合表 5-8 的规定。

检查数量：根据规范要求进行全数检查。

检查方法：钢尺、靠尺检查。

第6章

建 筑 砂 浆

建筑砂浆是建筑工程中不可缺少、用量很大的建筑材料。砂浆一般是由胶凝材料、细集料、掺合料、外加剂和水,按照一定比例配合调制而成的建筑工程材料,在建筑工程中起到黏结、衬垫和传递应力的作用。它与普通混凝土的主要区别是组成材料中没有粗骨料。因此,建筑砂浆也称为细骨料混凝土。

建筑砂浆的作用主要包括以下几个方面:在结构工程中,把单块的砖、石、砌块等胶结起来构成砌体;砖墙的勾缝、大型墙板和各种构件的接缝也离不开砂浆;在装饰工程中,墙面、地面及梁柱结构等表面的抹灰,镶贴天然石材、人造石材、瓷砖、锦砖等也都要使用砂浆。

根据用途不同,建筑砂浆可分为砌筑砂浆、抹面砂浆(普通抹面砂浆、装饰砂浆等)、特种砂浆(防水砂浆、隔热砂浆、耐腐蚀砂浆、吸声砂浆等)。

按所用的胶凝材料不同,建筑砂浆分为水泥砂浆、石灰砂浆、混合砂浆和聚合物水泥砂浆等。

按生产工艺不同,建筑砂浆可分为干粉砂浆和预拌砂浆两大类。

本章将围绕建筑砂浆制备的配方设计和生产工艺,主要对干粉砂浆和预拌砂浆作介绍。

6.1 建筑砂浆的原材料

由于我国传统的建筑砂浆生产是在现场,由施工单位自行拌制,这种生产方式的缺点是砂浆的质量难以控制,生产效率低,且施工现场必须设置黄砂堆场、石灰膏沉淀池、水泥库等原材料堆放场所。这样既占用了施工场地,又不利于文明施工。随着建筑业技术的发展和文明施工的需要,以工业化生产的商品砂浆取代现场拌制的砂浆趋势。作为典型的商品砂浆品种,干粉砂浆和预拌砂浆在欧洲的应用已经非常普遍,这几年在我国的发展也十分迅速。

6.1.1 干粉砂浆

干粉砂浆又称干拌砂浆、干砂浆,是将水泥、砂、矿物掺合料和功能性外加剂按一定比例,在专业生产厂于干燥状态下均匀拌制形成的一种混合物,然后以干粉包装或散装的形式运至工地,按规定比例加水拌和后即可直接使用的干粉砂浆材料。

相对于国内在施工现场配制砂浆的传统工艺,干粉砂浆具有品质稳定、工效提高、质量优异、品种齐全、施工性能良好、使用方便及成本低廉等特点。

1. 干粉砂浆种类

1)普通干粉砂浆

普通干粉砂浆为用于砌筑工程的干粉砌筑砂浆,其强度等级范围一般为 M5.0,M7.5,

M10，M15，M20，M25，M30，稠度≤90 mm，分层度≤25 mm。

普通干粉砂浆为用于抹灰工程的干粉抹灰砂浆，其强度等级范围一般为 M5.0，M7.5，M10，M15，M20，稠度≤110 mm，分层度≤20 mm。

普通干粉砂浆为用于建筑地面及屋面的面层或找平层的干粉地面砂浆，其强度等级范围一般为 M15，M20，M25，稠度≤50 mm，分层度≤20 mm。

2) 特种干粉砂浆

特种干粉砂浆系指薄层干粉砂浆、装饰类干粉砂浆或具有某种特殊功能(抗裂、高黏结、防水抗渗及装饰性功能等)的干粉砂浆。它包括墙地砖黏结剂、界面(处理)剂、填缝胶粉、彩色艺术内外墙砂浆及防水砂浆等。

2. 干粉砂浆的原料

干粉砂浆按胶凝材料可分为水泥砂浆和混合砂浆。水泥砂浆是由水泥、中砂再加上水拌和组成；混合砂浆是由水泥、石灰膏及砂子拌和而成，用于地面以上的砌体。混合砂浆由于加入了石灰膏，从而改善了砂浆的和易性，操作方便。

生产干粉砂浆应尽量利用当地矿产资源和工业废渣，其组成主要有胶凝材料、填料、分散性有机聚合物和化学外加剂。黏结剂主要有普通水泥、特种水泥、天然石膏、无水石膏、人造石膏和石灰等；填料品种有石英砂、石灰石、白云石、高岭土、珍珠岩、硅石粉、炉渣、粉煤灰、纤维、陶粒、发泡蛭石、膨胀珍珠岩和浮石等。砌块砌筑干粉砂浆通常选用的原材料包括水泥、消石灰粉、砂和专用外加剂。砌筑砂浆所用原材料不应对人体、生物与环境造成有害的影响，并应符合《建筑材料放射性核素限量》(GB 6566—2010)的规定。

1) 无机胶凝材料

无机胶凝材料本身具有水硬活性，是对砂浆强度和施工性能有贡献的材料。干粉砂浆常用的胶凝材料有普通硅酸盐水泥、硅酸盐水泥、高铝水泥、天然石膏、石灰以及这些材料的混合体。硅酸盐水泥或白色硅酸盐水泥都是主要的胶凝材料。地坪砂浆中通常还需要用一些特殊的水泥。胶凝材料的用量占干粉砂浆产品质量的 20%～40%。水泥是最主要的无机胶凝材料，也是干粉砂浆的重要组成部分，它直接影响砂浆的流变性、硬化性质、强度和干缩率等。

2) 填料

干粉砂浆的主要填料有黄砂、石英砂、石灰石、白云石和膨胀珍珠岩等。这些填料经过破碎、烘干，再筛分成粗、中、细三类，颗粒尺寸为：粗填料 100 mm 以上，中填料 4～100 mm，细填料 0.4～4 mm。粒度很小的产品需用细石粉和经分选过的石灰石作骨料。普通的干粉砂浆既可用粉碎过的石灰石，也可用经干燥、筛选过的砂子作骨料。如果砂子质量足可用于高级的结构混凝土，则其一定符合生产干混料的要求。生产质量满足要求的干粉砂浆关键在于原料粒度的掌握以及投料配比的准确，而这是在干粉砂浆自动生产中实现的。填料级配和细度模数会影响砂浆的性能，包括浆体的塑性性能及其硬化体的力学性能等。填料颗粒的形状和结构也能影响工作性，颗粒越接近球状，砂浆越容易操作。

3) 矿物掺合料

干粉砂浆的矿物掺合料主要是工业副产品、工业废料及部分天然矿石等，如矿渣、粉煤灰、火山灰和细硅石粉等。这些掺合料可溶于水，具有很高的活性和水硬性。最常用的矿物掺合料是工业副产品或工业废料,如粉煤灰。通常粉煤灰颗粒非常细,呈细小的球形,故粉煤灰可以改善砂浆的工作性而不会过分增加需水量,补偿砂浆中因缺乏细粉料而产生的离析和泌水。通常粉煤灰的价格低于水泥,用粉煤灰部分替代水泥既可降低砂浆成本,又可改善砂浆性能,故在砂浆生产中广泛使用。

粉煤灰、粒化高炉矿渣粉、硅灰和天然沸石粉应分别符合《用于水泥和混凝土中的粉煤灰》(GB/T 1596—2017)、《用于水泥和混凝土中的粒化高炉矿渣粉》(GB/T 18046—2017)、《高强高性能混凝土用矿物外加剂》(GB/T 18736—2017)和《天然沸石粉在混凝土与砂浆中应用技术规程》(JGJ/T 112—1997)的规定。当采用其他品种矿物掺合料时,应有充足的技术依据,并应在使用前进行试验验证。凡使用的矿物掺合料,其品质指标需符合国家现行的有关标准要求。粉煤灰不宜采用Ⅲ级粉煤灰。高钙粉煤灰使用时,必须检验其安定性指标是否合格,合格后方可使用。

4) 保水增稠材料

干粉砂浆常用砂浆稠化粉作为保水增稠材料,它通过对水分子的物理吸附作用达到使砂浆增稠、保水的目的,具有安全、无毒、无放射性和无腐蚀性等特性。

干粉砂浆中采用的保水增稠材料要求是水溶性的,一般为有机聚合物粉末,它在水中形成乳胶液,对各类物质具有很好的胶黏性,但它的胶黏机理与无机胶凝材料(如水泥)的黏结机理有根本的区别。加入有机聚合物,使砂浆具有以下优点:

(1) 具有增稠作用,使砂浆与基材有良好的黏结性。

(2) 具有保水作用,使砂浆不松散离析,砂浆中的水分不会很快渗入基体中或蒸发。

(3) 具有良好的抗裂、抗冻性能,避免收缩裂缝。

(4) 具有引气效应,给予砂浆可压缩性,比较容易操作。

(5) 有利于砂浆的薄层作业,易于快速施工。

这主要是由于在砂浆颗粒表面形成聚合物膜,聚合物膜抗拉强度比普通砂浆抗拉强度要大 10 倍以上,所以加入聚合物使砂浆的抗拉强度得到改善。采用保水增稠材料能给予干粉砂浆适宜的稠度和流变性,能够避免砂浆在硬化以前产生沉淀和水分蒸发,也能改善砂浆最终产物的性能。但加入保水增稠材料将提高砂浆的气孔率,使砂浆的密度降低,从而影响砂浆的强度性能。采用保水增稠材料时,应在使用前进行试验验证,并应有完整的型式检验报告。

5) 外加剂

外加剂的种类和数量以及外加剂之间的适应性关系到干粉砂浆的质量和性能,可以增加干粉砂浆的和易性和黏结力,提高砂浆的抗裂性,降低其渗透性,使其不易泌水分离,从而提高干粉砂浆的施工性能,降低生产成本。

化学外加剂从功能上可分为减水剂、调凝剂、引气剂和增塑剂等。减水剂掺入拌和物以后,能够在保持砂浆工作性相同的情况下显著地降低砂浆的用水,从而使硬化体各方面性能(强度、抗渗性、耐久性等)得到改善。调凝剂是调节水泥凝结时间的外加剂,可分为速凝剂和缓凝剂两种,分别可加速和延缓水泥矿物的水化,再按实际情况根据不同要求加以选用。引气剂可在砂浆中引进定量的微细气泡,不会显著改变水泥凝结和硬化速度,其主要作用是降低砂浆的泌水性和水泥浆的离析现象,从而改善拌和物的工作性,还可以提高砂浆的耐久性。

为了提高干粉砂浆的使用性能,生产时常掺加复合外加剂。采用不同功能的化学外加剂,可以产生不同用途的干粉砂浆。另外,砂浆中掺入的砂浆外加剂,应具有法定检测机构出具的该产品的砌体强度型式检验报告,并经砂浆性能试验合格后,方可使用。选择适宜的化学外加剂,不但可提高干粉砂浆的使用性能和施工性能,而且还可以降低成本。

6) 拌制砂浆用水

当拌制砂浆水中含有有害物质时,将会影响水泥的正常凝结,并可能对钢筋产生锈蚀作用,故要求拌制砂浆的水,其水质需符合《混凝土用水标准》(JGJ 63—2016)的要求。

3. 干粉砂浆原料的品质指标

砂浆是建筑施工中不可缺少的组成部分,然而目前通常使用的现场搅拌砂浆存在质量不稳定、抗渗性差、收缩值大、工作性能不理想,易导致开裂、渗漏、空鼓等质量问题,同时有易造成资源浪费和环境污染等问题。因此,利用各种有机、无机组分改善与提高砂浆性能,特别是在大中型城市和有条件的地区发展干粉砂浆的生产与应用,已是大势所趋。

有目的地在砂浆中掺入有机和无机组分,可以起到改善与提高砂浆工作性能和使用性能的作用,但较多种类的有机和无机材料的掺入增加了材料内部组成、水化与硬化过程以及硬化体结构的复杂性,如果材料种类选用不当或使用量不合适,还会起到反作用和增加生产成本。

有一项研究表明,采用保水性能良好的某改性无机矿粉部分取代甲基羟乙基纤维素,在满足砂浆保水性能的基础上改善了砂浆的强度、抗渗等性能,降低了砂浆的生产成本,并采用正交试验方法优化了砂浆组分,确定成本低廉和具有优良性能的干粉砂浆的生产配比。采用工厂原料配置的干粉砂浆保水率在95%以上,分层度小于等于15 mm,28 d抗压强度达10 MPa以上,7 d黏结强度已达0.6 MPa以上,各项指标达到和优于国内一些现行地方标准的要求,见表6-1。

表6-1 干粉砂浆的性能指标

强度等级		稠度/mm	保水性/%	分层度/mm	28 d黏结强度/MPa	
内墙 M5.0	外墙 M10	≤110	≥65	≤20	内墙≥0.3	外墙≥0.6

1) 水泥

普通硅酸盐水泥(P.O42.5级水泥),其物理性能和化学组成分别见表6-2和表6-3。

表6-2 水泥的物理性能

密度/(g·cm⁻³)	初凝/min	终凝/min	比表面积/(m²·kg⁻¹)	80 μm 筛余/%	28 d抗压强度/MPa
3.13	125	220	343	0.2	59.8

表6-3 水泥的化学组成(质量分数)　　　　　　　　单位:%

SiO$_2$	CaO	Al$_2$O$_3$	Fe$_2$O$_3$	SO$_3$	MgO	K$_2$O	Na$_2$O
21.5	60.3	6.52	2.92	3.61	0.96	0.23	0.39

2) 砂

砂砌体砂浆宜选用中砂,细度模数为 2.33,根据《中国建筑用砂标准》(GB/T 14684—2011)规定方法测定砂的粒度分布,结果见表 6-4。

表 6-4　砂的粒径分布

筛网孔/mm	4.75	2.36	1.18	0.6	0.3	0.15
筛余/%	0	0.5	9.7	42.3	83.4	98.2

3) 外加剂

外加剂一般用量很小,在 1%～3%,但作用巨大,常根据产品配方的要求来选用,以改善砂浆的和易性、分层度、强度、收缩和抗冻性能等指标。表 6-5 为外加剂成分构成。

表 6-5　外加剂成分构成

外加剂种类	成　分	性　质
甲基羟乙基纤维素	C8564 纤维素醚	白色粉末
可再分散乳胶粉	乙烯基共聚物	白色粉状
改性无机矿粉	硅酸盐	白色粉末,层片状结晶,易溶于水,水溶液呈糊状,具有良好的保水性能
拌和水	自来水	

4. 干粉砂浆原料的质量控制

1) 水泥进厂的质量控制

在确定了水泥品种后,进行干拌砂浆批量生产时,必须对水泥进行进厂检验。水泥进厂时应检查其品种、级别、包装或散装仓号、出厂日期等,并应对其强度、安定性及其他必要的性能指标进行复验,其质量必须符合《通用硅酸盐水泥》(GB 175—2007)等相应水泥品种标准的规定。

2) 石膏进厂的质量控制

在确定了采用的石膏种类后,进行干拌砂浆批量生产时,必须对石膏进行进厂检验。石膏进厂时检验其品种、级别、包装和出厂日期等,并应对其细度、标准稠度用水量、凝结时间和强度等性能指标进行复验,其质量必须符合《建筑石膏》(GB/T 9776—2008)等标准中相应石膏品种的规定。

3) 消石灰粉进厂的质量控制

在确定了采用的消石灰粉后,进行干拌砂浆批量生产时,必须对消石灰粉进行进厂检验。消石灰粉进厂时应检查其品种、级别、包装和出厂日期等,并应对其细度、游离水含量、体积稳定性及 CaO＋MgO 含量等性能指标进行复验,其质量必须符合《建筑消石灰粉》(JC/T 481—2013)中相应消石灰粉品种的规定。

4) 填料进厂的质量控制

在确定了采用的骨料品种后,进行干拌砂浆批量生产时,必须对骨料进行进厂检验。

(1) 骨料进厂检验:骨料进厂时应检查其品种、规格、级别、包装和出厂日期等,并至少应对其颗粒级配、含水率、含泥量和泥块含量性能指标进行复验。

（2）细填料进厂检验：细填料进厂时应检查其品种、级别、包装和出厂日期等，并至少应对其细度、游离水含量性能指标进行复验，根据干拌砂浆的性能要求和细填料的种类适当增加检验项目。其质量必须符合干拌砂浆对相应细填料品种性能要求的规定。

5）可再分散乳胶粉进厂的质量控制

作为基本化工产品，由厂家提供的可再分散乳胶粉的技术资料表即为产品的技术质量说明及产品生产规范。通常，可再分散乳胶粉进厂后，干拌砂浆厂家可根据产品技术资料表对可再分散乳胶粉进行抽检。主要检测的项目包括以下几个方面。

（1）外观：产品是否标记正确，外部包装是否正常，有无破损，产品质量是否符合合同，有无受潮或结块等必要的外观检验。

（2）实验室检验：根据企业的质量规定进行抽样检查。试验项目包括固含量、负压筛筛分实验、灰分测试和标准配方的检验。

6）减水剂进厂的质量控制

在确定了采用的减水剂种类后，进行干拌砂浆批量生产时，必须对减水剂进行进厂检验。减水剂进厂时应检查其品种、级别、包装和出厂日期等，并至少应对其细度、游离水含量、砂浆减水率性能指标进行复验，根据干拌砂浆的性能要求和减水剂的种类可适当增加检验项目。其质量必须符合相应减水剂品种性能的要求。

检验方法：检验产品合格证、出厂检验报告和进厂复验报告。

7）引气剂进厂的质量控制

在确定了采用的引气剂种类后，进行干拌砂浆批量生产时，必须对引气剂进行进厂检验。引气剂进厂时应检查其品种、级别、包装和出厂日期等，并至少对其细度、游离水含量、表面张力性能指标进行复验，根据干拌砂浆的性能要求和引气剂的种类可适当增加检验项目。其质量必须符合相应引气剂品种性能的要求。

检验方法：检验产品合格证、出厂检验报告和进厂复验报告。

8）早强剂的进厂的质量控制

在确定了采用的早强剂种类后，进行干拌砂浆批量生产时，必须对早强剂进行进厂检验。早强剂进厂时应检查其品种、级别、包装和出厂日期等，并应至少对其细度、游离水含量和强度性能指标进行复验，根据干拌砂浆的性能要求和早强剂的种类可适当增加检验项目。其质量必须符合相应早强剂品种性能的要求。

检验方法：检查产品合格证、出厂检验报告和进厂复验报告。

6.1.2 预拌砂浆

预拌砂浆是指由水泥、砂、粉煤灰及其他矿物掺合料、保水增稠材料、外加剂和水等组分按一定比例，在集中搅拌站（厂）经计量、拌制后，采用专用运输车，在规定时间内运至使用储存地点，用专用容器储存，并在规定时间内使用完毕的砂浆拌和物。

1. 预拌砂浆种类

（1）预拌砌筑砂浆，按其强度等级、稠度和凝结时间可在如下范围选择：强度等级为M5.0，M7.5，M10，M15，M20，M25，M30；稠度为30，50，70，90 mm；凝结时间为8，12，24 h。

（2）预拌粉刷砂浆，按其强度等级、稠度和凝结时间可在如下范围选择：强度等级为M5.0，M10，M15；稠度为70，90，110 mm；凝结时间为8，12，24，36 h。

（3）预拌找平砂浆，按其强度等级、稠度和凝结时间可在如下范围选择：强度等级为M15，M20，M25；稠度为30，50，70 mm；凝结时间为4，8，12 h。

2. 原材料和标准要求

预拌砂浆原材料的组成与要求同干粉砂浆基本相同。生产、储运和施工均采用符合《混凝土搅拌机》(GB/T 9142—2000)要求的固定式搅拌机进行拌制，搅拌时间不少于2 min。使用搅拌运输车运送砂浆，在装料及运输过程中，应保持搅拌运输车筒体按一定速度旋转，使砂浆运至储存地点后不离析、不分层。严禁在运输和卸料过程中任意加水。砂浆运至储存地点后必须储存在不吸水的密闭容器内，并应有防雨、遮阳和防冻措施。储存容器应做好标识，确保先存先用、不混用和不超期。严禁使用超过规定凝结时间的砂浆。

6.2 建筑砂浆配合比设计

根据《砌筑砂浆配合比设计规程》(JGJ 98—2011)，建筑砂浆的试配应符合下列规定。

6.2.1 配合比的设计与确定

1. 配合比设计的步骤

1）配合比的计算步骤

（1）计算砂浆试配强度（$f_{m,0}$）。

（2）计算每立方米砂浆中的水泥用量（Q_c）。

（3）计算每立方米砂浆中的石灰膏用量（Q_D）。

（4）确定每立方米砂浆中的砂用量（Q_s）。

（5）按砂浆稠度选每立方米砂浆的用水量（Q_w）。

2）计算砂浆试配强度 $f_{m,0}$

按表6-6选择砂浆强度标准差σ，并按式(6-1)计算 $f_{m,0}$。

$$f_{m,0} = k f_2 \tag{6-1}$$

式中 $f_{m,0}$——砂浆的试配强度（MPa），应精确至0.1 MPa；

f_2——砂浆强度等级值（MPa），应精确至0.1 MPa；

k——系数，按表6-6取值，精确至0.01 MPa。

表6-6 砂浆强度标准差 σ 及 k 值

施工水平强度等级	砂浆强度标准差 σ/MPa							k
	Mb5.0	Mb7.5	Mb10.0	Mb15.0	Mb20.0	Mb25.0	Mb30.0	
优良	1	1.5	2	3	4	5	6	1.15
一般	1.25	1.88	2.5	3.75	5	6.25	7.5	1.2
较差	1.5	2.25	3	4.5	6	7.5	9	1.25

3) 砂浆强度标准差 σ 的确定

(1) 当有统计资料时,应按式(6-2)计算:

$$\sigma = \sqrt{\frac{\sum\limits_{i=1}^{n} f_{m,i}^2 - n\mu_{f_m}^2}{n-1}} \tag{6-2}$$

式中　$f_{m,i}$——统计周期内同一品种砂浆第 i 组试件的强度(MPa);

　　　μ_{f_m}——统计周期内同一品种砂浆 n 组试件强度的平均值(MPa);

　　　n——统计周期内同一品种砂浆试件的总组数($n \geqslant 25$)。

(2) 当无统计资料时,砂浆强度标准差可按表 6-6 取值。

4) 水泥用量 Q_c 确定

(1) 每立方米砂浆中的水泥用量,应按式(6-3)计算:

$$Q_c = \frac{1\,000(f_{m,0} - \beta)}{\alpha \cdot f_{ce}} \tag{6-3}$$

式中　Q_c——每立方米砂浆的水泥用量(kg),应精确至 1 kg;

　　　f_{ce}——水泥的实测强度(MPa),应精确至 0.1 MPa;

　　　α,β——砂浆的特征系数,其中 α 取 3.03,β 取 -15.09。

注:各地区也可用本地区试验资料确定 α,β 值,统计用的试验组数不得少于 30 组。

(2) 在无法取得水泥的实测强度值时,可按式(6-4)计算:

$$f_{ce} = \gamma_c \cdot f_{ce,k} \tag{6-4}$$

式中　$f_{ce,k}$——水泥强度等级值(MPa);

　　　γ_c——水泥强度等级值的富余系数,宜按实际统计资料确定,无统计资料时可取 1.0。

5) 石灰膏用量 Q_D

石灰膏用量应按式(6-5)计算:

$$Q_D = Q_A - Q_c \tag{6-5}$$

式中　Q_D——每立方米砂浆的石灰膏用量(kg),应精确至 1 kg;石灰膏使用时的稠度宜为 120 mm±5 mm;

　　　Q_c——每立方米砂浆的水泥用量(kg),应精确至 1 kg;

　　　Q_A——每立方米砂浆中水泥和石灰膏总量(kg),应精确至 1 kg,可为 350 kg。

6) 砂浆中的砂用量 Q_s 确定

每立方米砂浆中的砂用量,按干燥状态(砂含水率小于 0.5%)的堆积密度值作为计算值,以 Q_s(kg)表示。

7) 用水量 Q_w 确定

通过试拌,按稠度要求确定用水量 Q_w。一般可根据砂浆稠度等要求选用 210~310 kg。

注:(1) 混合砂浆中的用水量,不包括石灰膏中的水;

　　(2) 当采用细砂或粗砂时,用水量分别取上限或下限;

（3）稠度小于 70 mm 时，用水量可小于下限；

（4）气候炎热或干燥季节，可酌量增加用水量。210～310 kg 用水量是砂浆稠度为 70～90 mm、中砂时的用水量参考范围。该用水量不包括石灰膏（电石膏）中的水；当采用细砂或粗砂时，用水量分别取上限或下限；稠度小于 70 mm 时，用水量可小于下限；气候炎热或干燥季节，可酌情增加用水量。

2. 建筑砂浆的试配

水泥砂浆的试配应符合下列规定：

（1）水泥砂浆的材料用量。可按表 6-7 选用。

表 6-7　每立方米水泥砂浆各材料用量　　　　　　　单位：kg/m³

强度等级	水泥	砂	用水量
M5	200～230		
M7.5	230～260		
M10	260～290		
M15	290～330	砂的堆积密度值	270～330
M20	340～400		
M25	360～410		
M30	430～480		

注：1. M15 及 M15 以下强度等级水泥砂浆，水泥强度等级为 32.5 级；M15 以上强度等级水泥砂浆，水泥强度等级为 42.5 级；
　　2. 当采用细砂或粗砂时，用水量分别取上限或下限；
　　3. 稠度小于 70 mm 时，用水量可小于下限；
　　4. 施工现场气候炎热或干燥季节，可酌量增加用水量；
　　5. 试配强度应按式（6-1）计算。

（2）水泥粉煤灰砂浆材料用量。可按表 6-8 选用。

表 6-8　每立方米水泥粉煤灰砂浆各材料用量　　　　　单位：kg/m³

强度等级	水泥和粉煤灰总量	粉煤灰	砂	用水量
M5	210～240			
M7.5	240～270	粉煤灰掺量可占胶凝材料总量的 15%～25%	砂的堆积密度值	270～330
M10	270～300			
M15	300～330			

注：1. 表中水泥强度等级为 32.5 级；
　　2. 当采用细砂或粗砂时，用水量分别取上限或下限；
　　3. 稠度小于 70 mm 时，用水量可小于下限；
　　4. 气候炎热或干燥季节，可酌量增加用水量；
　　5. 试配强度应按式（6-1）计算。

6.2.2　预拌砌筑砂浆的试配要求

预拌砌筑砂浆应满足下列规定：

（1）在确定湿拌砂浆稠度时应考虑砂浆在运输和储存过程中的稠度损失。

（2）湿拌砂浆应根据凝结时间要求确定外加剂掺量。

（3）干粉砂浆应明确拌制时的加水量范围。

（4）预拌砂浆的搅拌、运输、储存等应符合《预拌砂浆》（JG/T 230—2007）的规定。

（5）预拌砂浆性能应符合《预拌砂浆》（JG/T 230—2007）的规定。因在运输过程中湿拌砂浆稠度会有所降低，为保证施工性能，生产时应对其损失有充分考虑。为保证不同的湿拌砂浆凝结时间的需要，应根据要求确定外加剂掺量。不同材料的需水量不同，因此，生产厂家应根据配制结果，明确干粉砂浆的加水量范围，以保证其施工性能。对预拌砂浆的搅拌、运输、储存提出要求。根据相关标准对干混砌筑砂浆、湿拌砌筑砂浆性能进行的规定，预拌砂浆性能应按表6-9确定。

表6-9　预拌砂浆性能

项目	干混砌筑砂浆	湿拌砌筑砂浆
强度等级	M5，M7.5，M10，M15，M20，M25，M30	M5，M7.5，M10，M15，M20，M25，M30
稠度/mm	—	50，70，90
凝结时间/h	3～8	≥8，≥12，≥24
保水率/%	≥88	≥88

预拌砂浆的试配应满足下列规定：

（1）预拌砂浆生产前应进行试配，试配强度应按式（6-1）计算确定，试配时稠度取70～80 mm。

（2）预拌砂浆中可掺入保水增稠材料、外加剂等，掺量应经试配后确定。

6.2.3　砌筑砂浆配合比试配、调整与确定

和易性校核采用工程中实际使用的材料，按配合比试拌砂浆，测定拌和物的稠度和分层度，当不能满足要求时，应调整材料用量，直到符合要求调整拌和物性能后得到的配合比称为基准配合比。强度校核试配时至少应采用三个不同的配合比，其中一个为基准配合比，另外两个配合比的水泥用量按基准配合比分别增减10%。在保证稠度、分层度合格的条件下，适当调整其用水量和掺合料的用量。按上述三个配合比配制砂浆，按标准方法制作和养护立方体试件，并测定28 d砂浆抗压强度，选择达到试配强度且水泥用量最低的配合比作为砌筑砂浆的设计配合比。

（1）砌筑砂浆试配时应考虑工程实际要求，搅拌应符合《砌筑砂浆配合比设计规程》（JGJ/T 98—2010）规定。

（2）按计算或查表所得配合比进行试拌时，应按《建筑砂浆基本性能试验方法标准》（JGJ/T 70—2009）测定砌筑砂浆拌和物的稠度和保水率。当稠度和保水率不能满足要求时，应调整材料用量，直到符合要求为止，然后确定为试配时的砂浆基准配合比。

（3）试配时至少应采用三个不同的配合比，其中一个配合比应为按《砌筑砂浆配合比设计规程》（JGJ/T 98—2010）得出的基准配合比，其余两个配合比的水泥用量应按基准配合比分别增加及减少10%。在保证稠度、保水率合格的条件下，可将用水量、石灰膏、保水增稠材

料或粉煤灰等活性掺合料用量作相应调整。[为了满足砂浆试配强度的要求,所以使用至少三个水泥用量,除基准配合比外,另外增、减10%的水泥用量,制作试件,测定其强度。因《建筑砂浆基本性能试验方法标准》(JGJ/T 70—2009)将砂浆抗压强度试件底模改为钢底模,砂浆稠度对强度的影响很大,稠度大,用水量多,强度低,因此,在满足施工要求的情况下,试配时稠度尽可能取下限,这样得到的试块强度与砖底模更接近。]

(4) 砂浆试配时,稠度应满足施工要求,并应按《建筑砂浆基本性能试验方法标准》(JGJ/T 70—2009)分别测定不同配合比砂浆的表观密度及强度;并应选定符合试配强度及和易性要求、水泥用量最低的配合比作为砂浆的试配配合比。

(5) 砂浆试配配合比尚应按下列步骤进行校正:

① 确定砂浆配合比材料用量后,按式(6-6)计算砂浆的理论表观密度值:

$$\rho_t = Q_c + Q_D + Q_s + Q_w \qquad (6-6)$$

式中 ρ_t——砂浆的理论表观密度值(kg/m^3),应精确至 10 kg/m^3。

② 应按式(6-7)计算砂浆配合比校正系数 δ:

$$\delta = \frac{\rho_c}{\rho_t} \qquad (6-7)$$

式中 ρ_c——砂浆的实测表观密度值(kg/m^3),应精确至 10 kg/m^3。

③ 当砂浆的实测表观密度值与理论表观密度值之差的绝对值不超过理论值的 2%时,可将按《砌筑砂浆配合比设计规程》(JGJ/T 98—2010)第 4 条得出的试配配合比确定为砂浆设计配合比;当超过 2%时,应将试配配合比中每项材料用量均乘以校正系数(δ)后,确定为砂浆设计配合比。

④ 预拌砂浆生产前应进行试配、调整与确定,并应符合《预拌砂浆》(JG/T 230—2007)的规定。

6.3 建筑砂浆的生产工艺

6.3.1 建筑砂浆制备

1. 原材料

所有原材料应按不同品种分开储存,不得混杂,防止其质量变化。

2. 计量

所有原材料按质量计量,允许偏差不得超过表 6-10 规定范围。

表 6-10 砂浆原材料计量允许偏差

原材料品种	水泥	砂	水	外加剂	掺合料
允许偏差/%	±2	±3	±2	±3	±2

3. 搅拌

(1) 砂浆必须采用机械搅拌。

(2) 搅拌加料顺序和搅拌时间:先加细骨料、掺合料和水泥干拌 1 min,再加水湿拌。总的搅拌时间不得少于 4 min。若加外加剂,则在湿拌 1 min 后加入。

(3) 冬季施工:采用热水搅拌时,热水温度不超过 80 ℃。

建筑砂浆又称为商品砂浆,按其生产工艺可分为预拌砂浆和干粉砂浆两大类。

预拌砂浆系指由水泥、砂、水、矿物外加剂和化学功能外加剂等组分按一定比例,在集中搅拌站(厂)经计量、拌制后,用搅拌运输车运至使用地点放入密封容器储存,并在规定时间内使用完毕的砂浆混合物。

干粉砂浆是由水泥、砂、矿物外加剂和化学功能外加剂等组分按一定比例混合而成的一种颗粒状或粉状混合物。将其包装或散装运至工地使用,可长期储存。

6.3.2 预拌砂浆的生产工艺

第二次世界大战以后的德国,规模庞大的建筑活动产生了对建筑材料的急剧需求,同时要求建筑业的合理化。劳动力的缺乏也促使人们开始探索通过技术手段来改善手工操作的落后状况和提高效益。在这种背景下,在墙体建筑中出现了大型砌块、板材和工业化预制构件,在砂浆生产领域则开始了预拌砂浆工厂的发展。过去,在建筑工地上用手工配料和自由落体式搅拌机搅拌砂浆,砂浆质量很难得到保证,砂浆材料组分很难一致,搅拌很难充分,现场拌制砂浆是劳动密集型、手工作坊式生产,投资较小,产品质量不稳定,易离析、强度低、厚薄不均、易开裂,现场制作,人工运输,边生产边使用,生产效率低,产品单一,易污染环境,造成市政设施的损害,是逐步淘汰的生产方式。因此,将搅拌过程由建筑工地转移到砂浆工厂是建筑砂浆发展的必然趋势。这也是预拌砂浆的发展起因。

工厂化大生产,配料控制自动化、微机化,产品质量稳定可靠,可在原生产预拌混凝土企业的基础上加以改造进行生产,投资成本低,运输可用混凝土运输车,现场储存可用特制金属器皿,即到即用,对环境无破坏。但对于砂浆使用量不大的工程,预拌砂浆也存在一定的局限,因为预拌砂浆在现场储放时间不能过长,易产生离析,生产供应要预约。

现代预拌砂浆生产工艺:将水泥、粉煤灰通过螺旋输送机,专用砂经过皮带输送机,水和外加剂分别进入各自的自吸泵,将各原材料送至电子秤计量后进入电脑控制全自动搅拌机搅拌。砂浆拌和物经和易性检验合格后由砂浆运送车送至工地,装入不吸水的密闭容器内待用。具体工艺流程如图 6-1 所示。

目前预拌砂浆生产线自动化程度高,从砂石粉碎、筛选、烘干到原料自动计量、搅拌、装袋、散装,全程电脑控制,人机界面,操作直观方便。如潍坊市某公司制造的大型预拌普通砂浆生产线结构配置,主要由提升输送系统、计量配料系统、

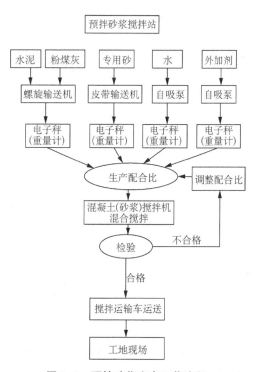

图 6-1 预拌砂浆生产工艺流程

混合系统、储料系统、包装系统、除尘系统、控制系统和钢架平台等组成。

其中提升输送系统主要采用斗式提升机和螺旋输送机,一般根据生产要求和设备型号配置。

计量配料系统主要采用微机自动控制和手工投料两种,微机自动控制式主要配置于大型自动化生产工艺中,对混合料中比例极小的添加剂可采用手工投料。

混合系统可配套双轴无重力桨叶式混合机、犁刀混合机,具有混合速度快、混合精度高等优点,可搅拌 1:1 000 甚至更高的极限混合比。在搅拌桨叶合理的推动速度下,使聚苯颗粒、胶凝材料和化学添加剂等比重、粒度差异较大的物料处于瞬间失重状态,在拌筒内形成全方位对流、扩散和相互剪切,快速温和地达到混合均匀的效果,不会产生偏析和破坏物料的原始状态,确保了砂浆的保温系数不会因保温原料的形状破坏而降低,确保了产品的保温效果。

储料系统分大型储存罐(30,40,50,60,80,100,200 t 等)和小型储存仓。

包装系统一般采用阀口袋式包装机,聚合物砂浆采用敞口袋式包装机,大大提高了产量效率,节省人工,减轻工人劳动强度,降低生产成本,且包装精确度高 0.5%。

除尘系统采用脉冲布袋式,除尘效果好,确保设备工作时粉尘污染降至最低。同时据客户需求可配套湿砂烘干系统、筛分系统。

控制系统可采用智能化自动控制或手动控制,具有超差处理、落差自动修正、故障诊断及报警等功能。采用计算机控制,提高了控制系统的可靠性和安全性。

钢架平台采用优质加厚钢管、槽钢、方管、钢板、圆管等材料加工制成,永固稳定,承载力强,保证了整套设备的安全性。

6.3.3 干粉砂浆的生产工艺

干粉砂浆是在工厂里精确配制而成,与传统工艺配制的砂浆产品相比,具有质量高、生产效率高、绿色环保技术、多种功能效果、产品性能优良和文明施工等特点。

干粉砂浆从开始至今其生产形式发生了几次变化。20 世纪 60—70 年代初,欧洲的干粉砂浆厂采用的是水平式工艺流程,即将一个个原料仓排列在地面,原料先通过提升设备进入各自的料仓储存,从仓中放出的原料经称量后通过水平输送设备进入混合机搅拌,出来后提升入产品储存仓,最后再经包装、散装工序出厂。这种生产方式的缺点主要是物料需要反复提升、下降,所用设备多、能耗高,占地面积大,操作灵活性差。20 世纪 70—80 年代出现了第二代干粉砂浆生产厂,其思路是将整个流程简化,即物料一次性提升到高处并一次性放下。厂房因此设计成塔状,原料仓建在塔的顶部,仓下进行配比称量、混合、包装、散装等工序,原料从仓中排出后顺次经过各个工序成为最终产品。第二代的干粉砂浆厂相对于第一代砂浆厂具有占地面积小、结构简洁、设备少的特点,但不足之处是采用螺旋式加料机配料,设备维修工作量大,而且料仓出口经常发生堵料现象,影响正常生产。

20 世纪 90 年代由于气动浮化片技术的发明及双蝶阀的出现,第三代干粉砂浆生产厂应运而生。这种采用气动浮化片及双蝶阀配料技术的生产厂,物料完全依靠自身的重力流动,整个生产流程没有水平输送设备,结构更加紧凑,占地面积更小,使用的设备更加简单、可靠、低耗,生产速度更快,配料精度更高。

在发达国家,现场混合砂浆已基本上被预混合及预包装的干粉砂浆所取代。配合使用相关的砂浆应用设备,包括散装运输系统(例如筒仓)、干粉砂浆自动混合机械系统以及湿砂浆机械涂敷(喷涂)设备。采用聚合物黏结剂(可再分散性胶粉)和特殊外加剂(例如纤维素醚)进行砂浆改性,以提高产品质量和满足现代建筑业的要求。

干粉砂浆生产按要求及市场不同有不同方案。常用的是塔式工艺布局,将所有预处理好的原料提升到原料筒仓顶部,原材料依靠自身的重力从料仓中流出,经电脑配料,螺旋输送计量、混合,再到包装机包装成袋或散装入散装车或入成品仓储存等工序后,成为最终产品,全部生产由中央电脑控制系统操作,配料精度高,使用灵活,采用密闭的生产系统设备使得现场清洁、无粉尘污染,保证了工人的健康,模块式的设备结构便于扩展,使生产容量能与市场的发展相衔接。

一个典型的干粉砂浆生产工艺流程如图 6-2 所示。干粉砂浆是将废石烘干筛分并与水泥、粉煤灰、添加剂等经过除尘器,在干燥状态下按一定比例混合、包装而成,砂浆材料的混合和计量是生产工艺的关键环节。

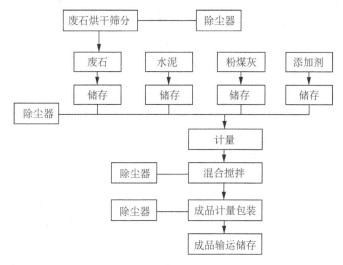

图 6-2　干粉砂浆生产工艺流程

干砂的预处理分为破碎砂处理和河砂处理。破碎砂的处理过程:从砂矿运回粗料,然后进行破碎、干燥、(碾磨)、筛分、储存。河砂的处理过程:干燥、筛分。部分有条件的厂家可直接采购成品砂。

将散装水泥和粉煤灰进罐不需要提升设备,依靠泵车打入。轻钙、重钙、砂、小料等原料需要使用斗式提升机提入小罐,巧妙的物料分配系统支持一个斗式提升机分配式作业,从而避免了资源浪费。经处理后的砂、胶凝材料、填料以及添加剂等分别灌入各自的原材料储存系统,计量系统在计量螺旋的配合下,把料仓中的原料倒入计量仓,通过传感器的数据反馈,实现原料计量。计量好后的物料,通过螺旋输送机导入主斗提机,提升到混合机上部待混料仓中。待混仓为气动大开门型,可以迅速将待混物料放入重力混合机,由自动包装机按设定质量计量包装出厂或以散装的形式送至工地,实现干粉砂浆连续生产。具体设备如图 6-3 所示。

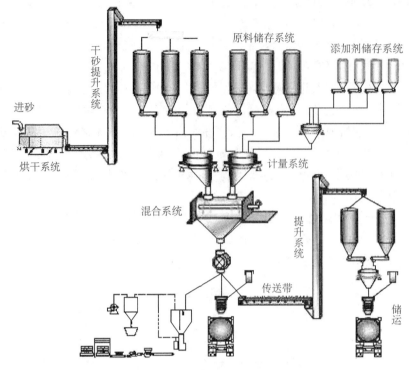

图 6-3　干粉砂浆生产工艺流程

在干粉砂浆生产工艺中,混合系统需要满足不同性能要求的干粉砂浆、干粉物料、干粉黏合剂等的生产需要。混合系统的工作原理:当物料混合时,机内物料受两个相反方向的转子作用,进行着复合运动,桨叶带动物料沿着机槽内壁作逆时针旋转,带动物料左右翻动,在两转子交叉重叠处形成失重区,在此区域内,不论物料的形状、大小和密度如何,都能使物料上浮处于瞬间失重状态,这使物料在机槽内形成全方位连续循环翻动,相互交错剪切,从而达到能快速柔和地混合均匀的效果。

一般干粉砂浆混合系统是由搅拌桶、传动轴、电机、搅拌叶片和飞刀装置等组成,充分搅拌均匀物料。

(1)搅拌桶:市面上搅拌桶有立式和卧式两种,立式一般不被采用,干粉砂浆的物料比重不同,在同一空间内进行搅拌,重物料沉底(砂子),轻物料上浮(外加剂),会造成物料不均匀,所以卧式被广泛采用。

(2)传动轴:卧式搅拌机有单轴、双轴、三轴和四轴搅拌机,双轴搅拌机一般用在搅拌物料均匀度要求不高的行业。双轴搅拌机工作时自然产生两个三维空间,原材料在进入搅拌桶时,被分离到两个三维空间,是水泥还是砂或者是添加剂进入搅拌桶内,它们是不会平均各50%分离到两个三维运动空间的,可能是一边多一边少。如果添加剂进入搅拌桶时,恰好有一个搅拌叶片转上来带走,而另外一边就完全没有添加剂混合了,搅拌时间再长也达不到均匀度的要求,所以干粉砂浆行业一般不采用双轴搅拌机。

(3)搅拌叶片:搅拌叶片的方式有沸腾式、犁刀式和螺带叶片式。沸腾式依靠制造商的工程师对力学的研究是否真正到位、扬料力度是否恰恰到位,否则容易出现叶片扬料力度过大、重物料抛远了、轻物料抛近了、叶片扬料力度轻了、物料无法扬起来的情况。犁刀式与农村黄牛犁田的原理相同,叶片经过物料只是让一小部分物料在搅拌桶底翻身一次,搅拌桶越长,左边和右边的物料要混合一次需要的时间越长,此类搅拌机用在干粉砂浆行业效果不好。螺带式双速搅拌机是目前最为理想的一种干粉砂浆搅拌机,其螺带叶片低速转动,从搅拌桶底绕圈,将所有物料——带向中轴,高速的中轴上有十多把飞刀是目前最为理想、最为科学的一种混合机。

(4) 飞刀装置:当混合系统工作时,没有被飞刀打到的物料会结团,也可能会出现添加剂集中一起没有得到很好地分散,搅拌不均匀,因此有的厂家会增加搅拌时间,这样物料特别是砂和玻化微珠将会被破坏原有的颗粒度,同时搅拌机的叶片和桶壁寿命也将缩短,因为搅拌机的结构决定物料混合的均匀度。

6.4 干粉砂浆的质量检验

6.4.1 干粉砂浆的质量要求

目前上海市颁发的干粉砂浆生产与应用技术规程以及广州市和北京市的相关规程,都是对于砂浆的强度、稠度、分层度和抗渗等级等技术要求,这从一定程度上反映了砂浆的性能。但考虑到在此体系下后续产品的使用,例如涂料体系、保温体系以及某些场合的防水及修补体系产品的应用,一些相关的质量要求是至关重要的。而正是体系化的产品概念,也促使人们在对包括砌筑、抹灰以及地坪等普通类砂浆的生产和使用方面应给予足够的重视。

6.4.2 干粉砂浆的技术参数

以砌筑砂浆为例,以下参数是必须给定的。

(1) 砌筑砂浆的种类:这里主要是指普通砂浆、薄层砌筑砂浆或者轻质砂浆等。

(2) 可施工时间(开放时间):由生产商给定,仅检测是否达到或超过此数值,低于给定的数值为不合格。

(3) 氯离子含量:不得超过干状态质量比的 0.1%。

(4) 气含量:由生产厂家给定。

(5) 简单配合比(用于说明砂浆的抗压强度值或抗压强度等级)。

(6) 砂浆的抗压强度数值或抗压强度等级。

(7) 黏结强度:普通或轻质砂浆应大于 $0.15 \, \text{N/mm}^2$;薄层黏结砂浆应大于 $0.3 \, \text{N/mm}^2$。

(8) 吸水率:由厂家给定。

(9) 水蒸气渗透系数:根据《砌筑砂浆规范》(EN 998-1—2017)确定。

(10) 干密度:轻质砂浆干密度不大于 $1\,300 \, \text{kg/m}^3$。

(11) 热导率:根据《砌筑砂浆规范》(EN 998-1—2017)确定。

(12) 耐候性:根据冻融试验测定。

(13) 最大骨料粒径:由厂家给定,薄层砌筑胶最大粒径不大于 2 mm。

（14）可调整时间：由厂家给定，并根据不同气候条件测定。

（15）阻燃等级：根据阻燃测试给定阻燃等级。

简单提及以上参数的目的在于，在筹划产品体系的前提下有必要使相应的生产工艺最优化，并可以据此前提作出前瞻性的规划，以避免不必要的投资和重复投资。表 6-11 是干粉砂浆生产用部分原材料品种清单，表 6-12 为干粉砂浆配料方案。

表 6-11 干粉砂浆生产用部分原材料品种清单

胶凝材料	骨料	外加剂
水泥类	普通粒径组（0～8 mm）	甲基纤维素
普通硅酸盐水泥	石英砂、河砂、石灰石破碎砂	再分散胶粉
普通硅酸盐矿渣水泥	白云石砂	防水剂粉
TS 水泥	装饰粒径组（1～8 mm）	微末剂粉
石灰类	石灰质圆石、大理石	无机盐料粉
消石灰粉（80 目以上）	侏罗纪石灰石	速凝剂粉
高消化石灰粉（80 目以上）	云母	缓凝剂粉
石膏类	轻质骨料组	增稠剂粉
β-半水石膏（80 目以上）	珍珠岩、蛭石、矿渣	聚合物
无水石膏（硬石膏）（80 目以上）	玻璃泡沫珠、陶粒、浮石等	消泡剂粉、保水利粉等

表 6-12 干粉砂浆配料方案

原料名称	配方一	配方二	配方三
42.5 普硅水泥/kg	15	8	8
细砂（0～0.3 mm）/kg	0	12	27
粗砂（0～5 mm）/kg	75	70	55
石粉（矿粉/粉煤灰/石灰石粉）/kg	10	10	10
外加剂 MM-123/kg	0.25	0.12	0.13
加水量/%	约 16	约 15.5	约 16.5
砂浆等级	DM10	DM10	DM10

6.4.3 中国的砂浆标准

为了保证干粉砂浆的产品质量，从而保证工程建设质量，我国制定、发布了如下标准：

《混凝土小型空心砌块和混凝土砖砌筑砂浆》（JC 860—2008）；

《混凝土砌块（砖）砌体用灌孔混凝土》（JC 861—2008）；

《蒸压加气混凝土墙体专用砂浆》（JC/T 890—2017）；

《混凝土地面用水泥基耐磨材料》(JC/T 906—2002);

《混凝土界面处理剂》(JC/T 907—2018)。

已审定、正在报批的产品标准:

《陶瓷墙地砖用胶黏剂》(JC/T 547—2017)。

现将以上标准简介如下:

(1)《混凝土小型空心砌块和混凝土砖砌筑砂浆》(JC 860—2000)。该标准适用于现场拌制的砌筑砂浆和干拌砂浆。

干拌砂浆是由水、钙质消石灰、砂、掺合料以及外加剂按一定比例干混合制成的混合物。干拌砂浆在施工现场加水经机械拌和后即成为砌筑砂浆。

混凝土小型空心砌块的砌筑砂浆用 Mb 标记,强度分为 Mb5.0,Mb7.5,Mb10.0,Mb15.0,Mb20.0,Mb25.0,Mb30.0 七个等级。

产品技术要求如下:

① 抗压强度:其强度等级相应于 M5.0,M7.5,M10.0,M15.0,M20.0,M25.0 和 M30.0 等级的一般砌筑砂浆的抗压强度指标。

② 密度:水泥砂浆不应小于 1 900 kg/m³,水泥混合砂浆不应小于 1 800 kg/m³。

③ 稠度:50~80 mm。

④ 分层度:10~30 mm。

⑤ 抗冻性:设计有抗冻性要求的砌筑砂浆,经冻融试验,质量损失不应大于 5%,强度损失不应大于 25%。

(2)《混凝土砌块(砖)砌体用灌孔混凝土》(JC 861—2008)。该标准适用于混凝土小型砌块芯柱或其他需要填实孔洞的混凝土。

灌孔混凝土是由水泥、集料、水以及根据需要掺入的掺合料和外加剂等组分,按一定的比例,采用机械搅拌后,用于浇注混凝土小型空心砌块砌体芯柱或其他需要填实部位孔洞的混凝土。

混凝土小型空心砌块灌孔混凝土用 Cb 标记,强度分为 Cb20,Cb25,Cb30,Cb35,Cb40 五个等级。

产品技术要求如下:

① 抗压强度:相应于 C20,C25,C30,C35,C40 混凝土的抗压强度。

② 坍落度:不宜小于 180 mm。

③ 均匀性:混凝土拌和物应均匀,颜色一致,不离析,不泌水。

④ 抗冻性:设计有抗冻性要求的灌孔混凝土,按设计要求经冻融试验,质量损失不应大于 5%,强度损失不应大于 25%。

(3)《蒸压加气混凝土墙体专用砂浆》(JC/T 890—2017)。该标准适用于蒸压加气混凝土用砌筑砂浆与抹面砂浆。

砌筑砂浆是由水泥、砂、掺合料和外加剂制成的用于蒸压加气混凝土的砌筑材料。

抹面砂浆是由水泥或石膏、外加剂和砂制成的用于蒸压加气混凝土的抹面材料。

产品技术要求应符合表 6-13 的规定。

表 6-13　砌筑砂浆与抹面砂浆性能指标

项　目	砌筑砂浆	抹面砂浆
干密度/(kg・m⁻³)	≤1 800	水泥砂浆≤1 800; 石膏砂浆≤500
分层度/mm	≤20	水泥砂浆≤20
凝结时间	贯入阻力达到 0.5 MPa 时,为 3~5 h	水泥砂浆:贯入阻力达 0.5 MPa 时,为 3~5 h; 石膏砂浆:初凝≥1 h,终凝≤8 h
热导率/[W・(m・K)⁻¹]	≤1.1	水泥砂浆≤1.0; 石膏砂浆≥2.0
抗折强度/MPa	—	
抗压强度/MPa	2.5~5.0	水泥砂浆 2.5~5.0; 石膏砂浆≥4.0
黏结强度/MPa	≥2.0	水泥砂浆≥0.15; 石膏砂浆≥0.30
抗冻性(25 次)/%	质量损失≤5; 强度损失≤20	水泥砂浆:质量损失≤5%;强度损失≤20%
收缩性能	收缩值≤1.1 mm/m	水泥砂浆:收缩值≤1.1 mm/m; 石膏砂浆:收缩值≤0.06%

注:有抗冻性能和保温性能要求的地区,砂浆性能应符合抗冻性和导热性能的规定。

(4)《混凝土地面用水泥基耐磨材料》(JC/T 906—2002)。该标准适用于混凝土地面用水泥基耐磨材料。该材料可以是本色或彩色的。

混凝土地面用水泥基耐磨材料是指由硅酸盐水泥或普通硅酸盐水泥、耐磨骨料为基料,加入适量外加剂组成的干混材料,代号为 CH。

该材料分为两种类型:Ⅰ型非金属氧化物骨料混凝土地面用水泥基耐磨材料;Ⅱ型金属氧化物骨料或金属骨料混凝土地面用水泥基耐磨材料。

产品技术要求应符合表 6-14 规定。

表 6-14　混凝土地面用水泥基耐磨材料的技术要求

项　目	技术指标	
	Ⅰ型	Ⅱ型
外观	均匀、无结块	
骨料含量偏差	生产商控制指标的±5%	
抗折强度(28 d)/MPa	≥11.5	≥13.5
抗压强度(28 d)/MPa	≥80.0	≥90.0
耐磨度比/%	≥300	≥350
表面硬度(压痕直径)/mm	≤3.30	≤3.10

(5)《混凝土界面处理剂》(JC/T 907—2018)。该标准适用于改善砂浆层与水泥混凝土、加气混凝土等材料基面黏结性能的水泥及界面处理剂,对于新老混凝土之间的界面,废旧砖、马赛克等表面的处理剂也可参照此标准执行。

按组成分为两种类别:P类,由水泥等无机胶凝材料、填料和有机外加剂等组成的干粉类界面剂;D类,含聚合物分散液的产品,需与水泥和水等按比例搅和后使用的液体类界面剂。

按使用的基面分为两种型号:Ⅰ型适用于水泥混凝土的界面处理;Ⅱ型适用于加气混凝土或粉煤灰、石灰、页岩、陶粒等为主要原材料制成的砌块或砖等材料的界面处理。

产品技术要求如下:

① 外观。干粉状产品应均匀一致,不应有结块。液状产品经搅拌后呈均匀状态,不应有块状沉淀。

② 物理力学性能。应符合表6-15的规定。

表6-15 物理力学性能要求

项目		指标	
		Ⅰ型	Ⅱ型
拉伸黏结强度/MPa	未处理	≥0.6	≥0.5
	处理后 浸水	≥0.5	≥0.4
	处理后 耐热		
	处理后 冻融循环		
	处理后 耐碱		
	晾置时间,20 min	—	≥0.5
横向变形/mm		≥2.5	

注:横向变形为可选项目,根据工程需要由供需双方确定。

6.4.4 干粉砂浆出厂检验和性能测试

1. 砌筑砂浆出厂检验和性能测试

(1)出厂检验:检验初凝时间、抗压强度、密度、稠度和收缩率。

(2)性能测试:测试稠度、分层度、砂浆的强度、凝结时间、流动性、保水性、干作业及砂浆和易性。

2. 抹灰砂浆出厂检验和性能测试

(1)出厂检验:检验初凝时间、抗压强度、密度、稠度和收缩率。

(2)性能测试:测试材料的标准稠度、砂浆的保水性、分层度及砂浆的流动性。

3. 瓷砖黏结剂出厂检验和性能测试

(1)出厂检验:检验工作性、抗下垂性、开放时间和压剪强度等。

(2)性能测试:测试挂刀性、含气量、触变性、流畅性(可涂抹、梳理性)、放置时间对调化和增黏的影响、是否有结膜和泌水、抗下垂性、开放时间、保水性、润湿性、修正时间、拉伸黏结强度和压剪强度。

4. 保温板出厂检验和性能测试

（1）出厂检验：检验密度、稠度和初凝时间。

（2）性能测试：测试吸水性、受热应力作用时的性能、可燃性、水蒸气渗透性、黏结强度、抗冲击性、憎水性、机械稳定性、耐候性和开裂测试。

5. 界面砂浆出厂检验和性能测试

（1）出厂检验：检验工作性、保水性、拉伸强度和压剪强度。

（2）性能测试：测试工作性、保水性、拉伸黏结强度和压剪强度。

第7章

墙体材料制品

7.1 概述

墙体材料是房屋建筑的主要围护材料和结构材料,通常起围护、隔断、承重和传递荷载等作用。常用的墙体材料制品有砖、砌块和板材。其中普通黏土砖在我国的使用已有数千年的历史,由于普通黏土砖具有毁田取土、生产能耗大、抗震性能差、块小自重大、自然耗损大、劳动生产率低、不利于施工机械化等缺点,在我国大多数城市已被禁用。

墙体材料制品的发展方向是逐步限制和淘汰普通黏土砖,大力发展多孔砖、实心砖、各种建筑砌块和建筑板材等新型墙体材料。

7.1.1 分类

1. 混凝土制品

混凝土制品主要有混凝土砖及混凝土砌块。该类产品充分利用各地现有资源,通过加入较高含量的粉煤灰等工业废渣,或以陶粒作骨料生产非承重墙体制品。

(1) 普通混凝土砖:以水泥为胶结料,石粉、碎石末、砂、废渣或轻集料、粉煤灰等为粗、细集料,经搅拌压制成型,自然养护而成。产品规格为 240 mm×115 mm×53 mm,密度等级分为 500~1 200 七个等级。承重混凝土砖抗压强度为 MU10~MU30,吸水率为 6%~10%;非承重混凝土砖抗压强度为 MU3.5,MU5.0,MU7.0,吸水率为 10%~18%。容重与黏土砖相近,施工方便,与砌筑和粉刷砂浆黏结强度高。

(2) 普通混凝土小型空心砌块:属于空心薄壁材料,单排孔容重在 1 200 kg/m³ 左右,双排孔容重在 1 400 kg/m³ 左右,传热系数 2.97 W/(m²·K)。一般用于承重结构内、外墙体。强度为 MU5~MU25,相对含水率应控制在 40% 左右,干缩率应控制在 0.045%。

(3) 混凝土多孔砖:以水泥为胶结材料,以砂、石等为主要集料(也可利用工业废渣),以水搅拌成型,经养护而制成的多排小孔混凝土砖。主要规格 240 mm×115 mm×90 mm,空洞率大于 30%。

(4) 混凝土空心砖:水泥为胶结料,砂、石或轻集料为主要集料,粉煤灰为掺合料,加水搅拌成型,自然养护而制成的用于非承重墙体、空洞率不低于 40% 的混凝土空心砖。有二、三、四排孔;容重等级 800~1 400 kg/m³;相对吸水率不大于 40%;干燥收缩率小于 0.060%。对于利用废渣集料的混凝土空心砖,要求碳化系数不低于 0.8,软化系数不低于 0.75。

(5) 轻集料混凝土小型空心砌块:以人造轻集料(烧结粉煤灰、黏土、页岩陶粒和非烧结粉煤灰轻骨料)或天然轻集料(浮石、火山岩、沸石)或利废材料(炉渣、页岩渣、煤矸石)为轻粗骨料,以砂或轻细材料(陶砂、膨胀珍珠岩、炉渣)为细集料,水泥为胶结料,经加水混合、搅拌、成型、养护而成。其容重小于 1 400 kg/m³,作为承重构造体系时,相对含水率应控制在 40%左右,干缩率应控制在 0.045%;非承重时干缩率可到 0.060%。

2. 煤矸石烧结制品

以煤矸石为主要原料,经破碎、均化、搅拌成型,煅烧而成。该产品与普通黏土砖规格相同,性能接近,可按普通黏土砖设计、施工、验收。

3. 粉煤灰制品

粉煤灰是燃煤发电场的废弃物,由于其具有轻质多孔的特点和潜在的水硬性,可以作为多种建材的生产原料。以粉煤灰、水泥、各种轻重集料、水为主要组分拌和制成混凝土砌块或砖。

开发粉煤灰建材不仅可以解决能源和资源问题,同时解决了这种工业废弃物造成的污染问题。今后在粉煤灰综合利用方面,需要重点开发研究的有:大掺量粉煤灰制品,各种免烧结、免蒸养自然养护工艺的粉煤灰砖制品,以及粉煤灰陶粒等。

4. 自保温砌块

自保温墙体材料可选择导热系数低、热阻值大、容重低、强度合适的材料,如轻质混凝土砌块、加气混凝土。也可利用墙体产品自身空洞,通过对产品保温的二次加工或墙体施工过程的保温处理,达到提高墙体热工性能的目的,如在空洞内置 EPS 块、玻化微珠、蛭石颗粒、膨胀珍珠岩等。

5. 轻质内墙隔条板

GRC 轻质多孔隔墙条板以膨胀珍珠岩为主材,低碱或快硬硫铝酸盐为胶结材料和低碱玻纤涂塑网格布,经挤压成型、自然养护而成。石膏条板以石膏为主材,加入普通水泥、膨胀珍珠岩和中碱涂塑网格布挤压成型经自然养护而成。轻质混凝土条板采用普通硅酸盐水泥为胶结料,工业废渣或陶粒,可掺入粉煤灰,根据需要可加筋增强(低碳冷拔钢丝),经挤压成型养护而成。植物纤维条板(FCC 板)采用轻烧镁粉、秸秆(细度 60~80 目)、玻纤为中碱熟丝或无碱拌和,挤压成型养护而成。粉煤灰泡沫水泥条板(ASA 板)采用粉煤灰、轻烧镁粉、低碱或快硬硫铝酸盐为胶结材料,耐碱玻纤涂塑网格布等,经均化、发泡、成型、养护而成。硅镁加气水泥隔墙板(GM 板)采用铝酸盐水泥、轻烧镁粉、粉煤灰、维尼纶纤维等材料,经均化、发泡、高温、高压养护而成。

6. 复合墙板

复合墙板是具有轻质、高强、保温隔热性能优良的特点,集围护、装饰、保温隔热为一体的多功能新型板状墙体材料。一般有三种形式:保温层设置在两层中间、保温层设置在复合板两侧、保温层设置在复合板一侧。

聚苯乙烯夹芯复合板(金属面 EPS 板),具有轻质、高强,集承重、隔热、防水、装饰于一体,耐腐蚀,便于施工等优点。其导热系数为 0.034~0.037 W/(m·K)。类似的板材有铝塑聚苯乙烯夹芯复合板、塑钢聚苯乙烯夹芯复合板。

聚氨酯夹芯复合板,一般以彩色镀锌钢板为面材,经辊压成为压型板,然后与液体聚氨酯复合发泡而成。其导热系数为 0.017~0.023 W/(m·K)。适用于工业与民用建筑保温外墙和屋面保温。

混凝土岩棉复合外墙板是以混凝土饰面层、岩棉保温层和钢筋混凝土结构层三层连成的具有保温、隔热、隔声、防水等多功能的复合外墙板,有承重和非承重之分。由 150 mm 厚钢筋混凝土结构层、50 mm 厚岩棉保温层和 50 mm 厚混凝土饰面层组成的承重混凝土岩棉复合外墙板,自重为 500~512 kg/m²,平均热阻值为 0.99 m²·K/W,传热系数为 1.01。由 50 mm 厚钢筋混凝土结构层、80 mm 厚岩棉保温层和 30 mm 厚混凝土饰面层组成的非承重薄壁混凝土岩棉复合外墙板,自重为 176~256 kg/m²,平均热阻值为 1.70 m²·K/W,传热系数为 0.59。

7. 蒸压轻质加气混凝土制品

1) 轻质加气混凝土

轻质加气混凝土(Autoclaved Lightweight Concrete,ALC),是以硅砂、水泥、石灰为主要原料,采用防锈处理的钢筋增强,经过高温、高压、蒸汽养护而成的多孔混凝土制品。该技术于 1934 年诞生于瑞典,60 年代初传入日本。ALC 制品内部由互不连通的微小气孔组成,导热系数为 0.13 W/(m·K),保温隔热性能优于普通混凝土 10 倍。该产品为不燃硅酸盐物料,体积热稳定性好,热迁移慢,具有很好的耐火性。立方体 28 d 抗压强度可达 4 MPa。无放射性,无有害物质。

2) 泡沫混凝土

泡沫混凝土通常是用机械方法将泡沫剂水溶液制备成泡沫,再将泡沫加入含硅质材料、钙质材料、水及各种外加剂等组成的料浆中,经混合搅拌、浇注、养护而成的一种多孔混凝土材料。泡沫混凝土中含有大量封闭的孔隙,所以具有良好的物理力学性能。

泡沫混凝土的基本原料为水泥、石灰、水、泡沫,在此基础上掺加一些填料、骨料及外加剂。常用的填料及骨料为砂、粉煤灰、陶粒、碎石屑、膨胀聚苯乙烯、膨胀珍珠岩、苯脱克细骨料,常用的外加剂与普通混凝土一样,有减水剂、防水剂、缓凝剂、促凝剂等。

泡沫混凝土的密度小,密度等级一般为 300~1 800 kg/m³,常用泡沫混凝土的密度等级为 300~1 200 kg/m³。近年来,密度为 160 kg/m³ 的超轻泡沫混凝土也在建筑工程中获得了应用。

由于泡沫混凝土中含有大量封闭的细小孔隙,因此具有良好的热工性能,即良好的保温隔热性能,这是普通混凝土所不具备的。通常密度等级在 300~1 200 kg/m³ 范围的泡沫混凝土,其导热系数在 0.08~0.3 W/(m·K)。采用泡沫混凝土作为建筑物墙体及屋面材料,具有良好的节能效果。

泡沫混凝土属多孔材料,因此它也是一种良好的隔声材料,在建筑物的楼层和高速公路的隔声板、地下建筑物的顶层等可采用该材料作为隔声层。泡沫混凝土是无机材料,不会燃烧,从而具有良好的耐火性,在建筑物上使用,可提高建筑物的防火性能。泡沫混凝土还具有施工过程中可泵性好(指水泥浆液便于用泥浆泵泵入灌注的程度)、防水能力强、冲击能量吸收性能好、可大量利用工业废渣以及价格低廉等优点。

8. 陶粒增强加气砌块

该产品以河道淤泥、粉煤灰、混凝土管桩厂的离心余浆为主要原料,经过轻质陶粒和引气浆体制备、混合、浇模、静养、自动切割、蒸汽养护等工艺制备而成。砌块干体积密度为 450~750 kg/m³;导热系数为 0.11~0.18 W/(m·K),是黏土砖的 1/5,混凝土的 1/8;强度可达

3.5～7.5 MPa,可直接用于建筑外围护结构。使用的原材料为不燃无机物,不产生有害气体,且有极强的抗渗性。陶粒切割面含有大量开口孔,与砂浆的黏结强度大于 0.9 MPa。

9. 免烧砖

灰砂砖:以砂、生石灰、少量水泥为主要原料,经成型、蒸汽养护制成。强度高于 MU10,干密度为 1 700～1 900 kg/m³,传热系数为 1.1 W/(m²·K)。主要用于多层承重构造墙体。按制作工艺不同可分为彩色灰砂砖、灰砂空心砖、碳化灰砂砖、免烧灰砂砖。

煤矸石自养砖:以煤矸石(或掺炉渣)为主要原料,水泥(或掺入适量石灰、石膏)为胶凝材料,经拌和、搅拌、压制成型、自然养护而制成。一般强度在 MU10 左右,抗折强度在 2.5 MPa 左右。

7.1.2 生产工艺

根据不同墙体材料制品的应用环境不同,应采用不同的生产工艺。

所谓建筑材料工艺是指建筑材料制品和中间体的生产过程,主要考虑对某一具体产品的选择和确定在技术上和经济上最合理的合成路线,又称为工艺路线。其工艺参数是指反应物的配比,主要反应物的转化率,反应物的浓度,反应过程的温度、时间和压力,还有反应剂、催化剂、溶剂等的选择和使用等。任何建筑材料工艺都和该材料的合成机理或者原理密不可分,合成原理是该工艺的理论基础,是选择和确定工艺的依据,工艺过程和相应工艺参数都取决于工艺原理。所谓最佳工艺是指通过采用的合成技术以及完成反应的方法得到的是高质量、高收率、高选择性和低成本的建筑材料制品。

而墙体材料制品是建筑材料制品当中重要的围护结构,了解该类制品的工艺原理,清楚其工艺参数,同时为了对墙体材料制品的质量施加有效的控制,并且提高制品的质量,需要对墙体材料制品的生产工艺进行综合研究。下面分别以砖、砌块和板材为例,对墙体材料制品的生产工艺进行详细介绍。

7.2 砌墙砖

砌墙砖是指以黏土、工业废料或其他地方材料为主要原料,以不同工艺制造的、用于砌筑承重和非承重墙体的墙砖。

7.2.1 烧结砖生产工艺

凡通过高温焙烧而制得的砖统称为烧结砖。烧结普通砖是以黏土、页岩、煤矸石、粉煤灰为主要原料经焙烧而成的实心砖,根据原料不同又分为烧结黏土砖、烧结粉煤灰砖、烧结页岩砖和烧结煤矸石砖等。

烧结普通砖既有一定的强度,又有较好的隔热、隔声性能,冬季室内墙面不会出现结露现象,而且价格低廉。虽然不断出现各种新的墙体材料,但烧结砖在今后一段时间内,仍会作为一种主要材料用于砌筑工程中。

烧结普通砖可用于建筑维护结构、砌筑柱、拱、烟囱、窑身、沟道及基础等。可与轻骨料混凝土、加气混凝土、岩棉等隔热材料配套使用,砌成两面为砖、中间填以轻质材料的轻体墙。可在砌体中配置适当的钢筋或钢筋网成为配筋砌筑体,代替钢筋混凝土柱、过梁等。

下面重点介绍烧结工艺。

烧结工艺是生产建筑材料的一种传统工艺。它是以黏土为主要原料,经配料、成型、烧结等工艺过程而得到的制品。烧结制品的一般生产工艺流程如图 7-1 所示。

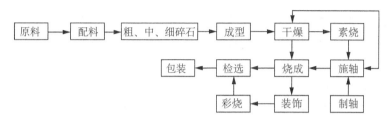

图 7-1　烧结制品的一般生产工艺流程

1. 原材料

烧结砖制品的原材料包括黏土、煤矸石、粉煤灰、溶剂原料等,其中不同的原材料在生产工艺当中具有不同的作用。

黏土是多种微细矿物的混合体,其中主要是含水铝硅酸盐矿物。黏土的特征是:加水调和后具有可塑性,可以塑造成各种形状,干燥后维持原状不变,并具有一定强度,烧后变得致密坚硬。煤矸石是采煤后的尾矿,其化学组成和矿物组成由于煤矿的成因和地质条件的不同而有很大差异。一般以高岭石和石英为主要矿物组成,还含有不同黏土质矿物、碳酸盐、赤铁矿、黄铁矿等,有一定可塑性,一般可塑性指数为 8~15,在坯料中的加入量可达 80%。粉煤灰为火力发电厂排出的废料,其化学成分随煤的成分变化而变化,一般为 SiO_2 39%~60%,$Al_2O_3 SiO_2$ 14%~37%,烧失量 1%~12%,还含有少量的铁、钛、钙、镁等的氧化物,矿物组成为玻璃质(50%左右)、莫来石、α-石英、硅酸钙等,是一种合成硅酸盐原料,一般在坯料中的引入量为 30%以下。溶剂原料在烧成过程中能降低烧成温度,同时增加制品的密实性和强度,但降低制品的耐火度、体积稳定性和高温下抵抗变形的能力。

2. 配料计算

对于不同种类的烧结砖来讲,配料计算存在一定的差异,下面以墙地砖为例来进行介绍。

墙地砖是用于建筑物外墙、地面的板状建筑陶瓷材料。有施釉的,也有无釉的。如大量生产的红色铺地砖、彩釉砖等,均为用地方黏土制成的炻质制品,其吸水率不大于 10%。

一般炻器坯式为 $1(R_2O+RO) \cdot (1.7~4.7)Al_2O_3 \cdot (7.4~8.6)SiO_2$。在彩釉砖坯料配方中,可塑性黏土占 50%~65%,溶剂原料占 10%~15%,瘠性原料占 15%~20%,坯料的化学成分见表 7-1。

表 7-1　坯料的化学成分　　　　　　　　　　　　单位:%

SiO_2	Al_2O_3	Fe_2O_3	TiO_2	CaO	MgO	K_2O+Na_2O	烧失量
53~69	15~26	1~8.5	0.6~1.7	0.1~1.7	0.1~2.8	1.5~5	2~6

利用低温页岩黏土生产的红色铺地砖可在 1 000 ℃左右烧成,其坯式为

$$
\left.\begin{array}{l}
0.230\ R_2O \\
0.213\ CaO \\
0.557\ MgO
\end{array}\right\}
\left.\begin{array}{l}
1.542\ Al_2O_3 \\
0.351\ FeM2O_3
\end{array}\right\}7.976SiO_2
$$

3. 坯料制备

原料经过配料和加工后,得到的多成分混合料为坯料。坯料应具备:组成满足配方要求,混合均匀;细度满足要求,所含空气量尽可能少。

根据成型方法的不同,坯料通常分为三类:注浆料、可塑料和压制坯料。而墙地砖生产普遍采用半干压成型。

干法制备半干压坯料的工艺流程如图 7-2 所示。全湿法加工工艺流程如图 7-3 所示。

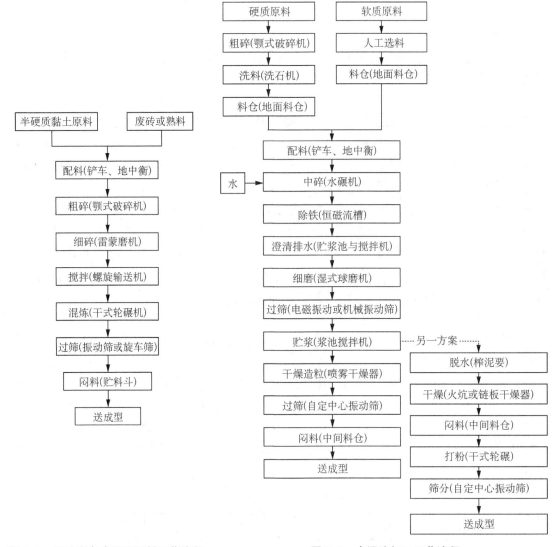

图 7-2　干法制备半干压坯料工艺流程　　　　图 7-3　全湿法加工工艺流程

用干式磨机细磨后再用湿法精加工工艺流程如图 7-4 所示。

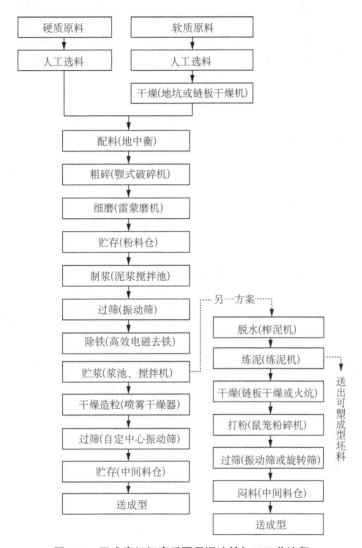

图 7-4　干式磨机细磨后再用湿法精加工工艺流程

4. 成型工艺

成型的任务是将坯料加工成有一定形状和尺寸的半成品。成型的方法主要有可塑法成型、注浆成型和压制成型三种。下面主要对压制成型进行介绍。

压制成型是基于较大的压力,将粉料在模型中压制成的。当压力加在粉料上时,粉料开始移动,互相靠拢,坯体收缩,并将空气排出,压力继续增大,颗粒继续靠拢,同时产生变形,坯体继续收缩,当颗粒完全接近后,压力再增大,坯体收缩就很小,这时颗粒在高压下可产生变形和破裂。由于颗粒之间接触面逐渐增大,因此摩擦力也逐渐增大。当压力与颗粒间的摩擦力达到平衡时,颗粒也达到平衡状态,坯体便被压实。

加压时,压力是通过颗粒的接触来传递的。当压力由一个方向往下压时,由于颗粒在传递压力的过程中一部分能量要消耗在克服颗粒间的摩擦力和颗粒与模壁间的摩擦力上,使压力往下传递时是逐渐减小的,因此粉料内部压强分布是不均匀的,压后坯体的密度也不均匀,一般上层密,越往下密度就越小。在水平方向,靠近模壁四周的密度也不如中心密实。

一般来说,压力越大,坯体就越致密,坯体的不均匀性减小,但压力过大会把坯体中的残余空气压缩,压力除去后,被压缩的空气膨胀,使坯体产生层裂。

可以看出,在压制过程中,排气是很重要的。坯体中压强的分布除与厚度有关外,还与颗粒间和颗粒与模壁间的摩擦力有关。如减少摩擦力也将大为改善坯体中的压强分布,使坯体均匀致密。另外,致密度还与颗粒的级配有关。当大、中、小颗粒有适当的比例时,才能达到最大密度,所以压制成型所用的粉料通常都要事先经过造粒。

压制成型时,影响其质量的因素很多,一般要对下面几个工艺参数进行控制。

(1) 成型压力。成型压力包括总压力和压强。总压力取决于所要求的压强,还与生坯的大小和形状有关,它是选择压力机大小的一个主要指标。压强是指垂直于受压方向上生坯单位面积所受到的压力。合适的成型压强取决于坯体的形状、高度、粉料的含水率及其流动性和所要求的坯体的致密度等。一般地说,坯体高,要求致密,粉料的流动性小(可看成摩擦力大),含水率低,形状复杂,则要求压强大。增加压强可以增加坯体致密度,但这只在一定范围内显著。当成型压力达到一定值时,再增加压力,坯体致密度的增加已经不明显了,因此成型压力不必太大。过大的压力也易引起残余空气的膨胀而使坯体开裂,一般黏土料的压制成型压强可为 $1.47 \sim 2.94$ MPa。坯料的含水率降低,压强可以再大些。

(2) 加压方式。由压制成型原理可知,当单面加压时,由于压力是从一个方向上施加的,当坯体的厚度较大时,则压强分布在厚度方向上很不均匀。因此,可以改进为两面加压,即上、下两面都加压力。两面加压又有两种情况:一种是两面同时加压,这时粉料之间的空气易被挤压到模型的中部,使生坯中部的密度较小;另一种是两面先后加压,这样空气容易排出,生坯密度大且较均匀。当然粉料的受压面越大,就越有利于生坯的密度和均匀性。因此,干压法的进一步改进就是采用等静压成型。另外,在加压过程中采用真空抽气和振动等也有利于生坯致密度的均匀性。

(3) 加压速度和时间。压制粉料中由于有较多的空气,在加压过程中,应该有充分的时间让空气排出。因此,加压速度绝不能太快,让空气有机会排出。加压的速度和时间与粉料性质、水分和空气排出速度等有关。

除了上述的加压情况需要控制外,装料的均匀与否、模型表面涂润滑油与否都需在操作中加以注意。

压制成型所用到的机械主要是压砖机。压砖机的种类很多,目前采用较多的压砖机按驱动机构不同,可分为手动压机、机动压机、曲柄杠杆式压机和液压压机,较多采用的是摩擦压砖机。

摩擦压砖机因加压机构的运动方式而得名,如图 7-5 所示。当加压螺杆顶端的飞轮盘与左边或右边的主动回转盘接触时,由于两者间的摩擦,即可带动螺杆回旋着上升或下降。由于螺杆的运动比较平缓,并且压力是逐渐加大的,所以压出的制品非常紧密。

手动压机是一种以人力驱动的最简单压砖机,其结构如图 7-6 所示。用手旋转压机上部的圆轮,可以使冲模上下运动而压型。

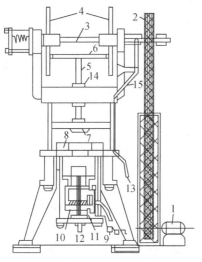

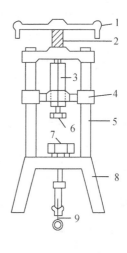

1—电动机；2—皮带轮；3—横轴；
4—主动回轮盘；5—螺杆；6—飞轮；
7—上模；8—下模；9—踏板；10 气缸；
11—活塞；12—下部转轮；13—操纵把
手；14—方牙螺母；15—杠杆

1—手动螺旋；2—方螺旋；
3—方身；4—滑动横梁；
5—立柱；6—上模；
7—下模；8—机座；
9—脚踏

图 7-5　摩擦压砖机构造示意　　　　**图 7-6　手动压机示意**

5. 干燥工艺

经过成型的坯体，一般都要进行干燥，其目的是增加坯体的强度，减少破损，使坯体有足够的吸附釉浆的能力，还可缩短烧成周期，降低燃料消耗。

6. 烧成工艺

烧成是烧结工艺中一道很关键的工序。经过成型、施釉后的半成品，必须通过高温烧成才能获得制品的一切特性。

坯体的烧成是一个由量变到质变的过程。物理变化与化学变化交错进行，变化十分复杂。而烧成过程可分为五个阶段，即蒸发阶段、氧化分解和晶型转变阶段、玻化成瓷阶段、保温阶段和冷却阶段。

7.2.2　非烧结砖生产工艺

非烧结砖主要是针对传统的黏土砖而生产的一种墙体材料，它承袭了人们几千年的习惯，主规格尺寸沿用 240 mm×115 mm×53 mm，使人们更易于接受。为了保护自然资源和节约能源，主要使用胶凝材料和工业废料，生产工艺采用蒸压或蒸养等方法。

不经焙烧而制成的砖均为非烧结砖，如碳化砖、免烧免蒸砖及蒸养（压）砖等。目前，应用较广的是蒸养（压）砖。这类砖是以含钙材料（石灰、电石渣等）和含硅材料（砂质、煤粉灰、煤矸石灰渣、炉渣等）与水拌和，经压制成型，在自然条件下或人工水热合成条件（蒸养或蒸压）下，反应生成以水化硅酸钙、水化铝酸钙为主要胶结料的硅酸盐建筑制品。主要品种有灰砂砖、粉煤灰砖及炉渣砖等。

首先，简单介绍一下蒸压粉煤灰砖。

蒸压粉煤灰砖,以粉煤灰为主要原料、水泥(或掺入适量石灰、石膏、外加剂)为胶凝材料,加入部分破碎煤矸石(或石粉、砂)作骨料,经混合、碾压、搅拌、成型,通过高压或常压蒸汽养护而制成。强度等级 MU10～MU30,碳化系数不小于 0.8。其外形尺寸同普通砖,即长 240 mm、宽 115 mm、高 53 mm,呈深灰色,体积密度约为 1 500 kg/m³。除轻质外,蒸压粉煤灰砖物理力学性能优良,其抗压强度一般均可达 20 MPa 或 15 MPa,至少可达到 10 MPa,能经受 15 次冻融循环的抗冻要求。

根据《蒸压粉煤灰砖》(JC/T 239—2014)的规定,粉煤灰砖按抗压强度和抗折强度划分为 MU30,MU25,MU20,MU15,MU10 五个强度等级。按外观质量、尺寸偏差、强度和干燥收缩值分为优等品(A)、一等品(B)、合格品(C),优等品强度等级应不低于 MU15。

因此,粉煤灰砖可用于工业与民用建筑的墙体和基础,但当用于基础或易受冻融和干湿交替作用的建筑部位时,必须使用一等品和优等品粉煤灰砖。粉煤灰砖不得用于长期受热(200 ℃以上),受急冷急热和有酸性介质侵蚀的建筑部位。为避免或减少收缩裂缝的产生,用粉煤灰砖砌筑的建筑物,应适当增设圆梁及伸缩缝。

接下来以蒸压粉煤灰砖的生产过程为例,介绍非烧结砖的生产工艺。

蒸压粉煤灰砖的生产工艺包括原料的加工制备、按配合比计量、搅拌、消化、轮碾、压制成型、砖坯静停预养、蒸压养护、成品检验与堆放。生产工艺流程如图 7-7 所示。

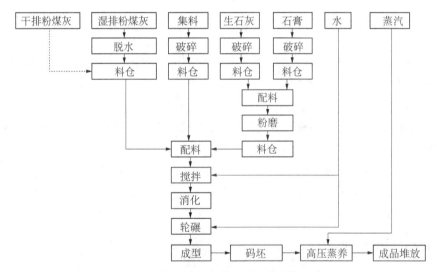

图 7-7 蒸压粉煤灰砖生产工艺流程示意

1) 粉煤灰砖的配合比选择

粉煤灰砖配合比中各种物料的掺量为:石灰掺量主要与养护条件、粉煤灰的品种和细度有关。采用蒸压养护时,石灰的掺量可少一些。粉煤灰的颗粒细,生石灰的掺量大。在配合比中,要求有效氧化钙含量在 12%～14%范围内,折合成石灰掺量为 20%～25%。石膏的掺量一般要求为石灰用量的 8%～11%或混合料总量的 1.6%～2.2%。粉煤灰的掺量在采用蒸压养护时用量偏高一些,一般在 55%～75%范围内。煤渣的掺量在采用蒸压养护时,可以偏少,一般在 13%～28%。

2）原材料的加工

生产蒸压粉煤灰砖的原材料加工主要包括石灰、石膏的破碎,粉磨、煤渣的破碎和筛选,以及粉煤灰脱水。粉煤灰脱水方法通常有三种:自然沉降法,脱水后的含水率较高,约为 50％;自然沉降-真空脱水法,含水率可达 40％左右;浓缩-真空过滤的脱水效果最佳,可使含水率达33％左右。因为生产粉煤灰砖坯体成型水分要求比较低,通常采用浓缩-真空过滤的方法。

3）蒸压粉煤灰砖混合料的制备

主要包括混合料的搅拌、混合消化和轮碾的工艺。

经过配料计量的石灰、粉煤灰、煤渣和适量的水共同搅拌,为适应蒸压粉煤灰砖的生产工艺需要,混合料的搅拌通常可以选用双卧轴式连续强制搅拌机,使各种组分搅拌均匀。消化的目的是使生石灰充分分解,生成的 $Ca(OH)_2$ 与粉煤灰的材料产生预水化反应,提高拌和物的可塑性,改善坯体的成型性能,还可以防止在蒸压过程中,因石灰消化引起体积膨胀使砖胀裂的现象发生。石灰的消化一定要完全。轮碾对混合料起到压实、均化、增塑的作用,可提高砖坯的极限成型压力。同时,轮碾又使粉煤灰在碱性介质中的潜在活性得以被激发,排出多孔结构中的空气,使石灰等不同的成分互相渗透,这种共同作用的结果,改善和提高了蒸压粉煤灰砖的质量。

4）压制成型

粉煤灰砖坯的成型方法有塑性法和半干法两种。塑性法是将含水率较高的混合料,用挤泥机挤成泥条,然后按要求切割成坯体;半干法是将含水率较低的混合料,放在规定尺寸的砖模内,通过压制或振动压制成砖坯。我国使用较多的是半干法压制成型,经过轮碾的混合料送入压砖机的料仓,经压制成型变成坯砖。成型压力、压制速度等对砖的质量影响很大。压砖机的压力小、砖坯不密实;压制速度快、砖坯内的气体不能很好地排除,会造成砖坯分层和产生裂纹。另外压制砖坯的外观质量应达到标准规定的要求。

不同颗粒状况的物料,具有不同的极限成型压力值。当物料的颗粒级配较好、体积密度大、孔隙率较小时,其极限压力值就大,成型后砖坯体积密度就相应较高;粉煤灰颗粒细、体积密度小,一般级配不太好,颗粒内部又多为多孔形态,混合料中空气含量较多,成型过程中残留空气的弹性膨胀较大,粉煤灰砖坯体的极限成型压力就低。成型压力一般在 6～12 MPa。

根据粉煤灰砖的特点,加压方式应选择加压速度较缓慢,双面加压,压制过程中有充分的排气时间。一般选用双面三次压制成型的方法。因为它的双面加压速度比较缓慢,适合粉煤灰颗粒细、摩擦系数大和孔隙率高的特点。在三次加压的间歇时间,有利于排出较多的空气,减少了压缩空气造成的弹性膨胀和砖坯层裂,从而提高了砖坯的极限成型压力,改善成型效果。

成型水分也是砖坯成型的重要参数之一。成型水分过小,混合料的可塑性差,成型时的内摩擦力大,极限成型压力减小,因而成型后的砖坯密实度很差,易产生缺棱掉角。成型水分过高时,成型时易泌水黏模,砖坯变软,初始结构强度较低,码放时易变形,影响产品的强度和耐久性。对粉煤灰砖来说,一般采用圆盘式压砖机适宜的成型水分为 19％～23％。

5）砖坯静停

成型好的砖坯,码放在养护小车上,送至静停线编组静停。静停的作用是使砖坯在蒸压养护之前能达到一定的初始结构强度,以便在蒸压养护时能抵御因温度变化产生的应力,防止砖坯发生裂纹。

6）蒸压养护

烧结是将黏土放置于炉窑中进行高温烧结，是最传统的生产工艺。而蒸压是指在蒸压釜等压力容器内用蒸汽养护提高制品早期强度的生产工艺。

砖坯在蒸压釜内养护分为升温、升压、恒温、降温几个阶段。合理的养护制度是确保粉煤灰砖质量的前提条件。当恒压压力由 0.8 MPa 上升到 1.0 MPa 时，试件的抗压强度提高了 30%～40%；当恒压压力由 0.8 MPa 上升到 1.2 MPa 时，试件的抗压强度几乎增加了 1 倍。温度升高，水化产物中的托贝莫来石含量增加，当水化硅酸钙凝胶与托贝莫来石达到最佳比例时，能同时满足强度和收缩的要求。因此，蒸压养护时间以 10～12 h 为宜，恒压压力以 1.0～1.2 MPa 为宜。

图 7-8　蒸压粉煤灰砖生产机

7）成品堆放与出厂检验

粉煤灰砖出釜后，应整齐堆放在堆场停放。必须停放 1～2 周时间，待粉煤灰砖的收缩基本稳定。停放 1 d 后检验强度，出厂前应按规定的项目进行其他各项检验。

由于目前粉煤灰砖的使用量是逐渐增加的，但其生产工艺步骤烦琐，所以蒸压粉煤灰砖生产机应运而生，图 7-8 为蒸压粉煤灰砖生产机。

7.3　建筑砌块

砌块是用于砌筑的、形体大于砌墙砖的人造块材。它是一种新型节能墙体材料，可以充分利用地方资源和工业废渣，并可节省黏土资源和保护环境。具有生产工艺简单、原料来源广、适应性强、制作及使用方便、可改善墙体功能等特点，因此发展较快。

7.3.1　混凝土空心砌块生产工艺

混凝土空心砌块指的是由水泥与集料按一定比例配合、加水搅拌、经成型机械加工成型，并在一定温湿条件下养护硬化的砌块材料。该建筑材料相比于实心砖来讲，具有能耗低、自重轻、施工速度快等优点。

混凝土空心砌块按块型分，能够分为小型空心砌块和中型空心砌块。下面以混凝土小型空心砌块为例介绍其生产工艺。混凝土小型空心砌块（图 7-9）是以水泥为胶结料，砂、碎石或卵石、煤矸石、炉渣为骨料，加水搅拌，经振动、振动加压或冲压成型，并经养护而制成的小型（主规格为 390 mm×190 mm×190 mm）并有一定空心率的墙体材料。

该类墙体材料按其骨料的不同可分为普通混凝土小型空心砌块和轻骨料混凝土小型空心砌块两类。普通混凝土小型空心砌块以天然砂、石作骨科，多用于承重结构。轻骨料混凝土小型空心砌块通常以火山渣、浮石、膨胀珍珠岩、煤渣、水淬矿渣、自然煤矸石以及各种陶粒等为骨料，可充分利用我国各种丰富的天然轻骨料资源和一些工业废渣为原料，对降低砌块生产成本和减少环境污染具有良好的社会和经济双重效益。砂可使用轻砂，构成全轻混凝土；也可以使用天然砂，构成砂轻混凝土。故轻质混凝土空心砌块在各种建筑墙体，尤在保温隔热要求较高的围护结构中得到广泛应用。

小型砌块和工业废渣轻骨料（如煤渣、自然煤矸石）混凝土小型砌块等，多用于非承重结构，如工业与民用建筑的砌块房屋、框架结构的填充墙及一些隔声工程等。由于轻质砌块具有许多独特的优点，如自重轻、热工性能好，且抗震性能好；不仅可用于非承重墙，较高强度等级的轻质砌块也可用于多层建筑的承重墙。随着轻骨料混凝土小型砌块产品强度的提高及框架结构建筑的增多，普通混凝土小型空心砌块将逐步被轻骨料混凝土小型砌块所替代。在砌体建筑中，轻骨料混凝土小型砌块将成为我国最具发展前景的砌体材料。

除此之外，该类材料还能够应用于目前新兴的装配式建筑当中，所谓装配式建筑指的是由预制构件在工地装配而成的建筑。按预制构件的形式和施工方法分为砌块建筑、板材建筑、盒式建筑、骨架板材建筑及升板升层建筑等五种类型。而混凝土空心砌块正可用于其中的砌块建筑，是用预制的块状材料砌成墙体的装配式建筑，适于建造3～5层建筑，如提高砌块强度或配置钢筋，还可适当增加层数。

图7-9 混凝土小型空心砌块

而砌块的生产方法，除20世纪60年代的平模振动成型和蒸汽养护机组流水法以外，近年来发展了多种砌块成型机，形成了以移动式小型砌块成型机为主体的台座法生产线，及固定式成型机和隧道窑养护的机组流水或流水传送生产线。

1. 原材料及配合比

原材料的合理选用和配制是生产混凝土空心砌块的重要条件。各种成型机对配比的要求各不相同，一般移动式成型机比固定式成型机的水泥用量略大，和易性也略优，有时，可适当掺入煤灰或石粉。集料的最大粒径不应大于砌块最小壁肋厚度的1/2，最大不得超过15 mm，一般应在10 mm以下，采用42.5号水泥时，水泥与砂石的质量比约为1：8，含砂率为80%左右，水灰比为0.8，具体配比应根据各地条件试验确定。拌和物的制备宜采用强制式搅拌机。搅拌时，应严格控制用水量，特别是砂石含水量变化较大时，应及时测定并调整用量。

2. 生产工艺

1）台座法生产工艺

台座法生产混凝土空心砌块时，可以采用拉模卧式成型或移动式空心砌块成型机立式成型。由于移动式砌块成型机质量轻、激振力小，不但水泥用量高，而且难以制得优质砌块。

图7-10为一种移动式空心砌块成型机的示意图。它由机架、模箱及提升机构、定量给料机构、振动压板机构、上料斗及行走机构组成。拌和物先卸入上料斗，再由电机经链轮、卷筒等带动钢悬臂向上翻转卸入储料斗中。储料斗装有附着式振动器以保证下料通畅。模箱中有分料器将物料分布到各部位。模箱包括箱体、横梁、心模及振动器。物料进入模箱后，启动振动心子振动密实，振动频率为2 840 r/min，功率1 kW。待拌和物泛浆后，即用振动压板机将其上端平面密实平整，并克服脱模时混凝土与模箱、心子之间的黏附作用。成型完毕后提升模箱，成型机移动一个模位，准备下一组砌块的生产。这种成型机的模箱可以更换，以满足不同规格砌块的生产要求。

台座法生产的砌块通常采用自然养护。为加速场地周转,也可以在砌块达到一定结构强度(5 MPa)后起吊堆放,待达到所需强度后再运送出厂。为了加速砌块的硬化,也可在拌和物中加入早强剂,如氯化钙(2%)或硫酸钠加氯化钙等。

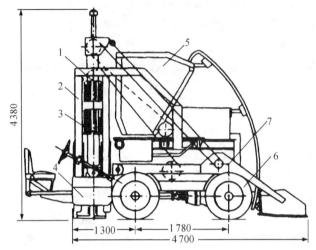

1—加压机构;2—机架;3—定量给料机构;4—模箱及提升机构;
5—储料斗;6—行走机构;7—钢悬臂及上料斗

图 7-10　移动式空心砌块成型机示意(单位:mm)

2) 环形流水生产工艺

该生产线由沿环形轨道运行的 98 辆小车组成,全线经清模、涂隔离剂、成型、修整、养护、起吊等工序,如图 7-11 所示为混凝土空心砌块环形联动线平面示意图。90 及 92 车位下有液压顶推装置推动流水线运行。94 车位为涂隔离剂,98 车位进行成型(固定式成型机),混凝土

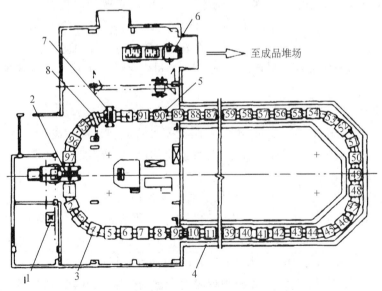

至成品堆场

1—送料小车;2—固定式成型机;3—小车;4—U形隧道窑;
5—砌块;6—成品运输车;7—清扫装置;8—隔离剂涂布机

图 7-11　混凝土空心砌块环形联动线平面示意

由二层平台送料小车 1 供给。1 车位为砌块修整。1 车—9 车为预养阶段。从车位 10 起进入
U 形窑进行干湿热养护。其中 10 车—33 车位为干热升温,34 车—68 车位为湿热恒温,69
车—88 车位为降温。90 车—92 车位为成品起吊,93 车位经清理装置 7 后,即为新的循环。

　　U 形窑由窑体、风机房、风道和加热室等组成。升温区采用逆流低湿热风循环系统。

　　恒温区为湿热养护,用散热器、地面热水槽保证其温湿度。各温区分别用 5 道挡气板
(钢板加橡胶板)分隔,进出口设分幕,主要封闭车板下部空间。对于 C15 矿渣水泥混凝土,
养护制度为 45 min+2 h(风 $t=70\sim80\ ℃$, $\varphi=25\%\sim60\%$)+3 h($85\sim90\ ℃$,90%)+
95 min。冬季应作相应调整。图 7-12 为养护阶段的工作原理。

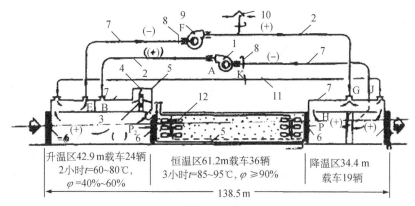

1—送风机;2,7—风道;3—加热器;4—旁通阀;5—水槽及喷汽管;6—挡风板;
7—风道;8—闸板阀;9—回风机;10—排湿管;11—平衡管;12—散热器

图 7-12　U 形连续式养护窑工作原理

3) 机组流水生产工艺

　　以固定式砌块成型机为主机,配以辅机和养护窑等,可以组成不同的机组流水生产线,
图 7-13 为实例之一。水泥、砂石由二层平台储料仓进入移动称量斗 1,拌和物由上料爬斗 3

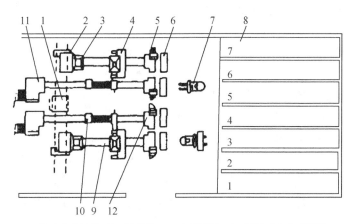

1—移动式称量斗;2—搅拌机;3—上料爬斗;4—固定式砌块成型机;
5—装板机;5—养护架;7—叉车;8—养护窑;
9—推块机;10—翻块机;11—码垛机;12—卸板机

图 7-13　混凝土砌块的机组流水生产线示意

送入成型机 4 的储料斗。砌块成型后由装板机 5 将每板制品码到养护架 6 上,再由叉车送入窑内养护。出窑的制品送至卸板机并将砌块卸至水平输送机上,推块机将砌块由底板上推下,以辊道送至翻块机,将砌块翻成水平态。然后,送至码垛机码垛,再由叉车送至堆场。

为减少升温期的结构破坏,应适当在窑内预养,以提高早期强度。升温速度,一般不大于 40 ℃/h。砌块及介质温度基本上可同步达到最高温度,然后立即停汽保温。轻混凝土可适当缩短预养时间。

7.3.2 加气混凝土砌块生产工艺

加气混凝土砌块,是以钙质材料(水泥或石灰)和硅质材料(砂或粉煤灰等)为基本原料,以铝粉为发气剂,经过蒸压养护等工艺制成的一种轻质多孔、保温隔热、防火性能良好、可钉、可锯、可刨和具有一定抗震能力的新型建筑材料。与传统的黏土砖相比,加气混凝土砌块可以节约土地资源,改善建筑墙体的保温隔热效应,提高建筑节能效果。建筑工程中采用加气混凝土砌块,可大大减轻建筑物的自重,提高其抗震能力,改善墙体、屋面的保温性能,因此是一种理想的轻质新型建材。

加气混凝土有多种生产工艺,由于原材料的不同、生产设备不同或外加剂不同就要求不同的生产工艺。但其主要的生产工序和生产原理是相同的,主要是将钙质材料、硅质材料、发气剂(主要是铝粉)、调节剂、稳定剂和水按配比混合搅拌、发气、浇注成型、蒸养而成。

本节着重介绍加气混凝土砌块生产工艺的基本知识。

在原材料加工阶段,生石灰应在球磨机中干磨至规定的细度,矿渣、砂及粉煤灰可以干磨也可以湿磨至规定的细度。如果有条件,还可以配料后将几种主要的原材料一起加入磨机中混磨,更有利于改善制品性能。经过加工的各种原材料分别存放在储料库或缸中,各种原材料、外加剂、废料浆和已经脱脂工序处理的铝粉悬浮液依照规定的顺序分别按配合比计量加入浇注车中。

浇注车是配料浇注的主要设备,主要由浆料搅拌浇注机构、铝粉悬浮液缸、外加剂缸、电气自动控制部分、电动行走机构等组成(如果是定点浇注则不用浇注车,而是把有关装置安装在浇注台上)。

浇注车一边搅拌料浆,一边行走到浇注地点,逐模浇注料浆(定点浇注则是模具在浇注后移动至静停处)。料浆浇注有一定的温度要求,有时需要通入蒸汽加温或保温。料浆在模具中发气膨胀形成多孔坯体。棋具是用钢板制成的,由可拆卸的侧模板和底模组成。常用的模具规格有 600 mm×1 500 mm×600 mm 和 600 mm×900 mm×3 300 mm 等,一般浇注高度为 600 mm。采取若干措施后,可把浇注高度提高到 1.2 m,1.5 m 甚至 1.8 m。

浇注过程中料浆的浇注稳定性是否良好,直接影响制品的质量。铝粉发气膨胀的速度与料浆稠化速度是否相适应是浇注稳定性的关键因素。从料浆开始浇注到料浆失去流动性的时间称为稠化时间。浇注中有时会出现料浆发气膨胀不足、坯体高度不够、坯体下沉收缩、冒泡塌陷等质量事故。应当从铝粉发气速度、料浆稠化速度、原材料质量、外加剂品种及加入量、料浆温度、机械设备和模具质量等环节去分析原因,及时调整,以保证产品质量。

刚浇注成型的坯体,必须经过一段时间静停,使坯体具有一定的强度,然后才能进行切割。静停时间应经试验确定,常温下一般静停 2~8 h。

大中型工厂有专用切割机切割坯体,小厂则用人工切割。

蒸压养护要在专用压力容器——蒸压釜内进行,切割好的坯体连同底模一起送入高压釜。蒸压釜有厚钢板制成的筒体,两端有钢制门盖可以开闭,釜底有轨道,釜内有蒸汽管道,常用的规格有 2 850 mm×25 600 mm 和 1 950 mm×21 000 mm 两种。

坯体入釜后,关闭釜门。为使蒸汽渗入坯体,强化养护条件,通蒸汽前要先抽真空,真空度约达 800×10^2 Pa。然后缓缓送入蒸汽并升压,常见的升压制度如下:$(0.2 \sim 2) \times 10^5$ Pa 用时 $30 \sim 50$ min,$(2 \sim 11) \times 10^6$ Pa 用时 $90 \sim 150$ min。蒸汽来自高压锅炉,生产用蒸汽压力 $(8 \sim 16) \times 10^5$ Pa,最好使用 11×10^5 Pa。这是制品质量的可靠保证。

当蒸汽压力为 $(8 \sim 10) \times 10^5$ Pa,相当蒸汽温度为 $175 \sim 203$ ℃ 时,为了使水热反应有足够的时间,要维持一定的时间恒压养护。蒸汽压力较高,恒压时间就可相对缩短。8×10^5 Pa 下,须恒压 12 h;10×10^5 Pa 下,须恒压 10 h;15×10^5 Pa 下,缩短为恒压 6 h。恒压养护结束,逐渐降压,逐渐排出蒸汽恢复常压,打开釜门,拖出装有成品的模具。

成品出釜后,使用电动行车及适当夹具从模具上夹走成品。有的制品还需要经过铣槽、倒角等工序加工或补修,最后全部送到成品堆场。用过的模具要转运至使用前原来的工位,经过清洗,重新组装后涂刷脱模剂、埋设钢丝、涂抹模缝灰浆,预处理好的模具又可重复使用。

综合来讲,由于加气混凝土能利用工业废料,产品成本较低,能大幅度降低建筑物自重,生产率较高,保温性好,因此具有较好的经济技术效果。

7.4　复合墙板和墙体

复合墙板是一种工业化生产的新一代高性能建筑内隔板,由多种建筑材料复合而成,代替了传统的砖瓦,它具有环保节能无污染、轻质抗震、防火、保温、隔声、施工快捷的明显优点。

复合墙体制品是采用珍珠岩、水泥、石膏、粉煤灰为主要原料,并采用一定的生产工艺制得的复合材料制品。成功研发出的新型墙体保温材料制品,具有保温、隔热、隔声、防火阻燃、抗风压、质量轻、易施工、性价比高等特点,根治了建筑商、装饰公司一直难以解决的问题——墙体开裂现象,也是国内最理想、实用的墙体节能保温材料制品。复合墙体材料制品一般由保温隔热材料和面层材料组成。其中,墙体保温隔热材料种类繁多,基本上可归纳为无机和有机两大类;而面层材料分非金属和金属两大类。

常用的复合墙板和墙体制品,包括夹芯复合板、薄平板材、墙体用龙骨、外墙及屋面的护饰面板等几大类,下面分别以 GRC 复合外墙板为例介绍外墙及屋面的护饰面板的生产工艺,以装饰石膏板复合墙板为例介绍薄平板材的生产工艺。

7.4.1　GRC 复合外墙板生产工艺

GRC 是英文 Glass Fiber Reinforced Cement(or Concrete)的缩写,中文译为"玻璃纤维增强水泥(或混凝土)"。英、法、俄等国称之为玻璃纤维增强水泥,美、德、日等国称之为玻璃纤维增强混凝土。GRC 的发展大体上可以分为三个阶段:第一阶段在 20 世纪 50 年代,采用中碱玻璃纤维(A 纤维)或无碱玻璃纤维(E 纤维)作为增强材料,胶结材料用的是波特兰水泥(硅酸盐水泥)。硅酸盐水泥水化的水化产物对玻璃纤维有强烈的侵蚀作用,使玻璃纤维很快丧失了强度,这是第一代 GRC。第二阶段在 20 世纪 70 年代,采用含铬的耐碱玻璃纤维增强硅酸盐水泥,使基材强度有所提高,但 GRC 的抗弯强度与韧性下降很多,强度保留率只有 40%～60%。把耐碱玻璃纤维增强硅酸盐水泥的 GRC 称之为第二代 GRC。第三阶段在 20 世纪 70 年代中期,我国的科研人员成功地研制出用耐碱玻璃纤维与硫铝酸盐型低碱度水泥匹配制备 GRC,其耐久性最好,抗弯强度的半衰期可超过 100 年,称之为第三代 GRC。

GRC 复合外墙板融合了其面层材料 GRC 的优良物理力学性能和夹芯材料的绝热性能,使得此种复合外墙板具有高强度、高韧性、高耐候性和良好的保温隔热性能,此种板材还具有规格尺寸大、自重轻、面层造型丰富等优点,适用于框架结构建筑尤其是高层框架结构建筑。

通过不同的成型工艺,可将 GRC 制成各种板材,如:非承重外部用板材,主要用于制造大型平板、复合墙板等;内墙板材,主要与各种内墙材料复合制成内墙板材,与各种隔热、隔声等轻质发泡材料复合制成复合夹心板、隔声板等装饰装修材料。

下面以玻璃纤维增强水泥轻质多孔隔墙板为例介绍其生产工艺。

1. 原材料的种类和质量要求

1) 水泥

生产 GRC 轻质多孔隔墙板采用碱度低的水泥,主要有以下两种。

(1) 快硬硫铝酸盐水泥。

该水泥是以 C_4A_3S, C_3S 为主要矿物组成的熟料,与适量二水石膏等共同粉磨制成的。早期强度很高,水化迅速,水化热较大,有时会有微量膨胀,其水泥浆液相 pH 为 11.7 左右,现将其性能列于表 7-2 和表 7-3 中。

表 7-2　快硬硫铝酸盐水泥物理性质

品种	比表面积/(m² · kg⁻¹)	凝结时间	
		初凝/min	终凝/h
快硬硫铝酸盐水泥	≥350	≥25	≤3

表 7-3　快硬硫铝酸盐水泥力学性质

品种	强度等级	抗压强度/MPa			抗折强度/MPa		
		1 d	3 d	7 d	1 d	3 d	7 d
快硬硫铝酸盐水泥	42.5	34.5	42.5		6.5	7.0	
	52.5	44.0	52.5		7.0	7.5	

(2) 低碱度硫铝酸盐水泥。

该水泥是以无水硫铝酸钙为主要成分的水泥熟料,与适量硬石膏磨制而成的。早期强度高,水化迅速,自由膨胀率较低,碱度低,其水泥浆液相 pH 为 10.5 左右。

2）粉煤灰

粉煤灰是从燃煤粉电厂的锅炉烟中收集到的细粉末,其颗粒多呈球形,表面光滑,呈灰色和暗灰色。其化学成分主要是 SiO_2，Al_2O_3，Fe_2O_3，CaO 等,被作为辅助胶凝材料和微集料使用。可以改善砂浆的和易性,提高墙体材料的密实性和强度。其质量应符合《用于水泥和混凝土中的粉煤灰》(GB 1596—2017)的相关规定。

3）增强材料

耐碱玻璃纤维,是指其耐碱性应达到以下标准:在 100 ℃ 的 $Ca(OH)_2$ 饱和溶液中浸泡 4 h 后,单丝断裂强度保留率不小于 75％ 的玻璃纤维。包括耐碱玻璃纤维无捻粗纱、耐碱玻璃纤维网布和耐碱短切纱三种类型。

(1) 耐碱玻璃纤维无捻粗纱。

目前有两种耐碱玻璃纤维无捻粗纱可供选用:一种是代号为 AR13-76×22 的无捻粗纱,另一种是代号为 AR15-76×22 的无捻粗纱,其化学成分、力学性能及耐腐蚀性能列于表 7-4 和表 7-5,其质量应符合《耐碱玻璃纤维无捻粗纱》(JC/T 572—2012)。

表 7-4　耐碱玻璃纤维的化学成分　　　　　　　　单位:％

SiO_2	CaO	Na_2O	K_2O	ZrO	TiO_2	Al_2O_3
61.0	5.0	10.4	2.6	13.5	6.0	0.3

表 7-5　耐碱玻璃纤维的力学性能

单丝直径 /μm	密度/ $(g \cdot cm^{-3})$	抗拉强度/ MPa	弹性模量/ $(\times 10^4 \ MPa)$	极限延伸 率/％
12～14	2.7～2.78	2 000～2 100	6.3～7.0	4.0

(2) 耐碱玻璃纤纤网布。

耐碱玻璃纤维网布有两种:一种是用耐碱玻璃纤维编织的网布,另一种是表面涂覆耐碱涂层的中碱玻璃纤维网布。网布的规格尺寸有多种,使用最多的是网孔中心距为 10 mm×10 mm、宽为 600 mm 的网布。且其质量应符合《耐碱玻璃纤维网布》(JC/T 841—2007)的相关规定。

(3) 耐碱短切纱。

主要用于预拌成型工艺,其性能与耐碱玻璃纤维无捻粗纱基本相同,其长度为 6 mm,12 mm 和 24 mm。

4）骨料

起骨架及填充作用的粒状材料,称之为骨料。用于 GRC 多孔板中的骨料是以天然资源和工业废料为主要原料生产的一种多孔轻质骨料,称为轻骨料。按其性能分为超轻骨料、普通骨料和高强骨料。用于 GRC 多孔板的超轻骨科是松散密度在 $100～200 \ kg/m^3$ 范围内的膨胀珍珠岩颗粒,使用的普通骨料是堆积密度不大 $1\ 100 \ kg/m^3$ 的轻粗骨料和堆积密度不大于 $1\ 200 \ kg/m^3$ 的轻细骨料,如火山渣、黏土陶粒、粉煤灰陶粒等。

2. 生产工艺

生产 GRC 轻质多孔隔墙条板的工艺按成型方法分为:挤压成型工艺、成组立模成型工艺、喷射成型工艺、预拌泵注成型工艺和铺网抹浆成型工艺。

1) 挤压成型工艺

挤压成型机的工作原理是:旋转着的螺杆将拌和料向前推进、挤实,振动器将板坯进一步振动密实,加筋机构自动连续地将耐碱玻纤定向、定位地布入板坯上、下面层内,板坯产生的反推力推动成型机向前移动,挤压机后方留下连续的板坯,待静停硬化后切割至一定长度。

2) 成组立模成型工艺

成组立模成型工艺可以分为以下两种:

(1) 网式机动成组立模机浇注成型工艺,可成型长为 2 000～4 000 mm,宽为 600 mm,厚为 60 mm,8 mm,100 mm 和 120 mm 的各种规格的 GRC 多孔板。其生产过程是:拌制大流动度料浆→边浇混凝土料边插成孔钢管→模制上侧榫头→静停→拔管成孔→电热养护→机械传动使外模及各隔板与板材间脱开→吊走板材→清理模具→将玻纤网连续张紧布入模内→立模机进入下一次生产循环。

(2) 成组立模吊挂网浇注成型工艺,其关键设备是一种侧立的由多块钢模组合成的立模车。根据板材厚度,每台立模车可同时成型 6～20 块板材。其生产过程是:制备水泥膨胀珍珠岩发泡料浆→向吊挂着玻纤网格布的立模内边振动边浇注料浆→模制板侧榫头→静停预硬→拔管→带模自然养护或蒸养→脱模→产品继续洒水养护。

3) 喷射成型工艺

新一代喷射成型工艺具有较高的机械化生产水平。雷诺 GRC 多孔板采取夹心式构造,上下面层是喷射成型的 GRC,芯层为发泡水泥膨胀珍珠岩砂浆。

4) 预拌泵注成型工艺

预拌泵注工艺的过程是:将水泥、膨胀珍珠岩、粉煤灰和短切玻纤放在无叶片搅拌机内搅拌成料浆→借助螺杆泵将料浆中的玻纤进一步分散细化,并将料浆注入放在传送辊道上的干模内→边浇注边振动成型→刮平板坯上表面→真空脱水→立即拔管→带模的板坯沿着辊道向前移动到自然养护区养护→脱模→堆放板材→洒水养护→成品。

5) 铺网抹浆成型工艺

用铺网抹浆成型工艺生产的 GRC 多孔板在此类产品的开发初期曾被广泛采用,但存在占地面积大、板面平整度差、玻纤网难于准确定位、产品力学性能波动大等缺点,已逐渐被淘汰。

比较上述各种成型工艺,喷射成型工艺是迄今为止国内最先进、机械化水平较高的生产工艺,在此以雷诺 GRC 轻质隔墙板生产为例,介绍其生产工艺特点,工艺流程如图 7-14 所示。

(1) 切割喷射机将玻璃纤维无捻粗纱切割至一定长度后由气流喷出,再与雾化的水泥砂浆在空间混合并一起喷落到模具上形成制品底层与面层,使纤维与基材达到理想的二维乱向分布。

(2) 装管机自动将组合芯管穿入模腔。

（3）采用浇灌车自动将芯层混合料浇注到模腔内并施以振动密实作业。

（4）完成成型作业后,施以真空脱水并自动将组合芯管从模腔内拔出。

（5）采用叠模机将多块模板连同板坯叠放到同一模车上以便进行蒸汽养护。

（6）制品硬化后,经移坯机自动脱模、平移。

（7）采用铣磨机对制品表面进行连续铣磨,使制品表面平整度和厚度误差小于 1 mm。

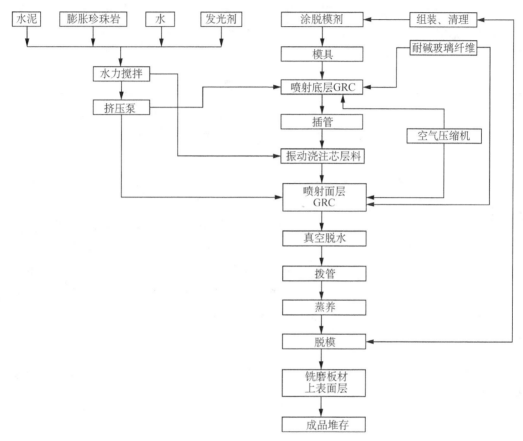

图 7-14　GRC 多孔板的喷射成型工艺流程

总之,轻质多孔隔墙板生产工艺的特点如下:

（1）采用短切喷射、连续蒸汽养护和表面铣磨等一系列先进的工艺与技术充分提高了墙板的抗冲击性和抗裂性能。

（2）真空脱水技术,提高了产品的密实度和强度,产品的干缩变形值大为降低。抗裂性好,干燥收缩值低。

（3）高精度底模和连续表面铣磨机的使用,严格控制了板材的平整度和厚度误差,消除了板材安装后的抹灰找平工序,既减轻了施工难度,又确保了墙面质量。外观规整,安装方便。

（4）夹芯结构构造合理,不仅充分发挥了玻璃纤维的增强、阻裂作用,又满足了墙板对轻质、高强的双重要求,同时为板材拼装后的后续工序提供了一个致密、坚实的基面。

3. 影响 GRC 轻质多孔隔墙板物理化学性能的主要因素

1) 成型方法

成型方法对玻璃纤维增强混凝土墙板的力学性能有两个方面的影响:一是如何在不增加空隙率的情况下增大玻璃纤维的掺量,以得到较好的增强效果;二是如何更好地安排纤维排列的方向。各种成型方法,其工艺条件有一定的差别,因而玻璃纤维混凝土墙板的力学性能也不同。两种成型方法制备的墙板的物理力学性能对比如表 7-6 所示。由表可知,喷射工艺使纤维从两个方向喷出,增强效果较好,若再加上真空吸水,水泥砂浆的性能将得到很好的改善,墙板的力学性能相应提高。

表 7-6　两种工艺成型 GRC 力学性能

成型工艺	弹性模量/($\times 10^3$ MPa)	抗弯模量/MPa	抗压强度/MPa	抗冲击强度/(kJ·m^{-2})
喷射工艺	0.18	3.00	4.80	4.54
铺网工艺	3.06	2.38	4.59	2.04~3.06

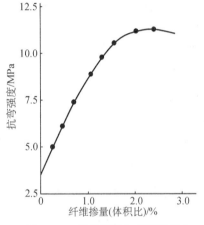

图 7-15　纤维掺量与板材抗弯强度的关系

2) 纤维含量

面层的增强玻纤,是保证轻质隔墙板抗弯、抗裂和抗冲击韧性的主要依据,其性质和用量对于条板的力学性质起着决定性作用。纤维的用量受板材的设计强度、纤维性能、基材性能等多种因素影响。纤维掺量与板材抗弯强度的关系如图 7-15 所示。板材抗弯强度随纤维含量(体积比)的增加而增大,当超过 2.5%时,抗弯强度不再增加。这可能是由于水泥(砂)浆与玻璃纤维的接触状态所造成的。并且纤维超量后,成型也比较困难。

3) 纤维长度

不同纤维长度对 GRC 力学性能的影响见表 7-7。

表 7-7　不同纤维长度的 GRC 力学强度

纤维长度/mm	力学强度	室内养护		
		28 d	90 d	180 d
28	抗冲击强度/(kJ·m^{-2})	0.48	0.42	0.51
	抗弯强度/MPa	14.8	13.6	12.8
	抗拉强度/MPa	5.6	4.7	4.5
34.5	抗冲击强度/(kJ·m^{-2})	0.53	0.43	0.57
	抗弯强度/MPa	19.3	19.8	18.4
	抗拉强度/MPa	8.6	6.8	5.5

（续表）

纤维长度/mm	力学强度	室内养护		
		28 d	90 d	180 d
46	抗冲击强度/(kJ·m^{-2})	0.33	0.39	0.50
	抗弯强度/MPa	17.1	18.8	15.4
	抗拉强度/MPa	6.3	6.3	3.5

当纤维长度小于 34.5 mm 时,随着玻璃纤维长度的增加,玻璃纤维混凝土的抗弯强度、抗冲击强度及抗拉强度相应增加,但当长度超过 34.5 mm 时,由于成型困难,纤维在搅拌和成型过程中易于折断,各种强度随之减弱。

7.4.2　石膏板复合墙板生产工艺

石膏板复合墙板是以熟石膏(半水石膏)为凝胶材料制成的板材,其类型有纸面石膏板、纤维石膏板、石膏空心条板和装饰石膏板等。

石膏板复合墙板具有轻质、耐火、加工性好等特点,可与轻钢龙骨及其他配套材料组成轻质隔墙与吊顶。除能满足建筑上防火、隔声、绝热、抗震要求外,还具有施工便利、可调节室内外空气温、湿度以及装饰效果好等优点,适用于各种类型的工业与民用建筑,目前在我国主要用于公共建筑和高层建筑。

基于我国经济基础较差的现状,预计在一个相当长的时期内,其中的装饰石膏板将有一个较大的发展,尽管该类板材仍处于较低的水平,制作上仍以手工或半机械化为主。因此,下面主要以装饰石膏板为例介绍其生产工艺。装饰石膏板以人工浇注成型为主,全国已有100 多家工厂生产。全国年销售量平均以 90% 的增速增长,是建筑石膏制品中盈利较高的一种。发展较快的是湖南、四川、湖北等省。1985 年我国的天花装饰石膏板产量超过 100 万 m²,这个数字与我国住房建设每年约 6 亿 m²、公共建筑年达 2 500 万 m² 相比实在太小,只不过是 1979 年日本装饰石膏板 5 400 万 m² 的一个零头,美国年产量在 1 亿 m² 左右。

装饰石膏板的标准规格为正方形,规格为 500×500 mm,600×600 mm,625×625 mm等。其安装有用吊挂的,也有用钉子固定的,一般不用黏结石膏之类的胶料进行粘贴;而墙面用的石膏装饰板用作内墙装修时,多用黏结石膏粘贴。

装饰石膏板的生产工艺一般包括手工成型和半机械化生产线两种。

1. 手工成型

手工成型的工艺较为简单,目前我国绝大多数装饰石膏板都是用手工成型方法生产的,在工业发达国家,手工成型工艺也仍不失为生产装饰石膏板的一种方法。

1) 配料

在塑料桶中人工加入半水石膏粉和切成 3 cm 左右长的玻璃纤维,用搅拌棒或手提式搅拌机迅速搅拌半分钟,即可浇注成型。原材料的计量都不甚严格,有的凭操作工人的经验。玻璃纤维用量约为石膏粉质量的 0.5%,玻璃纤维应用水溶性环氧树脂、聚醋酸乙烯乳液、丙二醇等进行表面处理,以使玻璃纤维和石膏硬化体有较强的黏结力。水膏比一般为 0.75～

0.80,但采取特殊成型工艺(如振动成型)和使用外加剂技术可以使水膏比降低至 0.6 左右,制成高强石膏装饰板。

2)成型

清理好模具,在上、下模具上均匀地喷上或涂上脱模剂,可以在下模中放入玻璃纤维毡或无捻玻璃纤维网格布作加强用,网格大小为 10 mm×10 mm,其尺寸与装饰板尺寸相等。然后人工托起物料桶将拌和均匀的石膏迅速倒入下模,摇动工作台使料浆摊平最后盖上上模(有些手工成型的工厂不用上模,直接用抹刀刮平或让其自然流平)。待石膏凝固硬化后打开上模,拆除边模,即可取出装饰石膏板。

手工成型模的下模边框是对角线定位,用塑料、金属等加工制成。脱模时把对角线的固定销拔出,两个直角形的边框即可分开,取出石膏板。也有些下模边框和花纹模式是用硬橡胶、聚氨酯材料等材料整体制作,这种模浇注成型的产品往往边角不规整,外形欠美观。

成型模子可以放在一个工作台上,工作台的四条腿下部垫以橡皮块,浇注时人工轻轻推动工作台使模具振动,料浆摊平。也可以设计一个频率不高、振幅适中的水平方向震动的震动台。

手工成型中最简单和有效的方法是:在平台四角均匀设置四个或多个大滚珠,滚珠上放置一块稍大于平台面积(大于模具面积)的硬质塑料板,模具放在该塑料板上浇注后,人工轻轻来回推动塑料板,料浆极易作定向流动,迅速摊平。

人工按模具先后顺序浇注、脱模。只要有一定的模具,人均班产量可达 260 块。

2. 半机械化生产线

装饰石膏板的半机械化生产线首先是由杭州新型建材设计院根据国外有关资料设计的。

半机械化生产线的主要成型机组是由一组不断沿椭圆形轨道运转的模具组成的。石膏粉、水、短切玻璃纤维不断地供到配料系统,经配料系统搅拌均匀的料浆不断地倒入模具,浇注成型、凝固、脱模、清模和喷涂脱模剂等工序均在生产线上完成,整个周期约为半小时。

1)配料

建筑石膏粉由料仓(1)经皮带电子秤(2)计量,再经螺旋输送机(3)送入倾斜的下料管,喂入搅拌机(5),定量的建筑石膏粉、玻璃纤维、水搅拌成流动性良好的石膏料浆,连续供给浇注机成型,水是通过阀门(7)进行人工调节,其流量由流量(6)读出,通过电磁阀(8)控制。

搅拌机内的粉料和水是同时间加入的,内腔有几层刮板及搅拌棒,搅拌机装有传感装置,能保持料浆连续不断排出。配料系统如图 7-16 所示。

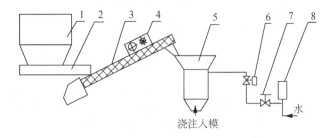

1—料仓;2—皮带电子秤;3—螺旋输送机;4—玻璃纤维切机;
5—搅拌机;6—流量;7—阀门;8—电磁阀

图 7-16 料浆制配系统示意

2）成型

成型机组为一环形封闭系统,如图 7-17 所示。在两端的大链轮之间装有牵引链,调速电动机传动大链轮,使链轮运转。在链条上装有模具小车,每台小车上有一个模具,小车可根据生产情况增减,一般为 20～39 台,搅拌均匀的料浆通过人工用手控制一个接一个浇入模具,直到每一个模具的浇口出现溢流。料浆注入模具后,小车通过震动段,经过初凝,自动压断浇口。凝固的石膏板的脱模是由人工和机械配合进行的。开模前,先由橡胶轮子在成型模上滚压松动,再把锁模的销子脱开,最后通过开模导轨自动打开上模。接着人工打开下模边框,取下石膏板和底模,把底模从石膏板上撕下,清刷底模,装边框,放玻璃纤维毡或玻璃纤维网,最后喷乳化机油脱模剂,通过上模关闭机构关上上模,以准备第二个循环的浇注。

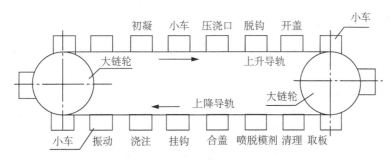

图 7-17　装饰石膏板成型机组示意

3）干燥

装饰石膏板的干燥和一般板材的干燥方法相同(以液化石油气或天然气为热源,通过小孔直接喷向窑内燃烧,用横向气流干燥)。而装饰石膏板可以用间歇式隧道窑。用蒸汽等热气体通过侧壁热交换器,横向对流气流加热干燥。装饰板则与电流方向平行。目前正在寻找节能、高效的低温空气对石膏板进行干燥的方法。干燥后的石膏板经检验,包装入库。

第8章

建 筑 钢 材

8.1 概述

8.1.1 定义

钢铁材料:包括生铁和钢材,是应用最广、产量最大的金属材料,又称为黑色金属材料。

生铁:铁矿石在高炉内通过焦炭还原得到的铁碳合金,其含碳量大于 2%,并含有较多 Si,Mn,S,P 等杂质。生铁又分为炼钢生铁和铸造生铁(铸铁)。其中,铸铁又分为可锻铸铁、球墨铸铁和合金铸铁等。

钢:将生铁在熔融状态下氧化,除去过多的碳和杂质,再经脱氧得到的以铁元素为主,含碳量在 2% 以下,并含有微量其他元素的材料。

建筑钢材:包括各种钢板、钢管,用于钢结构的型材(圆钢、角钢、槽钢、工字钢、压型钢板等)和用于钢筋混凝土的线材(钢筋、钢丝)等。

8.1.2 特点

纯铁质软,易加工,但强度低,几乎不能用于工业。

生铁抗拉强度低,塑性差,尤其是炼钢生铁硬而脆,不易加工,难以使用。铸铁虽然可加工,但冲击韧性差,使用范围有限。

钢材则强度高,韧性、塑性好,质量均匀,性能可靠,加工性好,应用极为广泛;但易锈蚀,高温时易丧失强度。

8.2 钢结构用钢材的分类

钢材的种类繁多,可根据不同标准进行分类。

8.2.1 按材料用途分

(1)结构钢:包括碳素结构钢、优质碳素结构钢、低合金高强度结构钢和合金结构钢等。其中碳素结构钢、低合金高强度结构钢是制作建筑钢材的常用品种。

(2)工具钢:一般含碳量高,硬度高,便于热处理。主要用于制作钻头、刀具、磨具和钢钎等工具。

(3)特殊性能钢(如不锈钢等)。

（4）专门用途钢：包括耐候钢 NH、高耐候钢 GNH 或 GNHL、桥梁用钢 q、压力容器用钢 R、低温压力容器用钢 DR、铁道用钢和船舶用钢等。

8.2.2　按冶炼方法分

（1）空气转炉炼钢法：钢材成本低，质量差。
（2）氧气转炉炼钢法：钢材质量较好，是常用方法。
（3）平炉炼钢法：钢材质量好，成本较高，是常用方法。
（4）电炉炼钢法：钢材质量最好，成本高，多用于冶炼合金钢。

8.2.3　按脱氧方法分

（1）沸腾钢 F：脱氧不充分，组织不致密，气泡多，化学成分偏析较严重，不均匀，质量较差，但成本低、产量高，故被广泛用于一般建筑工程。
（2）半镇静钢 b。
（3）镇静钢 Z：脱氧充分，S 含量低，组织致密，成分均匀，性能稳定，质量好，多用于重要结构、受冲击荷载结构或焊接结构。
（4）特殊镇静钢 TZ：彻底脱氧，质量最好，适用于特别重要的结构工程。

8.2.4　按化学成分分

（1）碳素钢。碳素钢的化学成分主要是 Fe，其次是 C，故也称铁碳合金。含碳量为 $0.02\% \sim 2.06\%$。此外尚含极少量的 Si，Mn 和微量的 S，P 等元素。碳素结构钢是最常用的工程用钢，按其含碳量的多少，又可粗略地分为低碳钢（含碳量为 $0.03\% \sim 0.25\%$）、中碳钢（含碳量为 $0.26\% \sim 0.60\%$）和高碳钢（含碳量为 $0.6\% \sim 2.06\%$）。
（2）合金钢。在炼钢过程中，有意加入一种或多种能改善钢材性能的合金元素而制得的钢种。常用合金元素有 Si，Mn，V，Ti，Nb，Al，Cr 等。合金钢根据合金元素总含量的高低，又可分为低合金钢（合金元素总含量不大于 5%）、中合金钢（5%＜合金元素总含量≤10%）和高合金钢（合金元素总含量大于 10%）。

8.2.5　按硫、磷含量和质量控制分

（1）普通钢：S≤0.05%，P≤0.045%。
（2）优质钢：S≤0.045%，P≤0.04%，并具有良好的机械性能。
（3）高级优质钢：S≤0.035%，P≤0.03%，并具有较好的机械性能。

8.2.6　按加工工艺分

（1）压钢：用热轧、冷轧、冷拔等工艺制得的各种钢材，工程中应用最广泛。
（2）锻钢：经捶打或锻压成型的钢材，锻打工艺可改善钢材组织结构，提高质量，用于重要结构。
（3）铸钢：用钢液直接浇铸成型的钢材，其化学成分可调节，机械性能高。但铸钢件必须进行热处理，消除钢材内应力。

8.3 建筑钢材的性能

建筑工程中,钢结构所用的钢材都是塑性比较好的材料,在拉力作用下,应力-应变曲线在超过弹性后一般有明显的屈服点和一段屈服平台,然后进入强化阶段。传统的钢结构设计,以屈服点作为钢材强度的极限,并把局部屈服作为承载能力的准则。但是,钢材的塑性性能在一定条件下是可以利用的。钢材的性能指标在一定程度上反映了钢材的内在质量及受力后的特性,而此类指标通常需经拉伸、冷弯和冲击试验等测定。

8.3.1 强度和塑性

1. 强度性能

建筑钢材的力学性能一般由常温静载下单向拉伸试验测得。该试验通常将钢材的标准试件固定在拉伸试验机上,在常温下按规定的加荷速度逐渐施加拉力荷载,使试件逐渐伸长,直至拉断破坏。然后根据加载过程中所测得的数据绘出其应力-应变曲线(σ-ε 曲线)。低碳钢在常温静载下的单向拉伸 σ-ε 曲线如图 8-1 所示。图中纵坐标为应力 σ(按试件变形前的截面积计算),横坐标为试件的应变 ε,即

$$\varepsilon = \Delta L / L \tag{8-1}$$

式中 L—— 试件原有标距段长度,对于标准试件,L 取试件直径的 5 倍或 10 倍;

ΔL ——标距段的伸长量。

从这条曲线中可以看出,钢材在单向受拉过程中经历了下列阶段。

(1) 弹性阶段(OA)。

如图 8-1 所示,σ-ε 曲线的 OA 段为直线变化,应力由零到比例极限 f_p(因弹性极限和比例极限很接近,通常以比例极限为弹性阶段的结束点),应力-应变呈线性关系,二者的比值称为弹性模量,记为

$$E = \tan \alpha = \sigma / \varepsilon \tag{8-2}$$

式中 α——OA 直线与横坐标轴间的夹角。

钢材的弹性模量很大,因此,钢材在弹性工作阶段工作时的变形很小,卸荷后变形完全恢复。

(2) 弹塑性阶段(AB)。

由 A 点到 B 点,应力-应变呈非线性关系,应力增加时,增加的应变包括弹性应变和塑性应变两部分。弹性模量由 A 点处逐渐下降,至 B 点趋于 0。B 点应力称为钢材屈服点(或称屈服应力、屈服强度)f_y。也因此将屈服强度作为钢结构设计强度标准的依据,即以屈服点作为钢材的强度承载力极限,f_y 称为钢材的抗拉(压和弯)强度标准值,除以材料分项系数 γ_R 后即得强度设计值 $f = f_y / \gamma_R$,在此阶段卸荷时,弹性应变立即恢复,而塑性应变不能恢复,称为残余应变。

（3）塑性阶段（*BC*）。

应力达到屈服点后，应力不再增加，而应变可继续增大，应力-应变关系形成水平线段 *BC*，通常称为屈服平台，即塑性流动阶段，钢材表现出完全塑性。对于结构钢材，此阶段终了的应变（*C* 点的应变）可达 2%～3%。

（4）强化阶段（*CD*）。

钢材在屈服阶段经过很大的塑性变形后，其内部结晶组织得到调整，重新恢复了承载能力，此阶段 σ-ε 曲线呈上升的非线性关系。直至应力达最高点 *D* 点（所对应的应力称为抗拉强度 f_u），试件中部某一截面发生颈缩现象，该处截面迅速缩小，承载能力也随之下降，最终试件断裂破坏，弹性应变恢复，残余的塑性变形应变可达 20%~30%。

如图 8-1 所示，抗拉强度是应力-应变曲线上的最高点对应的应力值，从钢材屈服到破坏，整个塑性工作区域比弹性工作区域约大 200 倍，且抗拉强度和屈服点之比（强屈比）$f_u/f_y=1.3\sim1.8$，是钢结构的极大后备强度，结构的安全性大大提高。在高层钢结构中，为了保证结构具有良好的抗震性能，要求钢材的强屈比不低于 1.2，并应有明显的屈服台阶。

高强度钢一般没有明显的屈服平台。这类钢的屈服条件是根据试验分析结果而人为规定的，故称为条件屈服点（或条件屈服强度）。条件屈服点是以卸荷后试件中残余应变为 0.2% 所对应的应力定义的（有时用 $f_{0.2}$ 表示），如图 8-2 所示。由于这类钢材不具有明显的屈服平台，设计中不宜利用它的塑性。

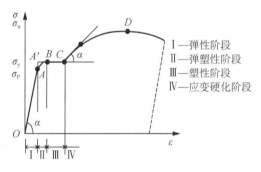

图 8-1 碳素结构钢的应力-应变曲线

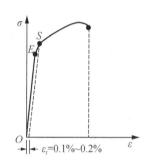

图 8-2 高强度钢的应力-应变曲线

2. 塑性性能

伸长率 δ 和断面收缩率 ψ 是衡量钢材塑性的两个主要指标。断面收缩率能真实、客观地反映钢材在正向应力作用下所能产生的最大塑性变形，不过在测量时容易产生较大的误差，因而钢材塑性指标通常采用伸长率作为保证要求。伸长率是（应力-应变曲线中最大的应变值）试件被拉断时的最大伸长值（塑性变形值）与原标距之比的百分数，其计算公式为

$$\delta=\frac{l_1-l_0}{l_0}\times100\% \tag{8-3}$$

式中 l_1—— 试件拉断后的标距长度；

l_0—— 试件原标距长度，一般取 5d 或 10d（d 为试件直径）；

δ—— 伸长率，对不同标距用下标区别，如 δ_5，$\delta_{10}(\delta_{10}<\delta_5)$。

断面收缩率是试件拉断后横截面尺寸的变化量与原尺寸之比,其计算公式为

$$\psi = \frac{A_0 - A_1}{A_0} \times 100\%$$ (8-4)

式中　A_0——试件截面面积;

　　　A_1——拉断后颈缩区的截面面积。

δ 和 ψ 是反映钢材塑性性能大小的符号,其值越大,表明材料的塑性越好。通常将 $\delta >$ 5% 的材料称为塑性材料,如低碳钢、低合金钢和青铜等;将 $\delta < 5\%$ 的材料称为脆性材料,如铸铁、混凝土、玻璃和陶瓷等。

3. 钢材的物理性能指标

钢材在单向受压(粗而短的试件)时,受力性能基本和单向受拉时相同。受剪的情况也相似,但屈服点 f_{vy} 及抗剪强度 f_{vu} 均较受拉时小,剪变模量 G 也低于弹性模量 E。钢材和钢铸件的弹性模量 E、剪变模量 G、线膨胀系数 α 和质量密度 ρ 如表 8-1 所示。

表 8-1　钢材和钢铸件的物理性能指标

弹性模量 E/ $(\mathrm{N} \cdot \mathrm{mm}^{-2})$	剪变模量 G/ $(\mathrm{N} \cdot \mathrm{mm}^{-2})$	线膨胀系数 α /℃$^{-1}$	质量密度 ρ/ $(\mathrm{N} \cdot \mathrm{mm}^{-3})$
2.06×10^5	0.79×10^5	1.2×10^{-5}	7 850

8.3.2　冲击韧性

拉伸试验所表现的钢材性能,如强度和塑性性能,属于静力性能,而冲击韧性试验则可获得钢材的一种动力性能。冲击韧性是钢材抵抗冲击荷载的能力,它用材料断裂时所吸收的总能量(包括弹性和非弹性)来量度,其值为图 8-1 中 σ-ε 曲线与横坐标所包围的总面积,总面积越大,韧性越高,故冲击韧性是钢材强度和塑性性能的综合指标。通常,钢材强度提高,韧性降低,表示钢材趋于脆性。

钢材的冲击韧性通常采用在材料试验机上对标准试件进行冲击荷载试验来测定(图 8-3),常用的标准试件的形式有夏比 V 形缺口(Charp V-notch)和梅氏 U 形缺口(Mesnaqer U-notch)两种。V 形缺口试件的冲击韧性用试件断裂时所吸收的功 C_V 来表示,其单位为 J,U 形缺口试件在梅氏试验机上进行试验,所得结果以单位截面积上所消耗的冲击功 α_K 表示,单位为 J/cm^2。由于 V 形缺口试件对冲击尤为敏感,更能反映结构类裂纹性缺陷的影响,我国规定钢材的冲击韧性按 V 形缺口试件冲击功 C_{KV} 或 A_{KV} 来表示。

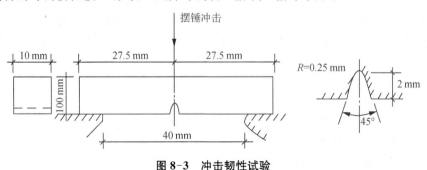

图 8-3　冲击韧性试验

由于低温对钢材的脆性破坏有显著影响,在寒冷地区建造的结构不但要求钢材具有常温(20 ℃)的冲击韧性指标,还要求具有 0 ℃和负温(−20 ℃或−40 ℃)的冲击韧性指标,以保证结构具有足够的抗脆性破坏能力。

8.3.3　冷弯性能

冷弯性能是指钢材在冷加工(即在常温下加工)产生塑性变形时,对发生裂缝的抵抗能力。钢材的冷弯性能通常用冷弯试验来检验。

冷弯试验通常是在材料试验机上进行的,通过冷弯冲头对试件加压(图 8-4),使试件弯曲至 180°时,分别检查试件弯曲部分的外面、里面和侧面,如无裂纹、断裂或分层,即认为试件冷弯性能合格。

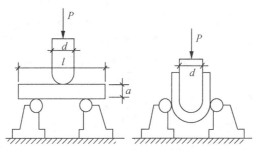

图 8-4　钢材冷弯试验

冷弯试验一方面可以检验钢材能否适应构件制作中的冷加工工艺过程;另一方面又可以通过试验暴露出钢材的内部缺陷(晶粒组织、结晶情况和非金属夹渣物分布等缺陷),从而鉴定钢材的塑性和可焊性。冷弯试验是鉴定钢材质量的一种良好方法,常作为静力拉伸试验和冲击试验等的补充试验。冷弯性能是衡量钢材力学性能的综合指标。

8.3.4　可焊性

焊接连接是现代钢结构最主要的连接方法,钢材焊接后在焊缝附近将产生热影响区,使钢材局部组织发生变化并产生很大的焊接应力。可焊性好是指焊接安全、可靠、不发生焊接裂缝,焊接接头和焊缝的冲击韧性以及热影响区的延伸性(塑性)和力学性能都不低于母材。

钢材的可焊性主要与钢的化学成分及含量有关,可通过试验来鉴定。但通常每一种试验方法都有其特定约束程度和冷却速度,与实际施焊条件有出入,因此其试验结果只能作为参考。

8.4　影响钢材性能的主要因素

钢结构中常用的钢材,如 Q235,Q345 等,在一般情况下,既有较高的强度,又有很好的塑性和韧性,是理想的承重结构材料。但是,仍有很多因素如化学成分、熔炼和浇铸方法、轧制技术和热处理、工作环境和受力状态等会影响钢材的力学性能,其中一些因素对塑性的发展有较明显的影响,甚至会使其发生脆性破坏。

8.4.1 化学成分的影响

钢材是由多种化学成分组成,其含量对钢材的性能(特别是力学性能)会产生重要的影响。其中铁(Fe)和少量的碳(C)是钢材的主要组成元素,纯铁质软,在碳素结构钢中约占99%;而碳和其他元素[包括硅(Si)、锰(Mn)、硫(S)、磷(P)、氮(N)、氧(O)等]仅占1%,但对钢材的力学性能产生着决定性的影响。

在碳素结构钢中,C是仅次于纯铁的主要元素,它直接影响钢材的强度、塑性、韧性和可焊性等。C含量增加,钢的强度提高,而塑性、韧性和疲劳强度下降,可焊性和抗腐蚀性均变差。因此,钢结构中钢材含碳量不能过高,通常不超过0.22%。

硫(S)和磷(P)是钢材中极为有害的两种元素,S能使钢的塑性及冲击韧性降低,并使钢材在高温时出现裂纹,称为"热脆"现象,这对热加工尤为不利。P能使钢材在低温下冲击韧性降低,称为"冷脆"现象,这对处于低温环境下的结构不利。因此,应严格控制钢材中S,P的含量,一般S不应超过0.050%,P不超过0.045%。

氧(O)、氮(N)和氢(H)也是钢材中的有害元素,其中O的有害作用类似于S,N类似于P,但由于O,N容易在熔炼过程中逸出,一般不会超过极限含量,故通常不要求作含量分析。而H在低温时也会使钢材呈脆性破坏,产生"氢脆"现象。因此,在钢熔炼过程中应尽量减少与空气及水分的接触。

锰(Mn)和硅(Si)是钢材中的有益元素,是炼钢的脱氧剂,可提高钢材的强度,适量的Mn和Si对钢材的塑性和韧性无显著的不良影响。在碳素结构钢中,Si的含量应不大于0.3%,Mn的含量为0.3%~0.8%。对于低合金高强度结构钢,Mn的含量可达1.0%~1.6%,Si的含量可达0.55%。

钒(V)和钛(Ti)是钢材中的合金元素,可以提高钢材的强度和抗锈蚀能力,而塑性不显著降低。为了改善钢材的力学性能,可以掺入一定数量的合金元素,如铜(Cu)、钒(V)、钛(Ti)、铌(Nb)、铬(Cr)等,这种钢材称为合金钢。当钢材中掺入的合金元素的含量较少时,这种钢材称为低合金钢。

8.4.2 生产过程的影响

结构用钢材需经过冶炼、浇铸、轧制和矫正等工序才能成材,多道工序对钢材的材料性能都有一定影响。

1. 冶炼

冶炼根据所需要生产的钢号进行,它决定钢材的主要化学成分,并不可避免地产生冶金缺陷。冶炼的炉种不同,所得钢材也有差异。目前结构用钢炼钢方法主要有两种,即平炉钢和氧气转炉钢,两者质量不相上下。氧气顶吹转炉具有投资少、生产效率高、原料适应性强等特点,是主流炼钢方法。

2. 浇铸

把熔炼好的钢水浇铸成钢锭或钢坯有两种方法:一种是浇入铸模做成钢锭;另一种是浇

入连续浇铸机做成钢坯。前者是传统的方法,所得钢锭需要经过初轧才能成为钢坯。后者是近年来迅速发展的新技术,浇铸和脱氧同时进行。铸锭过程中因脱氧程度不同,最终成为镇静钢、沸腾钢。镇静钢因浇铸时加入强脱氧剂,如 Si,有时还加 Al 或 Ti,因而氧气杂质少且晶粒较细,偏析等缺陷不严重,所以其钢材性能比沸腾钢好。

钢在冶炼和浇铸的过程中不可避免地产生冶金缺陷。常见的冶金缺陷有偏析、非金属杂质、气孔及裂纹等。偏析是指金属结晶后化学成分分布不均匀;非金属杂质是指钢中含有硫化物等杂质;气孔是指浇铸时有 FeO 与 C 作用所产生的 CO 气体因不能充分逸出而滞留在钢锭内形成的微小空洞。这些缺陷都将影响钢材的力学性能。

3. 轧制

通过轧钢机将加热至 1 200～1 300 ℃的钢锭轧制成所需形状和尺寸的钢材,称为热轧型钢。钢材的轧制能使金属的晶粒变细,使气泡、裂纹等弥合,从而使钢材内部组织密实。钢材的压缩比(钢坯与轧成钢材厚度之比)越大,其强度和冲击韧性也越高。因此,钢结构设计规范中针对不同厚度的钢材,采用不同的强度设计值。

4. 热处理

热处理是改善钢材性能的重要手段之一。热处理的方式是先淬火,后高温回火。淬火可提高钢的强度,但会降低钢的塑性和韧性,再回火可恢复钢的塑性和韧性。建筑结构用钢材,一般以热轧状态交货,即不进行热处理。但是,屈服点超过 400 N/mm² 的低合金钢常要进行调质处理或正火处理。

(1) 调质热处理包括淬火和高温回火两道工序。淬火是首先把钢材加热至 900 ℃以上,保温一定时间,然后放入水或油中快速冷却,高温回火是把淬火后的钢材在 500～650 ℃范围内进行回火,即升温后保持一段时间,然后在空气中冷却。回火可以减小脆性和淬火后造成的内应力,从而使钢材得到较好的综合力学性能,如高强度螺栓在制作中需进行调质处理来提高其工作性能。

(2) 正火是热处理的另一种形式,把钢材加热至高于 900 ℃后保温一段时间,然后在空气中冷却。它可以改善钢材的组织和细化晶粒。普通热轧型钢和钢板以热轧状态交货,实际是轧后在空气中冷却的一种正火状态。

8.4.3　冷作硬化与时效硬化

钢材的硬化分冷作硬化和时效硬化。

1. 冷作硬化

冷拉、冷弯、冲孔、机械剪切等冷加工使钢材产生很大的塑性变形,从而提高了钢的屈服点,同时降低了钢的塑性和韧性,这种现象称为冷作硬化(或应变硬化)。

对于重型吊车梁和铁路桥梁等结构,为了消除因剪切钢板边缘和冲孔等引起的局部冷作硬化的不利影响,前者可将钢板边缘刨去 3～5 mm,后者可先冲成小孔再用铰刀扩大 3～5 mm,去掉冷作硬化部分。普通钢结构中不利用硬化现象所提高的强度。重要结构的构件,需要刨去因剪切产生的硬化边缘。

2. 时效硬化

在高温时熔化于铁中的少量 C 和 N 随着时间的流逝,逐渐从纯铁中析出,形成自由碳化物和氮化物,对纯铁体的塑性变形起限制作用,从而使钢材的强度提高,塑性、韧性下降,这种现象称为时效硬化,俗称老化。时效硬化的过程一般很长,但如在材料塑性变形后加热,可使时效硬化发展特别迅速,这种方法称为人工时效。此外,还有应变时效,是应变硬化(冷作硬化)后又加时效硬化,使屈服强度进一步提高,韧性随之下降。钢材的硬化降低了其塑性和韧性。在重要结构中,应在对钢材进行人工时效后再检验其冲击韧性,以保证结构具有足够的抗脆性破坏能力。另外,应将局部硬化部分用刨边或扩钻予以消除。

8.4.4 应力集中

在钢结构构件中不可避免地存在着空洞、槽口、凹角、裂缝、厚度变化、形状变化、内部缺陷等现象,此时轴心压力构件在截面变化处的应力不再保持均匀分布,而是在一些区域产生局部高峰应力,在另外一些区域则应力降低,形成应力集中现象,如图 8-5 所示。

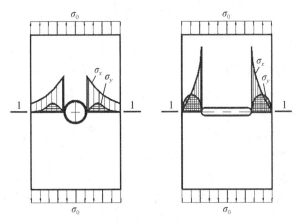

图 8-5 孔洞及槽孔处的应力集中

应力集中会使钢材变脆,但一般情况下由于结构钢的塑性较好,当内力增大时,应力分布不均匀的现象会逐渐平缓,受静荷载作用的构件在常温下工作时,只要符合规范规定的有关要求,计算时可不考虑应力集中的影响。对承受动力荷载的结构,应力集中对疲劳强度的影响很大,应采取一些避免产生应力集中的措施,如对接焊缝的余高应磨平、对角焊缝打磨焊趾等。

8.4.5 温度的影响

钢材性能随温度变动而变化。总的趋势是:温度升高,钢材的强度降低,应变增大;温度降低,钢材的强度会略有增加,塑性和韧性却会降低而变脆,如图 8-6 所示。

温度升高,在 200 ℃以内,钢材性能变化不明显;在 250 ℃左右,钢材的强度略有提高,塑性和韧性下降,材料有转脆的倾向,钢材表面氧化膜呈现蓝色,称为蓝脆现象;当温度为 260～320 ℃时,在应力持续不变的情况下,钢材以很缓慢的速度继续变形,此种现象称为徐变现象;当温度为 430～540 ℃时,在此区间钢材强度急剧下降,塑性变形很大;当温度达到 600 ℃时,钢材强度已经很低,不能再继续承受荷载。

当温度从常温开始下降,特别是在降到负温度范围内时,钢材强度虽有些提高,但其塑性和韧性降低,材料逐渐变脆,这种性质称为低温冷脆。钢材冲击韧性与温度的关系曲线如图 8-7 所示。随着温度的降低,冲击断裂功 C_V 值迅速下降,材料将由塑性破坏转变为脆性破坏,同时可以发现这一转变是在一个温度区间 $T_1 \sim T_2$ 内完成的,因此温度区间 $T_1 \sim T_2$ 称为钢材的脆性转变温度区,在此区间内曲线的反弯点(最陡点)所对应的温度 T_0 称为脆性转变温度。如果把低于 T_0 完全脆性破坏的最高温度 T_1 作为钢材的脆断设计温度,即可保证钢结构低温工作的安全。

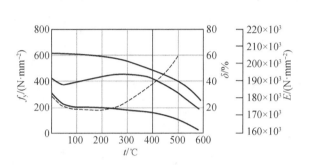

图 8-6 温度对钢材机械性能的影响

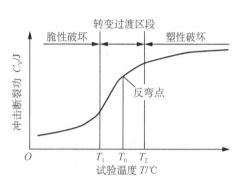

图 8-7 冲击韧性与温度的关系曲线

8.4.6 钢材疲劳的影响

钢材在连续反复荷载作用下,应力虽然还低于极限强度,甚至还低于屈服点,也会发生破坏,这种破坏称为疲劳破坏。钢材在疲劳破坏之前,并没有明显变形,是一种突然发生的断裂,断口平直。所以疲劳破坏属于反复荷载作用下的脆性破坏。

钢材的疲劳破坏是经过长时间的发展过程才出现的,破坏过程可分为三个阶段,即裂纹的形成、裂纹缓慢扩展与最后迅速断裂而破坏。由于钢结构总会有内在的微小缺陷,这些缺陷本身就起着引起裂纹的作用,所以钢结构的疲劳破坏只有后两个阶段。由此可见,钢材的疲劳破坏首先是由于钢材内部结构不均匀(微小缺陷)和应力分布不均所引起的。应力集中可以使个别晶粒很快出现塑性变形及硬化等,从而大大降低了钢材的疲劳强度。

荷载变化不大或不频繁反复作用的钢结构一般不会发生疲劳破坏,计算中不必考虑疲劳的影响。但长期承受连续反复荷载的结构,设计时就要考虑钢材的疲劳问题。

8.5 建筑钢材的牌号及应用

建筑钢材分为钢结构用钢材和钢筋混凝土用钢材两大类。

8.5.1 钢结构用钢材

钢材的种类很多,性能也各异,在钢结构中常采用的是碳素结构钢和低合金高强度结构钢。低合金钢因含有 Mn,V 等合金元素而具有较高的强度。此外,有时还用到优质碳素结构钢和高强度钢丝和钢索。

（1）碳素结构钢。

碳素结构钢冶炼比较简单，成本较低，并且具有各种良好的加工性能，因此应用较广泛。按质量等级，从低到高分为 A，B，C，D 四级，A 级钢只保证抗拉强度、屈服点、伸长率，必要时尚可附加冷弯试验的要求，在化学成分中对 C，Mn 可以不作为交货条件。B，C，D 级钢均保证抗拉强度、屈服点、伸长率、冷弯性能和不同温度下的冲击韧性（分别为 B 级 +20 ℃、C 级 0 ℃、D 级 -20 ℃）等力学性能。化学成分保证 C，S，P 的极限含量。A，B 级钢可分为沸腾钢或镇静钢，C 级钢全为镇静钢，D 级钢全为特殊镇静钢。

钢材的牌号由代表屈服点的字母 Q、屈服点数值、质量等级符号（A，B，C，D）、脱氧方法符号四部分按顺序组成。钢结构牌号的表示方法：如 Q235 - A · F 代表屈服点为 235 N/mm²、质量等级为 A 级的沸腾钢；Q235-B 代表屈服点为 235 N/mm²、质量等级为 B 级的镇静钢。

根据钢材厚度（直径）≤16 mm 时的屈服点数值，碳素结构钢的牌号有 Q195，Q215，Q235，Q255 和 Q275，《钢结构设计标准》（GB 50017—2017）推荐采用 Q235。

（2）低合金高强度结构钢。

低合金高强度结构钢是在钢的冶炼过程中添加少量几种合金元素（合金元素的总量低于 5%），使钢的强度明显提高，故称为低合金高强度结构钢。采用与碳素结构钢相同的牌号表示方法，即根据钢材厚度（直径）≤16 mm 时的屈服点数值，分为 Q295，Q345（Q355），Q390，Q420 和 Q460，其中 Q345（Q355），Q390，Q420 和 Q460 是《钢结构设计标准》（GB 50017—2017）推荐采用的牌号。

低合金高强度结构钢质量等级符号分为 A，B，C，D，E 五个等级，E 级主要是要求 -40 ℃ 的冲击韧性。钢的牌号如 Q345B，Q390C 等。低合金高强度结构钢的 A，B 级属于镇静钢，C，D，E 级属于特殊镇静钢，因此钢的牌号中不注明脱氧方法。

低合金高强度结构钢与碳素结构钢相比，具有较高的强度，综合性能好，所以在相同使用条件下，可比碳素结构钢节省用钢 20%～30%，对减轻结构自重有利，同时还具有良好的塑性、韧性、可焊性、耐磨性、腐蚀性、耐低温性等性能。低合金高强度结构钢主要用于轧制各种型钢、钢板、钢管及钢筋。

（3）优质碳素结构钢。

优质碳素结构钢是碳素钢经过热处理（如调质处理和正火处理）得到的优质钢。与普通碳素结构钢的主要区别在于钢中含杂质较少，S，P 的含量都不大于 0.035%，并且严格限制其他缺陷。所以这种钢材具有较好的综合性能。如用于高强度螺栓的 45 号优质碳素结构钢。

（4）高强度钢丝和钢索。

悬索结构和斜张（拉）结构的钢索、桅杆结构的钢丝绳等通常都采用由高强钢丝组成的钢丝束、钢绞线和钢丝绳。高强钢丝是由优质碳素钢经过多次冷拔而成，分为光面钢丝和镀锌钢丝两种类型。钢丝强度的主要指标是抗拉强度，其值一般在 1 570～1 700 N/mm² 范围内，而对屈服强度通常不作要求。根据国家有关标准，对钢丝的化学成分有严格要求，S，P 的含量不得超过 0.03%，铜（Cu）的含量不超过 0.2%，同时对铬（Cr）、镍（Ni）的含量也有控制要求。高强钢丝的伸长率较小，最低为 4%，但高强钢丝（和钢索）有一个不同于一般结构钢材的特点——松弛,即在保持长度不变的情况下所承受拉力随时间延长而略有降低。

1. 建筑钢材的规格

钢材有热轧成型及冷轧成型两大类。热轧成型的有钢板和型钢两种,冷轧成型的有冷弯薄壁型钢和压型钢板两种。

1) 钢板

钢板有薄钢板(厚度为 0.35～4 mm)、厚钢板(厚度为 4.5～60 mm)、特厚板(板厚>60 mm)和扁钢(厚度为 4～60 mm,宽度为 12～200 mm)等。钢板用"—宽×厚×长"或"—宽×厚"表示(注:这里用—表示钢板的符号),单位为 mm,如—450×8×3100,—450×8。

2) 热轧型钢

常用的热轧型钢主要有角钢、工字型钢、槽钢、H 型钢和钢管等。除 H 型钢和钢管有热轧和焊接成型外,其余型钢均为热轧成型。热轧型钢截面如图 8-8 所示。

角钢分等肢(边)角钢和不等肢(边)角钢两种。可以用来组成独立的受力构件,或作为受力构件之间的连接零件。等边角钢以"∟肢宽×肢厚"表示,不等边角钢以"∟长肢宽×短肢宽×肢厚"表示,单位为 mm,如∟110×10,表示等肢角钢,肢宽为 110 mm,肢厚为 10 mm;∟100×80×10,表示不等肢角钢,长肢宽为 100 mm,短肢宽为 80 mm,肢厚为 10 mm。

钢板　　等边角钢　不等边角钢　钢管　　槽钢　　工字钢　　H 型钢　　T 型钢

图 8-8　热轧型钢截面

(1) 工字钢。工字钢有普通工字钢和轻型工字钢两种。它主要用于在其腹板平面内受弯的构件,或有几个工字钢组成的组合构件。由于两个主轴方向的惯性矩和回转半径相差较大,不宜单独用作轴心受压构件或承受斜弯曲和双向弯曲的构件。普通工字钢用"I 截面高度的厘米数"表示,高度 20 mm 以上的工字钢,同一高度有三种腹板厚度,分别记为 a,b,c 三类,a 类腹板最薄、翼缘最窄,b 类较厚、较宽,c 类最厚、最宽,如,I32a 表示截面高度为 320 mm、腹板较薄的普通工字钢。同样高度的轻型工字钢的翼缘要比普通工字钢的翼缘宽而薄,腹板也薄,轻型工字钢可用汉语拼音符号"Q"表示,QI32 表示截面高度为 320 mm 的轻型工字钢。

(2) 槽钢。分普通槽钢和轻型槽钢两种。也是以"截面高度的厘米数"编号,如[30a 表示截面高度为 300 mm 的 a 类(腹板较薄)普通槽钢。轻型槽钢的表示方法是在前述普通槽钢符号后加"Q",即表示轻型。如 Q[25 表示截面高度为 250 mm 的轻型槽钢。因轻型钢腹板均较薄,故不再按厚度划分。槽钢伸出肢较大,可用于屋盖檩条,承受斜弯曲或双向弯曲。另外,槽钢翼缘内表面的斜度较小,安装螺栓比工字钢容易。

(3) H 型钢。H 型钢是世界各国广泛使用的热轧型钢,与普通工字钢相比,其翼缘内外两侧平行,便于与其他构件相连。它可分为宽翼缘(代号 HW,翼缘宽度 B 与截面高度 H

相等)、中翼缘[代号 HM，$B=(1/2\sim2/3)H$]、窄翼缘[代号 HN，$B=(1/3\sim1/2)H)$]等三类。各种 H 型钢均可剖分为 T 型钢使用，代号分别为 TW，TM 和 TN。H 型钢和剖分 T 型钢的表示方法均采用：截面高度 $H\times$翼缘宽度 $B\times$腹板厚度 $t_1\times$翼缘厚度 t_2，单位为 mm。例如，HW340×250×9×14，其剖分 T 型钢为 TM170×250×9×14，单位均为 mm。

(4) 钢管。钢管有热轧无缝钢管和焊接钢管两种。无缝钢管的外径为 32~630 mm。钢管用"ϕ 外径×壁厚"来表示，单位为 mm，如 ϕ400×6，表示外径为 400 mm、厚度为 6 mm 的钢管。钢管常用于网架与网壳结构的受力构件，厂房和高层结构的柱子，有时在钢管内浇筑混凝土，形成钢管混凝土柱。

对普通钢结构的受力构件不宜采用厚度小于 5 mm 的钢板、壁厚小于 3 mm 的钢管、截面小于∟45×4(mm²)或∟56×36×4(mm²)的角钢。

3) 冷弯薄壁型钢和压型钢板

冷弯薄壁型钢是由厚度为 1.5~6 mm 的钢板或钢带(成卷供应的薄钢板)经冷弯或模压成型，其截面各部分厚度相同，转角处均呈圆弧形。冷弯薄壁型钢有各种截面形式，与面积相同的热轧型钢相比，其截面惯性矩较大，能充分利用钢材的强度以节约钢材，在轻钢结构中得到广泛应用。

常用冷弯薄壁型钢截面形式如图 8-9 所示，有等边角钢、卷边等边角钢、Z 型钢、卷边 Z 型钢、槽钢、C 型钢、向外卷边槽钢、方钢管、圆管和压型板等。

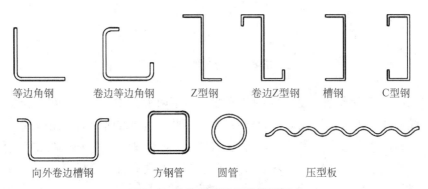

| 等边角钢 | 卷边等边角钢 | Z型钢 | 卷边Z型钢 | 槽钢 | C型钢 |

| 向外卷边槽钢 | 方钢管 | 圆管 | 压型板 |

图 8-9 冷弯薄壁型钢的截面形式

冷弯薄壁型钢结构在住宅方面的应用已经越来越广泛。在国外，随着木结构住宅的木材价格上涨，冷弯薄壁型钢结构住宅作为一种替代产品应运而生(图 8-10)。由于冷弯薄壁型钢结构住宅具有一系列优点，目前这种体系已成为美国、日本、澳大利亚等发达国家住宅建筑的重要形式，并在设计、制造和安装方面已经非常完善，其专用设计软件可在短时间内完成设计、绘图、工程量统计及工程报价，在制作上也实现了高度的标准化及产业化。

冷弯薄壁型钢结构住宅体系是由木结构演变而来的一种轻型钢结构体系，现规范要求适合于 6 层及以下的住宅建筑，现在相关院校及研究机构还在做更高层建筑的研究应用实践。

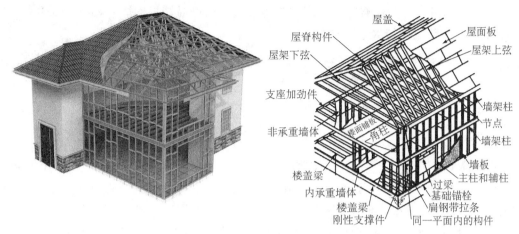

图 8-10 冷弯薄壁型钢结构住宅的构造

冷弯薄壁型钢结构住宅的基本构件主要有 U 形(普通槽形)和 C 形(卷边槽形)两种截面形式,如图 8-11 所示。U 形截面一般套在 C 形截面的端头,用作顶梁、底梁或边梁等非承重构件,C 形截面一般用作梁柱承重构件,有时也采用 L 形截面作为角钢连接件或过梁。构件的钢材采用 Q235 钢、Q355 钢及 G550 等强度的钢材,厚度一般在 0.45~2.50 mm,但顶梁、底梁、边梁和承重构件的厚度一般应不小于 0.85 mm,只有非承重构件可采用最小厚度为 0.45 mm 的钢材。

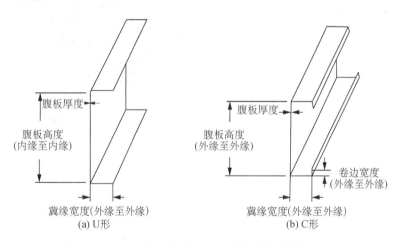

图 8-11 U 形(普通槽形)和 C 形(卷边槽形)截面形式

当有可靠依据时,也可采用更小厚度的钢材。构件已经定型化,构件种类很少,无论设计还是制作与安装都是很方便的。另外,冷弯薄壁型钢构件的截面形状合理,材料利用率高,用钢量省。采用低碳钢材,用钢量在 30 kg/m² 左右;在澳大利亚,由于采用高强钢材,这种体系用钢量只有 10 kg/m² 左右。

构件连接的紧固件包括螺钉、普通钉子、射钉、拉铆钉、螺栓和扣件等。受力构件和板材常用自钻自攻螺钉或自攻螺钉连接,如图 8-12 所示,常用的螺钉规格只需 3~5 种,螺钉的施工采用专用工具,连接非常方便。在结构的次要部位,可采用射钉、拉铆钉或扣件等紧固件,扣件连接还用于形成组合截面。底层楼盖或墙体通过锚栓与砌体基础或混凝土基础连接,普通钉子用于构件与木地梁的连接。

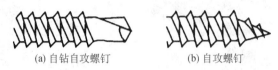

(a) 自钻自攻螺钉　　　　(b) 自攻螺钉

图 8-12　连接的紧固件

冷弯薄壁型钢结构住宅主要由墙体、楼盖、屋盖及围护结构组成。其中楼盖结构由间距 400 mm 或 600 mm 的楼盖梁、楼面板和吊顶组成,在楼盖梁的端头套有边梁。墙体结构由间距 400 mm 或 600 mm 的墙架柱、双面结构板材或装饰石膏板、拉条等组成,如图 8-13 所示,墙架柱的两端套有底梁或顶梁。屋盖结构由屋架、屋面板、吊顶组成,如图 8-14 所示。外墙的墙板和楼面板通常采用经过防水和防腐处理的定向刨花板(即 OSB 板)或胶合板,也可以采用水泥纤维板或水泥木屑板等结构板材。外墙的内侧墙板、内墙墙板和吊顶的板材通常采用防火石膏板,厨房与卫生间采用防水石膏板或其他防水、防火板材。墙体与楼面板材厚度通常为 9~18 mm。楼面板上有时也铺一层轻质混凝土。由此可见,冷弯薄壁型钢结构住宅实际上是一种复合板结构体系或板肋结构体系,这种复合板结构或板肋结构面内刚度较大,能很好地承受竖向荷载作用和地震、风等水平荷载的作用。

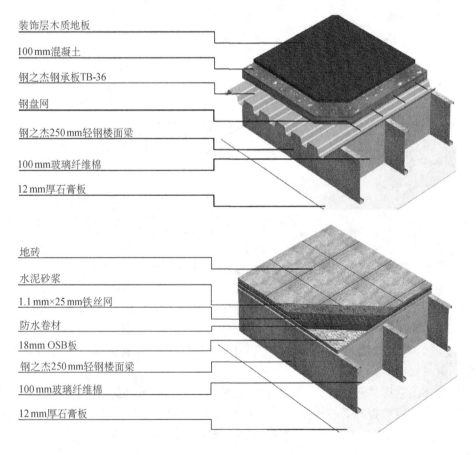

装饰层木质地板
100 mm混凝土
钢之杰钢承板TB-36
钢盘网
钢之杰250 mm轻钢楼面梁
100 mm玻璃纤维棉
12 mm厚石膏板

地砖
水泥砂浆
1.1 mm×25 mm铁丝网
防水卷材
18 mm OSB板
钢之杰250 mm轻钢楼面梁
100 mm玻璃纤维棉
12 mm厚石膏板

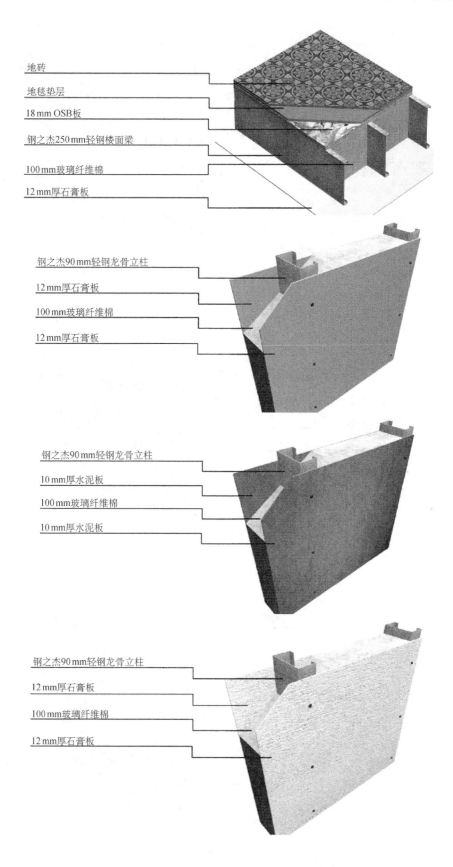

地砖

地毯垫层

18 mm OSB板

钢之杰250 mm轻钢楼面梁

100 mm玻璃纤维棉

12 mm厚石膏板

钢之杰90 mm轻钢龙骨立柱

12 mm厚石膏板

100 mm玻璃纤维棉

12 mm厚石膏板

钢之杰90 mm轻钢龙骨立柱

10 mm厚水泥板

100 mm玻璃纤维棉

10 mm厚水泥板

钢之杰90 mm轻钢龙骨立柱

12 mm厚石膏板

100 mm玻璃纤维棉

12 mm厚石膏板

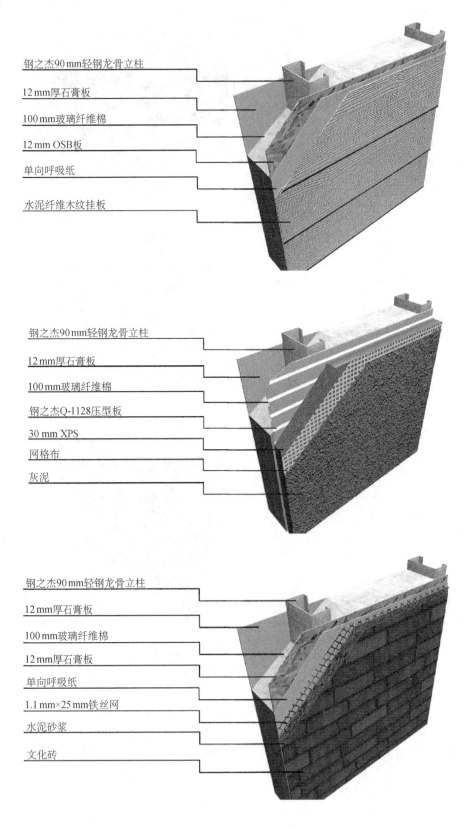

钢之杰90mm轻钢龙骨立柱

12mm厚石膏板

100mm玻璃纤维棉

12mm OSB板

单向呼吸纸

水泥纤维木纹挂板

钢之杰90mm轻钢龙骨立柱

12mm厚石膏板

100mm玻璃纤维棉

钢之杰Q-1128压型板

30mm XPS

网格布

灰泥

钢之杰90mm轻钢龙骨立柱

12mm厚石膏板

100mm玻璃纤维棉

12mm厚石膏板

单向呼吸纸

1.1mm×25mm铁丝网

水泥砂浆

文化砖

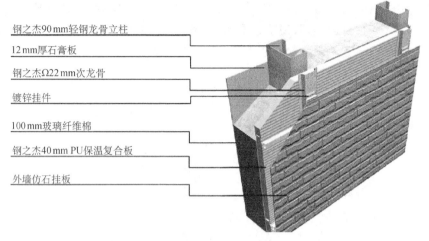

钢之杰90mm轻钢龙骨立柱
12mm厚石膏板
钢之杰Ω22mm次龙骨
镀锌挂件
100mm玻璃纤维棉
钢之杰40mm PU保温复合板
外墙仿石挂板

图 8-13　墙体构造

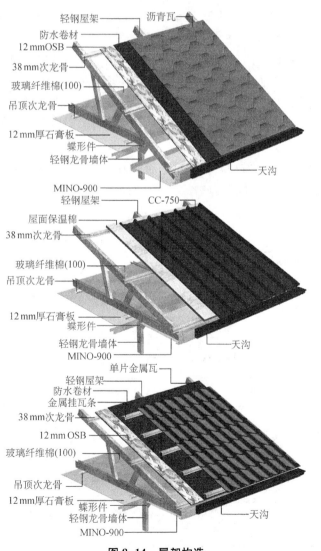

轻钢屋架　沥青瓦
防水卷材
12mmOSB
38mm次龙骨
玻璃纤维棉(100)
吊顶次龙骨
12mm厚石膏板
蝶形件
轻钢龙骨墙体
天沟
MINO-900

轻钢屋架　CC-750
屋面保温棉
38mm次龙骨
玻璃纤维棉(100)
吊顶次龙骨
12mm厚石膏板
蝶形件
轻钢龙骨墙体
天沟
MINO-900

单片金属瓦
轻钢屋架
防水卷材
金属挂瓦条
38mm次龙骨
12mm OSB
玻璃纤维棉(100)
吊顶次龙骨
12mm厚石膏板
蝶形件
轻钢龙骨墙体
天沟
MINO-900

图 8-14　屋架构造

这种体系的骨架可以开孔,便于管道与电线穿越,如图 8-15 所示,使其暗埋在墙体和楼板结构中,这样不仅使室内美观,便于布置,而且多工种可以平行作业,提高了施工效率。为了防止腐蚀作用发生,在不同金属接触面上采取绝缘措施。

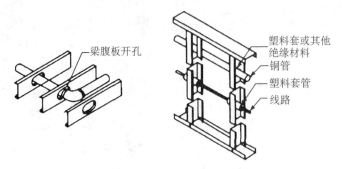

图 8-15 管道暗埋安装

为了保证结构的耐久性,冷弯薄壁型钢构件在冷成型之前就采用镀锌或镀铝锌进行了防护。一般使用条件下,承重构件或外墙非承重构件的双面镀层质量不小于 185 g/m^2,其他非承重构件双面镀层质量不小于 125 g/m^2;处于恶劣环境的构件,其双面镀层质量不小于 275 g/m^2。这种防护方法,可有效防止钢材锈蚀,即使在以后的加工、施工过程中表面有划痕或擦伤,也可由金属的电化学反应或由锌、铝锌合金表面镀层通过自身的氧化,使损伤部分的裸露金属重新形成保护层来保护钢材不被锈蚀。据国外研究表明,在普通环境里,这种住宅的寿命可达 75 年以上。

为了便于工业化生产,将常用构件的规格定型为几种标准截面,其规格尺寸如表 8-2 所示,C 形构件中卷边的宽厚比应符合《冷弯薄壁型钢结构技术规范》(GB 50018—2002)的要求。

表 8-2 常用冷弯薄壁型钢构件规格表

截面规格	服务孔	h/mm	b/mm	d/mm	t/mm	截面示意
C70	有	70	35	11	0.8~1.5	
C89	有	89	41/39	11	0.8~1.15	
C90	有	90	35	11	0.8~1.5	
C100	有	100	41~60	12.5~20	1.2~2.5	
C140	有	140	50	11	0.8~1.5	
C150	有	150	41~60	12.5~20	1.2~2.5	
C200	有	200	41~60	12.5~20	1.2~2.5	
P70	无	72	42	—	0.8~1.2	
P90	无	92	42	—	0.8~1.2	
P100	无	100	49	—	1.2~2.5	
P140	无	142	56	—	0.8~1.2	
P150	无	150	58	—	1.2~2.5	
P150	无	150	58	—	1.2~2.5	

（1）冷弯薄壁型钢结构住宅的建造流程。

冷弯薄壁型钢结构住宅的建造流程如图 8-16 所示。

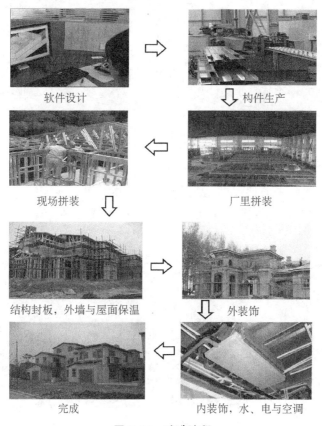

软件设计　构件生产

厂里拼装　现场拼装

结构封板，外墙与屋面保温　外装饰

完成　内装饰，水、电与空调

图 8-16　建造流程

（2）冷弯薄壁型钢结构住宅施工主要步骤。

① 基础施工。制作排桩并在桩上用铁钉标出基础轴线，利用水准仪、经纬仪、卷尺复核基础尺寸，钢筋绑扎、模板支设及基础浇筑，如图 8-17 所示。

图 8-17　基础支模、钢筋绑扎与浇筑

② 基础浇筑完毕后，表面应覆盖和洒水养护，防止地基被水浸泡。基础养护完毕后拆除模板，并同时进行土方回填，如图 8-18 所示。

图 8-18　基础拆模及土方回填

③ 冷弯薄壁结构构件都是工厂化生产,时间短,采用预制定位孔,拼装方便快捷。以一般房子(200 m²)来计算,所有墙体 1~2 d 能拼装好,拼装可以在工厂进行,也可以在工地现场进行(图 8-19)。结构安装主要内容可分为墙体安装、楼层梁安装、屋架安装、楼梯安装和楼面板安装等。

图 8-19　构件拼装和现场安装

④ 结构安装完毕后进行外围护的安装,主要包括外墙板、外墙保温、屋面保温、屋面防水、屋面板、吊顶板、天沟落水等。围护安装完毕后进行窗户的安装,轻钢别墅房窗户一般采用带翼檐边美式窗,这种窗与轻钢房屋体系配套安装快捷方便。在轻钢体系中,窗户的防水很重要,主要防水材料有油纸、自粘防水卷材等。如图 8-20 所示。

图 8-20　围护及门窗安装

⑤ 围护和门窗施工完毕后进行室内水电、装饰等施工。水电管线都应布置在墙内,一般会在墙体竖龙骨上从下向上打有三排孔供穿线,管线铺设好后,要对所有管线进行验收,合格后方可进行下一步施工工序。封石膏板是先封顶后封墙,石膏板接缝批腻子,应用石膏板专用腻子和接缝带,批腻子之前要对螺钉头进行防锈处理(图 8-21)。

图 8-21　室内装饰施工

⑥ 冷弯薄壁型钢结构住宅施工过程均应满足相关标准规定,标准包括《冷弯薄壁型钢结构技术规范》(GB 50018—2002)、《低层冷弯薄壁型钢房屋建筑技术规程》(JGJ 227—2011)、《冷弯薄壁型钢多层住宅技术标准》(JGJ/T 421—2018)、《轻型钢结构住宅技术规程》(JGJ 209—2010)、《轻钢龙骨式复合墙体》(JG/T 544—2018)、《住宅轻钢装配式构件》(JG/T 182—2018)等,施工完成后照片如图 8-22 所示。

图 8-22　施工完成室内外照片

(3) 冷弯薄壁型钢结构住宅的特点。

从冷弯薄壁型钢结构住宅体系的组成和构造可以看出,冷弯薄壁型钢住宅具有以下特点:

① 节能。冷弯薄壁型钢结构住宅方便敷设内外保温材料,有很好的保温隔热性能和隔声效果,符合国家建筑节能标准并增加住宅居住的舒适性;通常选择岩棉填充在冷弯薄壁结构空腔内。不同的材料保温性能有所区别,相同保温效果不同材质所需的厚度也不同,如图 8-23 所示。热工管道敷设在节能墙体中,可减少热能损失。少使用黏土砖和水泥等不可再生资源,避免其生产过程中的能源消耗。

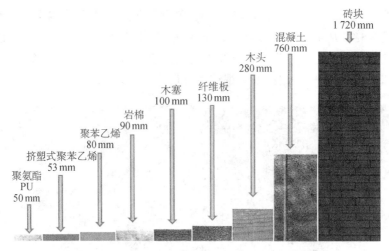

图 8-23   相同保温效果,不同材质所需厚度比较

② 节地。冷弯薄壁型钢结构住宅的墙体采用复合墙体,不用黏土砖,减少因烧砖而毁坏的耕地;墙体的厚度较小且四壁规整,便于建筑布置,增加了住宅有效使用面积(约5%以上);自重轻,可建在坡地、劣地,节约优质土地资源;可以推广应用于多层房屋结构。

③ 节材。冷弯薄壁型钢结构住宅在施工建设中采用干作业的施工方法,上部结构施工不用水、模板及支架;装修一次到位,减少二次耗材;材料强度高,构件截面形式优化,用钢量小;自重轻,基础材料省;耐久性好,少维修;少使用水泥和黏土砖,节约不可再生资源;使用钢材,建筑解体后可回收再利用(图 8-24)。

④ 环保。冷弯薄壁型钢结构住宅采用新型建筑材料,防腐蚀、防霉变、防虫蛀、不助燃,居住环境卫生健康;施工简单,施工占地少,施工时噪声、粉尘、垃圾和湿作业少,因此污染少、不扰民;减少黏土砖和水泥等不可再生资源的消耗,避免了其生产过程中的环境污染;钢材全部可再生利用,其他配套材料大部分可回收,减少了结构拆除后的环境污染。因此冷弯薄壁型钢结构是一种有利于节约资源、保护环境和发展循环经济的建筑体系(图 8-25)。

图 8-24   冷弯薄壁型钢结构连接节点

图 8-25   新型建筑材料墙体

⑤ 有利于住宅产业化。冷弯薄壁型钢结构可工厂制作,现场拼装,受气候影响小,施工速度快;构件、结构板材、保温材料和建筑配件在工厂标准化、定型化、社会化生产,市场化采购,配套性好,质量易保证(图 8-26)。

图 8-26 现场拼装实例

⑥ 结构自重轻,抗震性能好。冷弯薄壁型钢结构的自重仅为钢筋混凝土框架结构的 $1/4 \sim 1/3$,砖混结构的 $1/5 \sim 1/4$。由于自重减轻,基础负担小,基础处理简单,尤其适用于地质条件较差的地区;结构地震反应小,适用于地震多发区;构件制作、运输、安装、维护方便。墙体及屋架结构与内外墙板组成坚固的"板肋结构",抗水平荷载和垂直荷载的能力大大提高,故抗震、抗风性能好。经过试验证明,可抵抗烈度 9 度的罕遇地震(图 8-27)。

图 8-27 振动台试验结果达 9 度罕遇地震

⑦ 施工周期短。构件由薄板弯曲而成,加工简单;构件轻巧,安装方便;制作、拼装与施工的湿作业少,受气候影响小;管线可暗埋在墙体及楼层结构中(图 8-28、图 8-29),布置方便,各工种可交叉作业,日后检修与维护简单。

图 8-28 管线暗埋   图 8-29 结构整体吊装

⑧ 综合效益好。自重轻,基础负担小,结构抗震措施简单,可大幅减少基础造价和结构抗震措施费用;施工周期短,投资回报快,资金风险低,投资效益高;制作、运输、安装和维护方便,不需要模板支架,降低人工和机械费用;墙体厚度小,有效使用空间增加,使轻钢结构住宅的实际单位使用面积造价与砖混结构的造价接近;装修一次到位,减少装修二次投入;具有不怕白蚁等生物侵害的优点,在美国其保险费率约为相同规模木结构住宅的 40%。考虑国外的人工费用高等因素,在美国冷弯薄壁型钢结构住宅的维修费用比传统混凝土结构还低 15%～20%。综合考虑冷弯薄壁型钢结构的节能、节地、节材、环保和产业化产生的效益,可以认为冷弯薄壁型钢结构住宅具有良好的综合经济效益和社会效益。

压型钢板是薄壁型钢的一种形式,用厚度为 0.4～2 mm 的薄钢板、镀锌钢板或表面涂有彩色涂层的彩色涂层钢板压制而成的波纹状钢板,其波纹高度在 10～200 mm 范围内,其曲折外形大大增加了钢板在其平面外的惯性矩、刚度和抗弯能力,已经发展成熟,多用作钢结构围护板材等。

8.5.2 钢筋混凝土用钢材

1. 热轧钢筋

根据表面特征不同,热轧钢筋分为光圆钢筋和带肋钢筋。

根据加工方法不同,热轧钢筋分为热轧光圆钢筋 HPB,热轧带肋钢筋 HRB,HRBF 和余热处理钢筋 RRB。

热轧光圆钢筋牌号:HPB230,HPB300,为 Ⅰ 级钢筋;

热轧带肋钢筋牌号:HRB335,HRBF335,为 Ⅱ 级钢筋;HRB400,HRBF400,为 Ⅲ 级钢筋;HRB500,HRBF500,介于 Ⅲ～Ⅳ 级之间。

Ⅰ 级钢筋为低碳钢,强度较低,塑性、可焊性好,主要用于受力筋和构造筋。

Ⅱ,Ⅲ 级钢筋为低合金高强度钢,强度较高,塑性、可焊性好,主要用于大中型结构和抗震结构的受力筋。

钢筋的品种和力学性能要求见《钢筋混凝土用钢 第 1 部分:热轧光圆钢筋》(GB 1499.1—2017)、《钢筋混凝土用钢 第 2 部分:热轧带肋钢筋》(GB 1499.2—2018)、《混凝土用余热处理钢筋》(GB 13014—2013)。

2. 冷轧带肋钢筋

将低碳钢或低合金高强度钢先热轧成圆盘条钢,再冷扎出肋条。

冷轧带肋钢筋牌号:CRB550,CRB650,CRB800,CRB970,CRB1170。

冷轧带肋钢筋的品种和力学性能要求见《冷轧带肋钢筋》(GB 13788—2017)。

冷轧带肋钢筋具有强度高、塑性好、综合性能优良、握裹力强等优点,可节约钢材,或提高结构的整体强度和抗震能力。

CR8550 钢筋适用于普通钢筋混凝土结构和抗震结构的受力筋。其他牌号用作预应力钢筋。

3. 冷轧扭钢筋

将低碳钢先热轧成圆盘条,再用专用钢筋冷轧扭机调直、冷轧、冷扭一次成型。

冷轧扭钢筋牌号:CTB550,CTB650。

冷轧扭钢筋的品种和力学性能要求见《冷轧扭钢筋》(JG 190—2006)。

冷轧扭钢筋具有强度高、刚度大、不易变形、握裹力强、施工方便等优点,适用于普通钢筋混凝土结构,可节约钢材 30%。

4. 预应力混凝土用热处理钢筋

将直径 8~10 mm 的热轧带肋钢筋经调质处理而成。分为有纵肋和无纵肋两种。

预应力用热处理钢筋牌号:RB1500。

预应力混凝土用热处理钢筋具有强度高、握裹力强、锚固性好、应力松弛率低、预应力稳定、施工简便等优点,但不宜焊接。主要用于预应力钢筋混凝土结构。

5. 预应力混凝土用螺纹钢筋

这是一种采用热轧、轧后余热处理或热处理等工艺生产的带有不连续的精制外螺纹的预应力混凝土用直条钢筋。该钢筋在任意截面处,均可用带有匹配形状的内螺纹的连接器或锚具进行连接或锚固。

预应力用螺纹钢筋的公称直径范围为 18~50 mm。

预应力用螺纹钢筋牌号:PSB785,PSB830,SB930,PSB1080。

预应力用螺纹钢筋的品种和力学性能要求见《预应力混凝土用螺纹钢筋》(GB/T 20065—2016)。

6. 冷拔低碳钢丝

将直径为 6.5~8 mm 的 Q235 热轧盘条钢筋经冷拔加工而成。分为甲、乙两级。甲级钢丝选用优质原料,加工过程控制严格,质量较高,适用于作预应力筋;乙级钢丝质量较差,适用于焊接钢丝网,作为箍筋和构造钢筋。

冷拔低碳钢丝可工厂生产,也可工地现场制作。

7. 预应力混凝土用钢丝

简称预应力钢丝,用优质碳素结构钢圆盘条,经酸洗、调质处理等工艺后,再冷拉加工制成。

按外形分为三种:光圆 P、螺旋肋 H、刻痕 I。

按工作状态分为两类:冷拔钢丝 WCD 和消除应力钢丝。消除应力钢丝又分为普通松弛钢丝 WNR 和低松弛钢丝 WLR。

冷拔钢丝 WCD:用调质处理后的圆盘条,通过拔丝模或轧辊冷加工制成的钢丝。

普通松弛钢丝 WNR:在冷拉并矫直后,再在适当的温度下进行短时间热处理制得的钢丝。

低松弛钢丝 WLR:在冷拉过程中,塑性变形阶段进行短时间热处理,消除内应力,使得晶体结构更稳定,应力松弛率更低。

预应力钢丝的品种和力学性能要求见《预应力混凝土用钢丝》(GB/T 5223—2014)。

预应力钢丝具有强度高、柔性好、无接头、质量稳定、施工方便、安全可靠等优点,主要用于大型预应力混凝土结构、压力管道、轨枕、电杆等。

8. 预应力混凝土用钢绞线

用符合规范要求的冷拉光圆钢丝或冷拉刻痕钢丝绞捻,并经一定热处理清除内应力而制成。绞捻方向一般为左捻。

钢绞线按结构分为以下八种:用两根钢丝捻制的钢绞线1×2,用三根钢丝捻制的钢绞线1×3,用三根刻痕钢丝捻制的钢绞线1×3I,用七根钢丝捻制的标准型钢绞线1×7,用六根刻痕钢丝和一根光圆中心钢丝捻制的钢绞线1×7I,用七根钢丝捻制又经模拔的钢绞线(1×7)C,用十九根钢丝捻制的钢绞线1+9+9西鲁式钢绞线1×19S,用十九根钢丝捻制的1+6+6/6瓦林吞式钢绞线1×19W。

预应力钢丝的品种和力学性能要求见《预应力混凝土用钢绞线》(GB/T 5224—2014)钢绞线主要用于大型预应力混凝土结构、岩体锚固。

8.6　建筑钢材的选择

建筑钢材的选择既要确定所用钢材的钢号,又要提出应有的力学性能和化学成分保证项目,选择的基本原则应既能使结构安全可靠和满足使用要求,又要最大可能节约钢材和降低造价。钢材的质量等级越高,其价格也越高。因此,应根据钢结构的具体情况,综合以下因素来选用合适的钢材牌号和材料性能保证项目。

1. 结构或构件的重要性

结构和构件按其用途、部位和破坏后果的严重性可以分为重要、一般和次要三类,不同类别的结构或构件应选用不同的钢材。例如,民用大跨度屋架、重级工作制吊车梁等属重要的结构,应选用质量好的钢材;一般屋架、梁和柱等属于一般的结构;楼梯、栏杆、平台等则是次要的结构,可采用质量等级较低的钢材。

2. 荷载性质

结构承受的荷载可分为静力荷载和动力荷载两种。对承受动力荷载的结构应选用塑性、冲击韧性好的质量高的钢材;对承受静力荷载的结构可选用一般质量的钢材。

3. 连接方法

钢结构的连接有焊接和非焊接之分,焊接结构由于在焊接过程中不可避免地会产生焊接应力、焊接变形和焊接缺陷。因此,应选择C,S,P的含量较低,塑性、韧性和可焊性都较好的钢材。对非焊接结构,如高强度螺栓连接的结构,这些要求就可放宽。

4. 工作条件

结构所处的环境(如温度变化、腐蚀作用等)对钢材的影响很大。在低温下工作的结构,尤其是焊接结构,应选用具有良好抗低温脆断性能的镇静钢,结构可能出现的最低温度应高于钢材的冷脆转变温度。当周围有腐蚀性介质时,应对钢材的抗锈蚀性作相应要求。

5. 钢材厚度

厚度大的钢材不但强度低,而且塑性、冲击韧性和可焊性也较差,因此厚度大的焊接结构应采用材质较好的钢材。

《钢结构设计标准》(GB 50017—2017)规定如下。

(1) 承重结构的钢材宜采用Q235钢、Q345钢、Q390钢、Q420钢、Q460钢以及Q345GJ钢,其质量应分别符合《碳素结构钢》(GB/T 700—2006)、《低合金高强度结构钢》(GB/T 1591—2018)和《建筑结构用钢板》(GB/T 19879—2015)的规定。

(2) 对钢材质量的要求,一般来说,承重结构采用的钢材应具有较高的强度与良好的延性、韧性、冷弯性能和焊接性能,选用时应要求其具有屈服强度、伸长率、抗拉强度、冷弯试验和 C,Si,Mn,S,P 含量的合格保证,对焊接结构应具有 C 含量(或 C 当量)的合格保证。对直接承受动力荷载或需验算疲劳的构件所用钢材应具有常温冲击韧性合格保证。

(3) Q235A,B 级钢应选用镇静钢,Q235A 级钢仅可用于非焊接结构。

(4) 主要承重构件钢材宜选用 B 级,安全等级为一级的建筑结构中主要承重梁、柱、框架构件钢材宜选用 C 级。

(5) 需验算疲劳的焊接结构用钢材,应具有常温冲击韧性的合格保证。当工作环境温度高于 0 ℃时,其质量等级不应低于 B 级;当工作环境温度在 $-20 \sim 0$ ℃时,Q235 钢和 Q345 钢不应低于 C 级,Q390 钢、Q420 钢及 Q460 钢不应低于 D 级;当工作环境温度不高于 -20 ℃时,Q235 钢和 Q345 钢不应低于 D 级,Q390 钢、Q420 钢、Q460 钢应选用 E 级。

(6) 需验算疲劳的非焊接结构,其钢材质量等级要求可较上述焊接结构降低一级但不应低于 B 级。

(7) 工作环境温度不高于 -20 ℃的受拉承重构件,所用钢板厚度或直径不宜大于 36 mm,质量等级宜为 C 级。其主要承重结构的受拉板件厚度不小于 40 mm 时,宜选建筑结构用钢板。

8.7　锈蚀与保护

钢材的腐蚀,又称锈蚀,是指其表面与周围介质发生化学反应而遭到破坏。

8.7.1　腐蚀原因

(1) 化学腐蚀,是指钢材直接与周围介质发生化学反应而产生的腐蚀。这种腐蚀多数是氧化作用使钢材表面形成疏松的氧化物。如在高温下与干燥的 O_2,NO_2,SO_2,H_2S 等气体发生的反应;在非电解质的液体中产生的腐蚀等。

(2) 电化学腐蚀,是指钢材直接与周围介质发生氧化还原反应而产生的腐蚀。特点是有电流产生。如钢材在潮湿的环境中或酸碱盐溶液中产生的腐蚀;不同金属接触处产生的腐蚀。

8.7.2　腐蚀类型

(1) 均匀腐蚀,是指均匀分散在材料表面的腐蚀。
(2) 晶间腐蚀和孔蚀,是指沿晶粒界面或材料缺陷处的腐蚀。
(3) 应力腐蚀,是指应力集中处产生的腐蚀。
(4) 疲劳腐蚀,是指重复应力与腐蚀介质共同作用产生的腐蚀。
(5) 冲刷腐蚀,是指机械磨损与腐蚀介质共同作用产生的腐蚀。

8.7.3　防护方法

1. 材料选择

钢材的组织及化学成分是引起钢材锈蚀的内因。通过调整钢的基本组织或加入某些合金元素,可有效地提高钢材的抗腐蚀能力。如各种耐候钢、不锈钢都具有较好的耐腐蚀性。

2. 保护膜法

保护膜法是指在材料表面涂抹覆盖保护层。隔绝腐蚀介质侵害的常用保护层有搪瓷、塑料、有机涂料、各种防锈漆耐腐蚀金属(镀锌、镀铝锌、镀锌铝镁、镀锡、镀镍等)、发蓝、烤蓝等。

3. 阴极保护法

阴极保护法是应用电化学原理,通过给被保护钢筋加一负向电流,使它的电极电位负移,即使钢筋表面氯离子已达到或超过使钢筋脱钝的临界值,由于电化学腐蚀过程得到有效的抑制而使钢筋不会发生锈蚀,阴极保护的方式有牺牲阳极和外加电流两种。

(1)牺牲阳极法(图8-30):在需要保护的钢结构上,特别是水下和地下,焊接上比铁更活泼的金属块,如锌、铝、镁等。在电解质中,活泼金属成为阳极受到腐蚀,避免了钢材腐蚀。

(2)外加电流法(图8-31):在需要保护的钢结构附近,安放一些废钢铁或难熔金属,用这些金属接外加直流电源的阳极,被保护的钢结构接阴极,通电后阳极受到腐蚀,避免了钢材腐蚀。

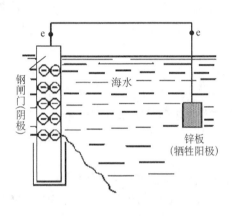

图8-30 牺牲阳极法

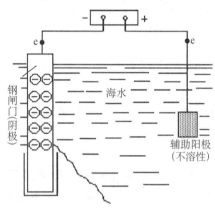

图8-31 外加电流法

4. 钢筋混凝土配筋的保护

钢筋混凝土配筋的保护,主要是保证混凝土的密实,保证足够的保护层厚度,限制混凝土中氯离子含量,保证混凝土具有一定的碱度等,还可以在混凝土中掺用阻锈剂,在混凝土表面覆盖聚氯乙烯、人造橡胶、环氧漆等保护层,可以采用镀层钢筋和涂层钢筋,也可以使用阴极保护法等。

第9章

建筑防水材料

9.1 概述

建筑防水工程是建筑工程中的一个重要组成部分,是保证建筑物和构筑物不受水侵蚀,内部空间不受水危害的分项工程和专门措施。建(构)筑物的防水是采用防水材料在被防水的部位上设置防水层来达到防水目的。凡建筑物或构筑物为了满足防潮、防渗、防漏功能所采用的材料称为建筑防水材料。

我国自 20 世纪 50 年代开始应用沥青油毡以来,该类防水材料一直是我国建筑防水材料的主导产品。随着现代科学技术的高速发展,生产建筑防水材料的主要品种和质量有了突破性的进展。目前,建筑防水材料除了传统的沥青类防水材料外,已向高聚物改性沥青防水材料、合成高分子防水材料的方向发展,其产品结构开始发生变化。

建筑防水材料分类的方法很多,从不同角度和要求,有不同的分类方法。为达到方便、实用的目的,可按防水材料的材性、组成成分、形态、类别、品名和组成原材料性能等划分。为便于工程的应用,目前常用按材性和形态相结合的划分方法。

1. 按材性划分

建筑防水材料按材性可分为刚性防水材料、柔性防水材料和粉状防水材料(糊状)。刚性防水材料强度高,延伸率很低,性脆,抗裂性较差,耐高、低温性极佳,耐穿刺性、耐久性好,大部分由无机材料组成,如防水混凝土、防水砂浆、黏土瓦等;柔性防水材料弹塑性较好,延伸率大,有一定强度(弹性模量),抗裂性好,耐高、低温性有一定限度,在自然条件下耐久性能下降较快,耐穿刺性差,需要做一定的保护层;粉状防水材料粉体具憎水性,遇水成糊状,从而实现防水目的。

2. 按形态划分

建筑防水材料按材料形态可分为防水卷材、防水涂料、密封材料、防水混凝土、防水砂浆、金属板、瓦片、憎水剂和防水粉。不同形态的材料对防水主体的适应性是不同的。卷材、涂膜、密封材料柔软,应依附于坚硬的基面上;金属板既是结构层又是防水层,而防水混凝土、防水砂浆、瓦片刚性大,坚硬;憎水剂、渗透剂使混凝土或砂浆这些多孔(毛细孔)材料具有憎水性能,附于坚硬的刚性材料上;防水粉等粉状松散材料遇水溶胀止水或具有憎水、止水性能。

3. 按材性和形态相结合划分

随着现代科学技术的发展,建筑防水材料的品种、数量越来越多,性能各异。为便于工程的应用,目前建筑防水材料分类主要按其材性和外观形态分为防水卷材、防水涂料、防水密封材料、刚性防水材料、板瓦防水材料和堵漏材料六大类。

本章主要从防水卷材、防水涂料以及密封材料的大类中介绍部分防水材料及其制备与工艺,如沥青及改性沥青防水卷材、聚合物水泥防水涂料、聚氨酯防水涂料、硅橡胶密封材料及其制备与工艺。

9.2 沥青及改性沥青防水卷材

9.2.1 沥青

沥青材料是含有沥青质材料的总称。沥青是一种有机胶结材料,它是由多种高分子碳氢化合物及其非金属衍生物组成的复杂混合物,其中碳占总质量的 $80\%\sim90\%$。沥青具有良好的胶结性、塑性、憎水性、不透水性和不导电性,对酸、碱及盐等侵蚀性液体与气体的作用有较高的稳定性,遇热时稠度变稀和冷却时黏性提高直至硬化变脆,对木材、石料均有良好的黏结性能。它广泛应用于工业与民用建筑、道路和水利工程等,是建筑工程中的一种重要材料。目前常用的沥青有石油沥青和煤沥青,做屋面工程用石油沥青较好,煤沥青则适用于地下防水层或用作防腐材料。

石油沥青是天然原油经过常压蒸馏或减压蒸馏,将不同沸点的碳氢化合物的复杂混合物分离以后,剩下的残渣进行加工而制得的一种黑色或棕褐色的黏稠状或固体状物质,具有明显的树脂特征,一般无特殊气味,或略带松香气味。它是能溶于二硫化碳的复杂的高分子聚合物,具有许多优良性能。石油沥青按其用途不同可分为道路石油沥青、建筑石油沥青和特种石油沥青等。建筑上主要使用由建筑石油沥青和道路石油沥青制成的各种防水材料,或在施工现场直接配制使用。石油沥青的加工方法很多,在沥青防水材料工业中应用最多的是氧化法和调合法等。

煤焦油沥青亦称煤沥青或柏油,是煤、油母页岩等物质,在隔绝空气和高温下,分解、蒸馏、冷凝其挥发物而获得的黏稠性液体,再经加工而制得的沥青类物质。根据蒸馏程度的不同,煤沥青可分为低温沥青、中温沥青和高温沥青。煤沥青在使用中受光、热、空气中的氧和雨水等综合作用,分子量较大的固体组分逐步变硬变脆,出现老化,老化的速度比石油沥青快。煤沥青在低温下黏度小、韧性差(脆性大),不宜用于受震动的工程部位和冬季施工。煤沥青的生产过程一般是焦油经蒸馏后得到中温沥青。中温沥青可以直接作为商品,或对其进行改质处理得到性质各异的改质沥青,满足不同用户的需求。焦油蒸馏的方法不同,所得中温沥青的性质也有一定差异,主要有焦油间歇蒸馏、一次汽化所有馏分的焦油连续蒸馏、逐渐加热焦油连续蒸馏、带有沥青循环的焦油蒸馏等蒸馏方法。

普通石油沥青材料在低温条件下容易变硬发脆、开裂,感温性强,长期受太阳光照作用,夏季高温软化,以致热解流淌,反复的热胀冷缩可引起沥青内应力的变化。在氧和臭氧等的综合作用下,沥青中的化学组分会不断转变,油质挥发,沥青脂胶的含量减少,塑性下降,脆性增加,黏结力降低,产生龟裂而"老化"。煤焦油沥青危害大,在电极焙烧炉制作中要排出大量的沥青烟。由于沥青中含有荧光物质,其中含致癌物质 3,4 -苯并芘高达 $2.5\%\sim3.5\%$,高温处理时随烟气一起挥发出来,影响人体健康。由于这些原因,传统的沥青或者沥青防水卷材制品难以满足需要,我国从 20 世纪 70 年代中期开始研究开发合成高聚物改性沥青。

9.2.2　高聚物改性沥青防水卷材

1. 概述

高聚物改性沥青防水卷材简称改性沥青防水卷材,俗称改性沥青油毡。是以玻纤毡、聚酯毡、黄麻布、聚乙烯膜、聚酯无纺布、金属箔单独或两种材料复合为胎基,以掺量不少于10%的合成高聚物改性沥青、氧化沥青为浸涂材料,以粉状、片状、粒状矿质材料,合成高分子薄膜、金属膜为覆面材料制成的可卷曲的一类片状防水材料。在沥青中添加一定量的高聚物改性剂,使沥青自身固有的低温易脆裂、高温易流淌的劣性得以改善,改性后的沥青不但具有良好的耐高、低温性能,而且还具有良好的弹塑性(拉伸强度较高、伸长率较大)、憎水性和黏结性等。

高聚物改性沥青防水卷材一般可分为弹性体聚合物改性沥青防水卷材、塑性体聚合物改性沥青防水卷材、橡塑共混体聚合物改性沥青防水卷材三大类。各类可再按聚合物改性体作进一步的分类,例如,弹性体聚合物改性沥青防水卷材可进一步分为SBS改性沥青防水卷材、SBR改性沥青防水卷材、再生胶改性沥青防水卷材等。根据卷材有无胎体材料,分为有胎防水卷材、无胎防水卷材两大类。此外,高聚物改性沥青防水卷材根据其应用的范围不同,可分为普通改性沥青防水卷材和特种改性沥青防水卷材。普通改性沥青防水卷材根据其是否具有自粘功能可分为:常规型防水卷材和自粘型防水卷材。特种改性沥青防水卷材可根据其特殊的使用功能作进一步的分类,如坡屋面用防水垫层、路桥用防水卷材、预铺/湿铺法防水卷材等。

高聚物改性沥青防水卷材是新型防水材料中使用比例较高的一类产品,现已成为防水卷材的主导产品之一,属中、高档防水材料,其中以聚酯毡为胎体的卷材性能最优,具有高拉伸强度、高延伸率、低疲劳强度等特点。高聚物改性沥青防水卷材主要应用于各种工业与民用建筑屋面工程的防水;工业与民用建筑地下工程的防水、防潮以及室内游泳池、消防水池等的构筑物防水;地铁、隧道、混凝土铺筑路面的桥面、污水处理场、垃圾填埋场等市政工程防水;水渠、水池等水利设施防水。

2. 制备工艺

高聚物改性沥青与传统的氧化沥青相比,其使用温度区间扩展了50 ℃,采用其生产的防水卷材光洁柔软,高温不流淌,低温不脆裂,且可做成4～5 mm厚,可以单层使用,具有20年可靠的防水效果。

1) 改性沥青防水卷材的基本制造工艺

高聚物改性沥青防水卷材与普通沥青防水卷材相似,其组成材料除无胎基防水卷材外,主要由胎基材料、浸涂材料、覆面隔离材料等三大部分组成。聚合物改性沥青防水卷材的生产可分为两大部分,即改性沥青涂盖材料的制备和制毡(主生产线工艺)。改性沥青防水卷材的生产工艺流程见图9-1。

改性沥青涂盖料是将沥青加热至一定的温度后,加入SBS,APP,SBR,胶粉等改性剂,经高速搅拌、研磨,使改性剂得到熔胀并经机械破碎后分散于沥青中,再加入填充材料,搅拌均匀即可使用。其工艺流程为先将沥青和改性剂加入搅拌罐中进行搅拌,然后再进入胶体磨中进行循环研磨,之后将经过循环研磨后制成的改性沥青打入另一只搅拌罐,并放入填充

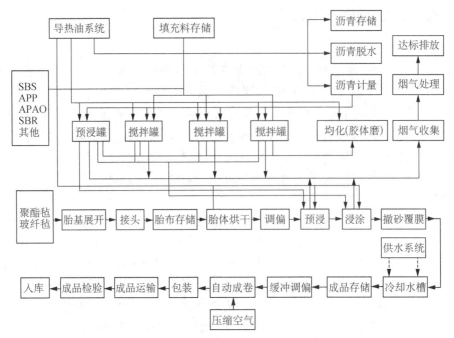

图 9-1 改性沥青防水卷材的生产工艺流程

材料进行充分搅拌,制备成改性沥青涂盖料,再送入涂油槽内备用。

制毡(主生产线)工艺的流程:

(1)原纸干燥:是油毡生产的主要工序之一。原纸含水率大小影响沥青的浸渍,也影响生产速度,所以原纸需干燥,一般要求入浸油锅前含水率低于3%。

干燥方法:国内大多采用干燥辊式干燥箱,温度在 100～150 ℃。

(2)浸渍:浸渍的目的是原纸被低软化点沥青饱和,经过浸渍的胎体撕开后应呈褐色,不允许有白色斑点。

(3)涂盖:经浸油的油纸通过涂盖油槽,两面均匀致密地涂上一层涂盖材料,使油毡表面形成不透水层。涂盖方法一般为浸渍式,但只需通过一次,涂盖后用轧辊除去多余的涂盖材料。

(4)撒除:油毡浸涂后通过撒料机或涂布槽,正反两面布上隔离材料,隔离材料应均匀致密地覆盖在油毡表面上。

(5)冷却:为使制成的油毡成卷后不发生黏结,必须冷却至 45 ℃以下,一般通过多道冷却水辊达到冷却效果。

2)改性沥青防水卷材的原材料选用

改性沥青防水卷材涉及改性沥青、胎体材料、覆面材料和辅助材料,原材料的好坏是生产的重要保证,材料质量高低对产品质量好坏起着重要因素,因此必须着重于原材料的选用。

(1)沥青改性剂的选择。沥青改性剂有 SBS,APP,APO,APAO,SBR 等,现选择 SBS 和 APP 两种作介绍,SBS(苯乙烯-丁二烯-苯乙烯)合成橡胶为热熔性弹性体,易与橡胶共混,其耐热度可达 90～100 ℃,低温柔度可达－15～－25 ℃,在低温情况下特别适合;在南方地区天气炎热,可选用 APP(无规聚丙烯)作改性剂,可适应 100～130 ℃的高温。改性沥青以氧化沥青为主料,加入 SBS(APP)改性剂、助溶剂、填充料等可生产出合格产品。

(2) 胎体材料。胎体决定改性沥青防水卷材的强度和延伸率,没有好的胎体是不可能生产出优质产品来的。目前使用的有聚酯胎、玻纤胎、聚乙烯胎、黄麻布胎、复合胎等,现生产中主要采用聚酯胎、玻纤胎和无纺布网格布复合胎三种,能够生产出不同档次的防水卷材,以满足市场的不同需求。

(3) 覆面材料。覆面材料主要采用聚乙烯膜覆面,或一面聚乙烯膜、一面彩砂覆面。

3) 聚合物改性沥青防水卷材生产工艺规程

生产工艺规程是管理工作的核心,它对卷材的质量保证、体系建立和完善起着极为重要的作用,是生产质量控制的重要方法,是卷材生产和操作的准则与纲领。生产工艺规程对提高生产水平、效率、安全生产有着重要的意义。工艺按以下规程执行。

(1) 原材料质量控制规程。原材料质量控制指标,须按技术部门提供的规格、型号、性能、指标进行采购。

各原材料的入库,必须执行工厂入库规定,所购原材料必须有检验报告、合格证,原材料必须由质检部门检验合格,负责人签字方可入库,出库使用必须有质检部门的检验报告,不合格材料必须有明显标记,另行放置,杜绝使用。

(2) 浸涂材料制备工艺规程。将沥青中的杂质去除,投入计量脱水罐,加热升温至规定的数值,保温 3～5 h,待沥青油面发亮,无明显气泡即可使用。沥青脱水后,加入计量好的改性剂以及其他助剂,温度控制在规定的数值;保温搅拌 2 h,取样检测。

滑石粉在使用前应保持干燥,检测合格后方可投入使用,改性沥青经检测合格后,称量加入滑石粉,温度控制在规定数值内,混合搅拌 2 h,取样检测合格后,送至涂油槽使用,涂油送至涂油槽,使用过程中通过 6～8 目网过滤,并根据生产需要及时调整涂油流量。

沥青计量误差控制在±5 kg,改性剂及助剂计量误差控制在±0.2 kg。

(3) 胎基放送工艺规程。胎基应经烘干器充分干燥后进入涂油槽,含水率不得大于0.5%,胎基连接过程中,应认真操作,以免胎基折伤,搭接部位要牢固,防止在生产中断裂。

在生产过程中,应对胎基外观质量进行检查,发现胎基薄厚不均匀、起皱、黏结不牢,以及胎基出现含水率高等问题时,必须及时调换。

(4) 浸涂工艺规程。根据生产品种、规格、气温调整涂油槽的涂油温度、辊距、速度,涂油温度范围为 170～190 ℃,生产时温度波动幅度不得大于 10 ℃。

生产过程中根据卷材的质量及时调整辊距油温,确保卷材外观质量、卷材厚度,胎基应渗透,不应有浅色斑点。

生产结束后,应将辊表面的涂油清理干净,以保证下一次生产的正常运行。

(5) 贴膜工艺规程。贴膜过程中,应保证薄膜黏结平整、牢固,不得出现漏贴现象,及时调整贴膜速度、张力,防止出现皱折现象。薄膜使用过程中,要认真观察,发现薄膜厚薄不均匀,造成烫膜起皱,严重的应及时调换。

冷却水用泵送入冷却塔、冷却水槽,循环导流水温控制在 20 ℃以下,确保循环水冷却效果,满足生产要求。

(6)卷毡、包装工艺规程。卷毡时应严格按照品种、规格,计量成卷,长度计量误差应控制在±0.1 m。

包装时应将批号、生产日期、型号、等级打印清楚,不合格的包装不使用,型号不同的包装不混用。

按标准要求,严格检查卷材外观质量,不得有大于1 cm的疙瘩、裂纹、孔洞、未浸透品、斑点,否则按不合格产品处理。

(7)搬运入库工艺规程。入库前应由质检员抽样检测,未检测产品不得入库。搬运入库时,应保证包装不损坏,各品种型号卷材分类明确,堆放整齐,不得横放、挤压。

(8)检验规则判定。检验结果符合各项指标时,应判该批材料为合格品,若有一项指标不符合要求,允许加倍取样,单项复检,达到要求时,材料亦为合格品,复检仍不合格,该批材料不合格。

成品检验按出厂检验标准进行,成品持有厂内质检部门检验合格证,才可出厂。

9.3 聚合物水泥防水涂料

9.3.1 概述

聚合物水泥防水涂料,又称JS复合防水涂料,是建筑防水涂料中近年来发展起来的一大类别。该产品是一种以聚丙烯酸酯乳液、乙烯-乙酸乙烯酯共聚乳液等聚合物乳液和各种添加剂组成的有机液料与水泥、石英砂及各种添加剂、无机填料组成的无机粉料通过合理配比、复合制成的一种双组分、水性建筑防水涂料。由于聚合物水泥防水材料综合了聚合物和水泥的优势,被认为具有"刚柔相济"的特性,该涂膜弥补了这两类材料的弱点,兼有两类材料的优点,即既有聚合物涂膜的弹性高、延伸率大的优点,又具有水硬性胶凝材料的耐久性、耐水性好的特点。

1. 聚合物水泥防水涂料的分类

聚合物水泥防水涂料产品根据物理力学性能分为Ⅰ型、Ⅱ型、Ⅲ型三类产品,Ⅰ型适用于活动量较大的基层,Ⅱ型和Ⅲ型适用于活动量较小的基层。本节主要讨论Ⅰ型、Ⅱ型两类产品。

Ⅰ型产品(高伸长率、高聚灰比)是以聚合物为主的防水涂料,聚合物与水泥的质量比(聚灰比)一般至少大于1,甚至可以超过2,主要适用于较干燥、基层位移量较大的部位,非长期浸水环境下的建筑防水工程。Ⅰ型产品根据《聚合物水泥防水涂料》(GB/T 23445—2009)技术标准,其性能指标为拉伸强度应大于1.2 MPa,断裂伸长率应大于200%。

Ⅰ型产品具有高强度、高伸长率,且由于粉料中含有水泥,因此其乳液的耐碱稳定性相对较好,对基层的适应范围更广,无论其基面干燥或潮湿,即使有泛碱现象,一般也都能应用。由于国内防水界对高伸长率产品比较接受,加之绝大部分施工部位均可使用,故此类产品应用极为广泛。聚合物水泥防水涂料是目前卫生间防水最为理想的材料,因为它可以在潮湿基面施工,干燥速度快,异形部位操作简便,较低的挥发分,施工过程较为安全。而在这些方面,其他的防水材料则有所不足。聚合物水泥防水涂料黏结强度高,因其含有大量的极性基团,故而使涂膜与基面、涂膜与饰面层均能黏结牢固,形成整体无缝、致密稳定的弹性防水层,涂布在垂直面、斜面及各种复杂的基面上均有良好的效果,这些特点决定了其完全适用于屋面防水工程。

Ⅱ型产品(低伸长率、低聚灰比)是以水泥为主的防水涂料,聚合物与水泥的比例在 0.6 左右,适用于基层位移量较小的部位、长期浸水环境下的建筑防水工程。Ⅱ型产品根据《聚合物水泥防水涂料》(GB/T 23445—2009),其断裂伸长率技术性能指标为大于 80%。

低伸长率产品与高伸长率产品不同,这类产品有两个连续相,即聚合物与水泥。由于粉料的比例增加,如果继续使用较细的粉体材料,粉料的表面积则太大,因此,粉料中的细骨料应当有一定的级配。由于粉料比例的增大,此类涂料产品在成膜后的性能有所不同,主要表现在以下几个方面:

(1)由于水泥在总配比中的比例加大,故涂膜的干燥时间缩短,即使环境比较潮湿,也能够成膜。

(2)由于水泥含量较高,其涂膜的刚性也随之增加,尽管有一定的柔性,一般不能通过通常的低温柔性试验。

(3)与Ⅰ型产品相比较,Ⅱ型产品由于聚合物的含量降低,材料的伸长率则随之大幅降低。

(4)由于材料的刚性增加、黏结强度提高和蠕弯性降低,背水面防水的效果更好,尤其在水压较高时。

(5)由于材料的刚性增加,涂料成膜后,有很好的抗穿刺、耐磨性能,所以作为地下外防水时,回填土不会对其造成破坏。

根据《聚合物水泥防水涂料》(GB/T 23445—2009),其主要技术性能要求如表 9-1 所示。

表 9-1　聚合物水泥防水涂料主要技术性能要求

序号	试验项目		技术指标		
			Ⅰ型	Ⅱ型	Ⅲ型
1	固体含量/%,≥		70	70	70
2	拉伸强度	无处理/MPa,≥	1.2	1.8	1.8
		加热处理后保持率/%,≥	80	80	80
		碱处理后保持率/%,≥	60	70	70
		浸水处理后保持率/%,≥	60	70	70
		紫外线处理后保持率/%,≥	80	—	—
3	断裂伸长率	无处理/%,≥	200	80	30
		加热处理/%,≥	150	65	20
		碱处理/%,≥	150	65	20
		浸水处理/%,≥	150	65	20
		紫外线处理/%,≥	150	—	—

序号	试验项目		技术指标		
			Ⅰ型	Ⅱ型	Ⅲ型
4	低温柔性（φ10 mm 棒）		−10 ℃ 无裂纹	—	—
5	黏结强度	无处理/MPa，≥	0.5	0.7	1.0
		潮湿基层/MPa，≥	0.5	0.7	1.0
		碱处理/MPa，≥	0.5	0.7	1.0
		浸水处理/MPa，≥	0.5	0.7	1.0
6	不透水性（0.3 MPa，30 min）		不透水	不透水	不透水
7	抗渗性（砂浆背水面）/MPa，≥		—	0.6	0.8

2. 聚合物水泥防水涂料的组成

聚合物水泥防水涂料的组成物质大致可以分为基料、颜料、填料、溶剂（水）以及助剂等类型。这些组成聚合物水泥防水涂料的众多原材料，按其在涂料中的性能和作用可概括为主要成膜物质、次要成膜物质和辅助成膜物质三类。

（1）主要成膜物质。主要成膜物质是决定涂膜性质的主要因素，可以单独成膜，也可以黏结颜料等物质成膜，所以主要成膜物质又被称为基料、胶黏剂。基料不仅是涂料必不可少的基本组分，而且其化学性质还决定了涂料的主要性能和应用方式，它是整个涂料组分的基础。

聚合物水泥防水涂料由两部分组成，即液相物和干粉混合物。液相物主要是指聚合物乳液，它是防水涂料的主要成膜物质，是影响涂料性能好坏的首要因素，它既关系到涂膜的耐水性、硬度、柔韧性等，也关系到对底材的黏结强度等性能。聚合物乳液主要类型有以下几种：乙烯-乙酸乙烯酯共聚物乳液（EVA 乳液）、纯丙烯酸酯乳液（纯丙乳液）、苯乙烯-丙烯酸酯共聚乳液（苯丙乳液）、丁苯胶乳以及氯丁胶乳等。其中最常见的是 EVA 乳液和丙烯酸酯乳液（纯丙乳液、苯丙乳液）。

（2）次要成膜物质。次要成膜物质的作用是增加涂膜硬度，呈现颜色和遮盖力，减缓紫外线破坏和提高涂料的耐久性。聚合物水泥防水涂料的干粉混合物主要有水泥、碳酸钙、石英砂、颜料等，粉剂对涂料的光泽、耐碱性、耐候性、分散性有一定的影响，是次要成膜物质。

（3）辅助成膜物质。聚合物水泥防水涂料的辅助成膜物质包括水（溶剂）和助剂。辅助成膜物质不能单独成膜，只是对涂料形成涂膜的过程或涂膜性能起辅助作用。聚合物水泥防水涂料所用的助剂主要有润湿分散剂、消泡剂、成膜助剂、增塑剂、增稠剂、流平剂、防腐防霉剂等多种。助剂在涂料中的用量虽小，但对涂料的储存性能、施工性能以及对所形成的涂层的物理性质都有明显的作用。

9.3.2　制备工艺

聚合物水泥防水涂料的一般生产过程包括基料的制备、液料的配制和粉料的配制等过程。

1. 基料的制备

基料的制备过程是指通过高分子聚合反应获得聚合物水泥防水涂料所需的成膜物质或将高分子聚合物作进一步改性处理的过程。

聚合物水泥防水涂料所使用的基料是乳液类基料,乳液类基料是采用一些有机单体通过乳液聚合的方法获得的高分子聚合物树脂乳液,如用苯乙烯和丙烯酸单体共聚可得到苯丙乳液。

2. 颜、填料的分散与研磨

在建筑涂料中使用的颜、填料均应先分散或研磨,尽管商品颜、填料都是粉料,但其颗粒都是数百个到数千个一次粒子相互凝聚在一起的二次粒子,这些二次粒子通常用一般的搅拌设备很难将其分散,需使用砂磨机、胶体磨等研磨设备才能达到要求的分散效果,否则由于颜、填料分散不好,就不能使颜、填料均匀地分布于成膜物质中,而形成连续的涂膜,进而影响涂料的性能。

根据颜、填料的加入方法不同,可分为色浆法和干着色法两种工艺。所谓色浆法就是将颜、填料预先研磨分散,制备成色浆,再用于调配涂料;干着色法是将颜、填料直接加入粉料中再研磨、分散的一种涂料制造方法。这两种方法对于生产匀质性涂料(如水溶性涂料、溶剂型涂料)差异不大,但应根据涂料的不同性能要求,选择恰当的生产工艺方法。对于生产乳胶涂料这类不均匀涂料的差异就较大,且应用不当就会造成基料破乳、涂膜粗糙等许多质量问题。

3. 聚合物水泥防水涂料的配制工艺

1)液料的生产

聚合物水泥防水涂料液料部分的配制过程就是将基料(乳液)、各种液态助剂、色浆按照工艺配方加到一起调制成均匀的液料的过程,液料的配制通常在带有变速的搅拌机或反应釜中完成。在这一生产环节中,各种原材料的加入顺序和加入方法都十分重要,必须严格按照工艺要求的规定进行。液料配制的工艺流程如图 9-2 所示。

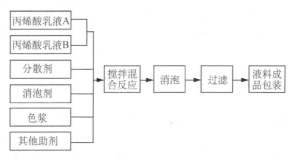

图 9-2　聚合物水泥防水涂料液料配制工艺流程

(1)首先按规定的配比将各种原材料正确称量。

(2)先将基料(如纯丙乳液、苯丙乳液、EVA 乳液等)投入搅拌机或反应釜中(如放入反应釜中配制液料,反应釜无需加热),在搅拌状态下加入分散剂、润湿剂等助剂,低速搅拌

15 min,搅拌速度为 300 r/min。

（3）配制彩色聚合物水泥防水涂料,如采用水性色浆可在搅拌状态下徐徐加入。

（4）将消泡剂适量加入到搅拌机或反应釜中,应在慢速 50 r/min 状态下消泡。

（5）出料时用筛网过滤后包装。

2）粉料的生产

聚合物水泥防水涂料粉料部分的配制过程就是将水泥、石英砂、固体消泡剂、固体分散剂、各种填料放入粉料搅拌机进行充分搅拌混合,粉末状颜料也应同时拌和,关键是各种固体粉料要充分拌和,达到规定的细度和含水率,粉料的配制工艺流程如图 9-3 所示。

（1）按配比将各组分原材料正确称量、脱水。

（2）将各组分粉料分别按顺序放入锥形混合机内混合 20 min,不宜将所有粉料混在一起一次性加入锥形混合机中。

（3）生产彩色聚合物水泥防水涂料,如采用粉状颜料,可在搅拌状态下加入到粉料中。

（4）最后将粉状消泡剂加入到粉料中。

（5）出料后过筛,达到规定目数要求后,包装。

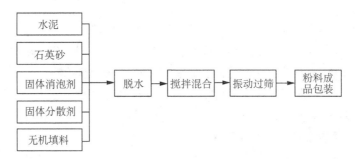

图 9-3　JS 防水涂料粉料配制工艺流程图

4. 涂料的过滤及产品包装

在聚合物水泥防水涂料的生产过程中,由于少部分粉料、颜(填)料尚未能被分散,或因破乳化成颗粒,或有杂质存在于涂料的液料部分或粉料部分中,因此此时的涂料不论液料还是粉料,均需经过滤除去粗颗粒和杂质,才能获得质量好的产品。可根据产品的不同要求,选用不同规格的筛网进行过滤,粉料如水分多尚需进行脱水。液料和粉料在计量后,放入不同的容器内进行包装,成为最终产品。

9.3.3　聚合物水泥防水涂料的发展

近年来,国内外都在大力发展水泥混凝土裂缝自修复技术(或称为渗透结晶技术),即在水泥混凝土成型时掺加某些有效成分,当水泥混凝土结构出现损坏、裂缝等不良现象时,混凝土材料会自行修复(自行密实混凝土的结构,提高其抗渗性能),从而达到提高混凝土耐久性和实用性的目的。吴蓁等将渗透结晶技术引入 JS 复合防水涂料中,制备自愈合(自闭型) JS 复合防水涂料已成为一个新的研究课题和新的产业化领域,该研究着重探讨了 JS 复合防水涂料的自愈合性能,并观察了自愈合防水涂料在裂缝中的结晶生长过程,为今后该领域的深入研究提供参考依据。

9.4　聚氨酯防水涂料

9.4.1　概述

聚氨酯建筑防水涂料又称聚氨酯涂膜防水材料,简称聚氨酯防水涂料。聚氨酯防水涂料是以聚氨酯树脂为主要成膜物质的一类高分子防水材料,是由异氰酸酯基(—NCO)的聚氨酯预聚体和含有多羟基(—OH)或氨基(—NH$_2$)的固化剂以及其他助剂的混合物按一定比例混合形成的一种反应型涂膜防水材料。

聚氨酯材料具有强度高、黏结力好、抗撕裂、耐磨、耐水、耐化学介质等许多优异的性能,由于结构活性高,还可用沥青等廉价产品共混填充改性而不明显改变其特性。建筑上以其为基础制造的防水涂料等产品已显示出技术优势,适用于各种屋面防水工程(需覆盖保护层)、地下建筑防水工程、厨房、浴室、卫生间防水工程、水池、游泳池防漏、地下管道防水、防腐蚀等,品种日渐增多。目前,高模量、高强度聚氨酯防水涂料的耐植物穿刺研究已初步具备了屋面种植的应用可能。吴蓁和余郑研制开发的一种高模量聚氨酯防水涂料,拉伸强度大,耐植物根穿刺能力强,解决了防水涂料在屋面绿化种植工程应用中面临的防水阻根效果差的技术问题。相比较防水卷材搭接黏结性差、建筑边角无法铺贴、热施工存在安全隐患等,该涂料能替代防水卷材形成无接缝的一体化涂膜,应用于建筑棚顶绿化工程。

1. 聚氨酯防水涂料的优缺点

(1)聚氨酯防水涂料在成膜固化前为无定形的黏稠状液态物质,故在任何结构复杂的基层表面均可施工,对于结构端部的收头亦较容易处理,容易保证质量,且为冷施工作业,施工操作安全。

(2)化学反应成膜,体积收缩小,易做成较厚的涂膜,涂膜防水层整体性强,无接缝,涂膜弹性和延伸性好,拉伸强度和撕裂强度均较高,对基层裂缝有较强的适应性,涂膜的耐磨性强,为各类涂料制品中耐磨性最好的一种,对金属、水泥、玻璃、橡塑等基面均具有优良的黏合性,优异的保护性和美观的装饰性兼备。

(3)原材料成本较高,为保证涂层的厚度及均匀性,对基层的平整度要求较高,成型温度影响膜层固化速度,双组分涂料需在施工现场准确称量配合,搅拌均匀。单组分涂料其涂膜的固化速度受基面的潮湿程度、空气湿度及涂覆厚度的影响。

2. 聚氨酯防水涂料的分类

按所用多元醇的品种不同,可分为聚酯型、聚醚型和蓖麻油型系列品种;按固化方式可分为双组分化学反应固化型、单组分潮湿固化型、单组分空气氧化固化型;从环境保护角度又可分为溶剂型、无溶剂型和水乳型;作为工业产品,习惯上将聚氨酯防水涂料以包装形式分为单组分、双组分和多组分三大类别。

单组分聚氨酯防水涂料实为聚氨酯预聚体,是在施工现场涂覆后经过—NCO 与水或潮气的化学反应,形成固化的涂膜。为解决与水固化反应而产生的二氧化碳气泡会影响涂膜性能,目前单组分聚氨酯防水涂料的潜固化技术业已成熟并广泛应用。

　　双组分聚氨酯防水涂料是由 A 组分主剂(预聚体)和 B 组分固化剂组成,A 组分主剂一般是以过量的异氰酸酯化合物与多羟基聚酯多元醇或聚醚多元醇按 NCO/OH 比值在 2.1~2.3 之间制成含 NCO 基 2%~3% 的聚氨酯预聚体,B 组分固化剂实际上是在醇类或胺类化合物的组分内添加催化剂、填料、助剂等,经充分搅拌后配制而成混合物。目前,我国的聚氨酯防水涂料多以使用双组分的形式为主。

　　多组分反应型聚氨酯防水涂料也有生产使用,其性能优于双组分。

　　依据在聚氨酯防水涂料填料组分中是否添加焦油(如煤焦油、油气焦油等)的情况,可将聚氨酯防水涂料分为焦油型聚氨酯防水涂料和非焦油型聚氨酯防水涂料两大类型。非焦油聚氨酯防水涂料根据其所用的填料以及颜料情况,可再分为纯聚氨酯防水涂料、沥青聚氨酯防水涂料、炭黑聚氨酯防水涂料、彩色聚氨酯防水涂料等十余种类型。焦油型聚氨酯防水涂料因其组分具有污染性,对环境影响较大,现已被列入淘汰品种。

3. 聚氨酯防水涂料的性能指标

　　《聚氨酯防水涂料》(GB/T 19250—2013)规定了适用于建筑防水工程所用的聚氨酯防水涂料的基本性能要求。要求其产品不应对人体、生物与环境造成有害的影响,与使用有关的安全与环保要求应符合我国相关国家标准和规范的要求。

　　产品的外观为均匀黏稠体、无凝胶、结块。聚氨酯防水涂料基本性能应符合表 9-2 的规定。

表 9-2　聚氨酯防水涂料基本性能

序号	项目		技术指标		
			I	II	III
1	固体含量/%,≥	单组分	85.0		
		双组分	92.0		
2	表干时间/h,≤		12		
3	实干时间/h,≤		24		
4	流平性[a]		20 min 时,无明显齿痕		
5	拉伸强度/MPa,≥		2.00	6.00	12.00
6	断裂伸长率/%,≥		500	450	250
7	撕裂强度/(N·mm^{-1}),≥		15	30	40
8	低温弯折性		−35 ℃,无裂纹		
9	不透水性		0.3 MPa,120 min,不透水		
10	加热伸缩率/%		−4.0~+1.0		
11	黏结强度/MPa,≥		1.0		
12	吸水率/%,≤		5.0		
13	定伸时老化	加热老化	无裂纹及变形		
		人工气候老化[b]	无裂纹及变形		

（续表）

序号	项目		技术指标		
			I	II	III
14	热处理(80 ℃,168 h)	拉伸强度保持率/%	80~150		
		断裂伸长率/%,≥	450	400	200
		低温弯折性	−30 ℃,无裂纹		
15	碱处理 [0.1%NaOH＋饱和 Ca(OH)$_2$溶液,168 h]	拉伸强度保持率/%	80~150		
		断裂伸长率/%,≥	450	400	200
		低温弯折性	−30 ℃,无裂纹		
16	酸处理 [2%H$_2$SO$_4$ 溶液,168 h]	拉伸强度保持率/%	80~150		
		断裂伸长率/%,≥	450	400	200
		低温弯折性	−30 ℃,无裂纹		
17	人工气候老化[b] (1 000 h)	拉伸强度保持率/%	80~150		
		断裂伸长率/%,≥	450	400	200
		低温弯折性	−30 ℃,无裂纹		
18	燃烧性能[b]		B$_2$−E(点火 15 s,燃烧 20 s, Fs≤150 mm),无燃烧滴落物引 燃滤纸		

注:[a]该项性能不适用于单组分和喷涂施工的产品。流平性时间也可根据工程要求和施工环境由供需双方商定并在订货合同与产品包装上明示。

[b]仅外露产品要求测定。

9.4.2　制备方法

聚氨酯防水涂料的品种繁多,其制备方法亦有差异,现以目前应用较广的双组分聚氨酯防水涂料为例,就聚氨酯防水涂料的基本制备方法作一介绍。

1. A 组分(预聚体组分)的制备

1) 预聚体的种类及主要反应

双组分聚氨酯涂料的 A 组分为多异氰酸酯预聚物组分,一般可分为五种类型:

(1) 二异氰酸酯与多元醇反应制得的加成物。

(2) 二异氰酸酯与水反应制得的多异氰酸酯缩二脲。

(3) 二异氰酸酯三聚化反应制得的多异氰酸酯三聚体。

(4) 蓖麻油与多元醇反应制得的蓖麻油醇解物,进而再与二异氰酸酯反应,制得蓖麻油多元醇二异氰酸酯预聚物。

(5) 蓖麻油、松香、多元醇、多元酸共釜反应制得松香改性蓖麻油甘油(或季戊四醇)醇酸树脂低分子聚合物,进而再与 TDI 反应,制得松香改性蓖麻油甘油醇酸型 TDI 预聚物、松香改性蓖麻油季戊四醇醇酸型 TDI 预聚物等。

此五种类型的多异氰酸酯预聚物的挥发性都较低,将其配制成聚氨酯树脂涂料,不易挥发到空气中,不易产生危害人身健康的情况。但在多异氰酸酯预聚物制备时,尤其在前三种类型多异氰酸酯预聚物制备时,一般都在二异氰酸酯单体过量下进行,这样,产品中就会存在过量未反应的游离二异氰酸酯单体。这些游离二异氰酸酯单体的存在,不仅会对涂膜性能带来不利影响,而且在施工过程中,还会对环境和人身健康产生不良影响,因此,在制备预聚体组分过程中,应尽可能采用真空薄膜蒸发法、溶剂萃取法、化学反应法等行之有效的分离方法将游离多异氰酸酯除去。

聚氨酯防水涂料 A 组分主要采用由二异氰酸酯和聚醚或聚酯多元醇经缩合而成的具有异氰酸酯基封端的预聚体,其 NCO/OH 值一般大于 2,控制在 2.1～2.3,因此产物中含有部分游离的异氰酸酯和端基为异氰酸酯基的预聚体。

另外,还有游离异氰酸酯或端基异氰酸酯的高分子物与水反应,放出 CO_2 和形成 —NH_2,进而形成脲基,产物中氮原子上有氢的取代氨基、脲基都可以与异氰酸酯基反应。

2) 原料

常用的多异氰酸酯有 TDI,MDI,PAPI 等几种。TDI 的蒸气压较高,气味较重,毒性也大,而 MDI 的毒性相对较小,但 MDI 反应速度较 TDI 慢。其产品机械性能较好,为了降低毒性,常用 TDI 和 PAPI/MDI 混合。

凡含有两个以上羟基的化合物均称多元醇化合物,在合成预聚体时一般常用二羟基聚醚和三羟基聚醚。为使聚氨酯涂膜有一定的弹性,宜多使用二官能度和相对分子质量大的聚醚化合物。一般采用聚醚多元醇所得到的涂料其耐水性能、电学性能和弹性均较聚酯多元醇为优,但其机械性能、耐温性、耐油性和耐候性则较聚酯多元醇略差一些,从防水的角度考虑,宜选用聚醚多元醇。

3) 预聚体的合成

(1) NCO/OH 比值的选择:理论上当 NCO/OH 比值为 1 时,预聚体相对分子质量最大,任何一种原料过量,都会降低相对分子质量;当 NCO/OH 比值等于 2 时,预聚体相对分子质量理论上最小。NCO/OH 比值过高则游离异氰酸酯多,涂膜发脆,易产生裂纹,伸长率降低。实际生产时,为了提高可操作性(降低黏度),一般 NCO/OH 比值控制在 2.1～2.3。

(2) 反应温度和反应时间:反应温度过高,支化和交联反应易发生,造成预聚体黏度增大;温度太低,需增加反应时间,从而降低生产效率。由于预聚体的合成反应是放热反应,所以在开始反应物浓度高时,要适当冷却,或控制加料量,后期要加热以维持反应温度在 70 ℃以下。

(3) 生产工艺:按配方定量将聚醚多元醇投入到反应釜中加热,在 100～150 ℃时抽真空(8.0×10⁴ Pa)脱水 1～4 h,自然冷却后,滴加、分批或一次性加入所需量的 TDI 或者 PAPI,温度控制在 40～70 ℃搅拌 2～3 h,脱气后包装、密闭,即为备用的预聚体。双组分聚氨酯防水涂料 A 组分的生产工艺流程如图 9-4 所示。

2. B 组分(固化剂组分)的制备

1) 原料

扩链剂和交联剂一般用一些相对分子质量小的聚醚多元醇,如甘油、蓖麻油、三羟甲基丙烷、间苯二胺、1,4-丁二醇、3,3-二氯-4,4-二氨基二苯基甲烷(MOCA)、N-甲基二乙醇

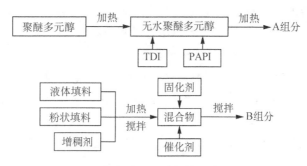

图 9-4　双组分聚氨酯防水涂料的生产工艺流程示意

胺、2,4-二氨基甲苯等。其中 MOCA 由于电子和立体效应,使氨基(—NH₂)与异氰酸酯基(—NCO)反应性降低,有利于固化反应速度的控制;分子的刚性和对称性强,有利于提高涂膜的强度。在使用 MOCA 时,NH_2/NCO 值一般在 0.85～0.95 为宜。比值降低时,缩二脲交联增加,分子间氢键减少,涂膜的断裂强度、断裂伸长率下降;NH/NCO 比值大于 1 时,过量的 MOCA 起着增塑剂和链终止剂的作用,会降低涂膜的强度。由于聚氨酯防水涂膜中的氨基甲酸酯基的硬链段微小结晶区分散在由聚醚多元醇构成的柔区内,即呈微相分离结构,MOCA 可以提高"硬区"的结晶性,对柔性作用不大。因此实际生产中常用醇(聚醚多元醇)-胺复合固化体系,将醇类提供的弹性、胺类提供的强度结合起来,以达到涂料的性能平衡要求。

催化剂常用的有叔胺类和金属烷基化合物。由于叔胺类催化剂对异氰酸酯作为防水涂料很少用,所以主要选用金属烷基化合物类催化剂,如二月桂酸二丁基锡、辛酸亚锡等。有时为了抑制交联要加入酸类、酰氯作缓凝剂,如常用的有 HCl(气体)、H_3PO_4、盐酸、酒石酸、酰氯类(如对甲苯磺酰氯、苯甲酰氯等)。

填充剂有活性的(如煤焦油)和惰性的(如炭黑、滑石粉、碳酸钙等)。目前煤焦油的使用受到一定的限制,故采用石油沥青的较多。

稀释剂常用的有甲苯、丁酮、二甲苯、粗苯、丙酮、乙酸乙酯等,使用时要求稀释剂不含水,对固化速度无影响和对预聚体有较好的相容性。

2) 生产工艺

首先将液体的填料如焦油、沥青投入到反应釜中进行真空脱水,冷却后用脱过水的稀释剂(如丙酮)将 MOCA 溶解,在 35～50 ℃时加入(用乙酸乙酯作稀释剂,可在 40～60 ℃时加入),也可以直接加入 MOCA,在 60～80 ℃下溶解。双组分聚氨酯防水涂料 B 组分的生产工艺流程如图 9-4 所示。

9.5　硅橡胶密封胶

9.5.1　概述

1. 定义及应用

硅橡胶防水密封膏是以聚硅氧烷为主剂,加入硫化剂、硫化促进剂、填料等配制而成,是一种可以在室温下固化或加热固化的液态橡胶优质嵌缝材料。它耐紫外光、臭氧、化学介质,耐低温(-60 ℃)也耐高温(150 ℃),绝缘、防水防潮性好,能耐稀酸及某些有机溶剂的侵蚀。硅橡胶十分适合作耐热、耐寒、绝缘、防水防潮和防震的密封和黏结材料。

硅橡胶防水密封膏广泛用于建筑结构和非建筑结构密封部位。如高模量有机密封膏用于玻璃幕墙、门窗、金属窗柜嵌缝玻璃密封;中模量有机硅密封膏除了具有极大伸缩性的接缝不能使用外,其他场合都可以使用;低模量有机硅密封膏主要用于建筑物的非结构型密封部位,如外墙板缝、卫生间接缝等。

有机硅密封胶的贮存性稳定,使用后的密封胶耐久性好,硫化后的密封胶在-50~250 ℃范围内长期保持弹性。

2. 分类

有机硅橡胶密封胶根据其包装形式可分为单组分和双组分。

单组分有机硅橡胶密封胶是由硅橡胶为主剂,加入硫化剂、填充剂、颜料等组分组成。是在隔绝空气的条件下,把各组分混合均匀后,装于密闭包装筒中,当施工后,密封胶借助空气中的水分进行交联反应,形成橡胶弹性体。单组分室温硫化(RTV)硅橡胶密封胶主要作耐高低温、防潮、绝缘、防震密封和胶接材料,如电子、光学仪器的灌封密封和胶接,可控硅元件的表面保护等。近年来单组分硅橡胶密封胶在建筑方面的应用发展很快,它可用作预制件的嵌缝密封材料、防水堵漏材料以及金属窗框上镶嵌玻璃的密封料。

双组分有机硅橡胶密封胶的主剂与单组分相同,但硫化剂及机理不同。双组分密封胶是把主剂、填料及其他成分混合后作为一个组分包装于一个容器中,通常将硫化体系配成另一个组分包装于另一个容器中,使用时两个组分按比例混合,借助于空气中的水分而交联成三维网状结构的弹性体。室温硫化硅橡胶双组分密封胶作为灌封材料用于电气设备、电子元件、仪器的绝缘、防潮、防震、防振、防尘和防腐密封,还可作为模型材料,近年来在建筑上也有大量使用。

目前采用单组分有机硅橡胶密封胶的较多,采用双组分有机硅橡胶密封胶的则较少。

有机硅橡胶密封胶,按其使用的硫化剂种类不同可分为醋酸型、酮肟型、醇型、胺型、酰胺型和氨氧型等;按其硫化方式可分为高温硫化和室温硫化两大类,以室温硫化型硅橡胶应用最为广泛,其最显著的特点是在室温下无需加热、加压即可就地固化,使用极其方便。室温硫化硅橡胶按成分、硫化机理和使用工艺不同可分为三大类型:单组分室温硫化硅橡胶、双组分缩合型室温硫化硅橡胶和双组分加成型室温硫化硅橡胶。其中,以单组分室温硫化(RTV)硅橡胶最为普遍,单组分室温硫化硅橡胶作为密封胶使用时,常常被称为硅酮密封胶,简称酮胶(膏)。

硅酮建筑密封胶按用途可分为两种类别:F 类和 G 类。F 类用于建筑接缝,G 类用于镶装玻璃用(不适于制造中空玻璃用),其中 Gn 类为普通装饰装修镶装玻璃用,Gw 类为建筑幕墙非结构性装配用。硅酮建筑密封胶按流动性可分为两种型号:N 型和 L 型,N 型为非下垂型,L 型为自流平型。

3. 理化性能指标

《硅酮和改性硅酮建筑密封胶》(GB/T 14683—2017)适用于以聚硅氧烷为主要成分,室温固化的单组分和多组分的密封胶,其理化性能指标如表 9-3 所示。

表 9-3　硅酮建筑密封胶的理化性能

序号	项目		技术指标							
			50LM	50HM	35LM	35HM	25LM	25HM	20LM	20HM
1	密度/(g·cm⁻³)		规定值±0.1							
2	下垂度/mm		≤3							
3	表干时间ᵃ/h		≤3							
4	挤出性/(mL·min⁻¹)		≥150							
5	适用期ᵇ		需双方商定							
6	弹性恢复率/%		≥80							
7	拉伸模量/MPa	23 ℃	≤0.4 和 ≤0.6	>0.4 或 >0.6	≤0.4 和 ≤0.6	>0.4 或 >0.6	≤0.4 和 ≤0.6	>0.4 或 >0.6	≤0.4 和 ≤0.6	>0.4 或 >0.6
		−20 ℃								
8	定伸黏结性		无破坏							
9	浸水后定伸黏结性		无破坏							
10	冷拉-热压后黏结性		无破坏							
11	紫外线辐照后黏结性ᶜ		无破坏							
12	浸水光照后黏结性ᵈ		无破坏							
13	质量损失率/%		≤8							
14	烷烃增塑剂ᵉ		不得检出							

注：ᵃ允许采用供需双方商定的其他指标值。
　　ᵇ仅适用于多组分产品。
　　ᶜ仅适用于 Gn 类产品。
　　ᵈ仅适用于 Gw 类产品。
　　ᵉ仅适用于 Gw 类产品。

9.5.2　单组分室温硫化(RTV)硅橡胶的制备方法

单组分 RTV 硅橡胶的配制主要依使用的交联剂种类及性能要求设计配方及配制工艺。根据单组分 RTV 硅橡胶是借助于空气中的水分硫化及作为密封剂、胶黏剂使用的特点,在配方及配制工艺上,除考虑硫化后的各种性能外,还要考虑硫化前的使用工艺要求及胶料在包装容器中的储存稳定性。

单组分 RTV 硅橡胶作为密封剂使用时,主要考虑完全硫化后的模量大小,对接触基材的黏结性、动态耐久性、表面耐候性、腐蚀性以及对周边的污染性等因素。其中模量是表征密封剂移动能力的参数,用密封剂的定伸应力来度量;它是密封剂的品级标志,也是配方设计中首先要考虑的问题(图 9-5)。

密封剂按模量分为三类:高模量、中模量和低模量。密封剂模量主要通过基胶的摩尔质

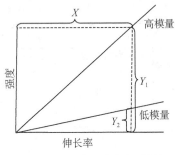

图 9-5　密封胶的应力-伸长与模量示意

量、交联体系、增塑剂或模量下调剂及填料的品种规格来调整。表 9-4 为单组分 RTV 硅橡胶密封剂的模量品级与性能特征。

单组分 RTV 硅橡胶在配制过程中,必须严格控制各种成分的含水率,并在干燥环境中进行。在工业生产中使用的主要设备有捏合机、高速搅拌器、行星式搅拌器、三辊研磨机、静态混合器、单螺杆或双螺杆混炼挤出机及包装机等。可以采用间歇法生产,但在大规模生产中多采用连续法。间歇法生产的主要设备是行星式搅拌器(图 9-6)或蝶形分散机(图 9-7),其最大装料容积可达 2.5 m³。连续法生产的主要设备是双螺杆混炼挤出机或静态混合器;图 9-8、图 9-9 及图 9-10 是三种连续生产工艺的流程图。

表 9-4　单组分 RTV 硅橡胶密封剂的模量品级与性能特征

性能特征	高模量	中模量	低模量
M_{100}[a]/MPa	>0.6	0.4~0.6	<0.4
T_{max}[b]/MPa	>2.0	0.75~2.0	<0.75
E_{max}[c]/%	150~300	300~750	>750
CF[d]/%	100	100	100

注:[a] 100%定伸应力;[b] 最大拉伸应力;[c] 最大负荷时的伸长率;[d] 凝聚破坏率(对玻璃)。

图 9-6　行星式搅拌器

图 9-7　蝶形分散机

第 1 步,在高速搅拌器中,基胶与加工助剂及填料混合,搅拌转速 300~1 000 r/min,混合温度不要超过 80 ℃,避免下一步与交联剂、催化剂混合时发生凝胶化;搅拌器中的装料系数由出口压力控制在 10%~30%,连续进料,混炼后的胶料连续出料(图 9-8)。

第 2 步,将配制好的胶料由泵连续输送至减压状态的料罐中,在料罐中连续脱气并添加触变剂,料罐的真空度控制在 13.33 kPa 以下;混合触变剂及脱气后的胶料由泵连续输送至静态混合器,同时由 KRC 捏合机连续向静态混合器输送交联剂与催化剂的混合物(图 9-9)。

第 3 步，经静态混合器混合的胶料连续进入双螺杆混炼挤出机，并同时连续补加交联剂或其他添加剂。胶料在双螺杆混炼挤出机中，80 ℃以下充分混合后，连续进入混合器中脱气后包装（图 9-10）。

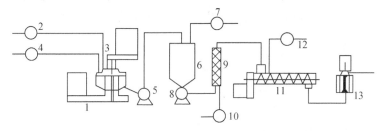

1—高速搅拌器；2—基胶；3—填料；4—加工助剂；5，8—泵；6—料罐；7—真空泵；
9—静态混合器；10—KRC 捏合机；11—双螺杆混炼挤出机；12—交联剂；13—混合器

图 9-8　单组分 RTV 硅橡胶连续生产工艺流程 1

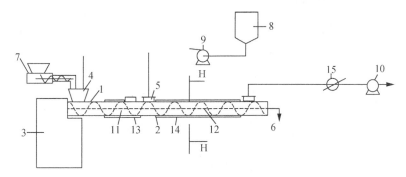

1—筒体；2—螺杆；3—机座；4—第一供料口；5—第二供料口；6—出料口；7—粉体进料口；
8—液体组分储罐；9，10—泵；11，12—混炼部位；13，14—加热段；15—抽气

图 9-9　单组分 RTV 硅橡胶连续生产工艺流程 2

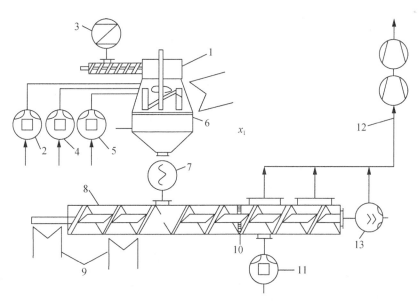

1—混合器；2—基胶；3—粉体填料；4—加工助剂；5—交联剂；6—行星搅拌；7—单向螺杆泵；
8—螺杆捏合机；9—水冷却装置；10—滑环；11—催化剂；12—排气装置；13—泵

图 9-10　单组分 RTV 硅橡胶连续生产工艺流程 3

单组分 RTV 硅橡胶的包装普遍采用金属软管（50 g 或 100 g）、塑料封筒或金属封筒（330 mL），各种包装都配有调节挤出量的塑料咀；为适应建筑工程的施工需要，也有塑料复合膜制的肠形软包装形式。金属软管出口部位与塑料盖的结构螺纹设计应考虑防止湿气进入及胶料畅通挤出。塑料封筒尾部的顶料活塞除尺寸精度要求严格外，还应在周边涂布一层密封滑膏。

第10章

建筑玻璃制品

10.1 概述

10.1.1 玻璃的发展史

玻璃是一种有良好的光学性质、化学性质、机械性质、电学性质等许多优良性质的材料。它广泛地应用于建筑工业、医药食品工业、化学工业、电器电子工业、光学工业等领域,并且在现代技术如激光技术、航空航天技术、通信技术、信息技术中发挥越来越重要的作用。玻璃的制造有着悠久的历史,5000年前,人们就利用天然玻璃黑曜岩制成工具和器皿。公元前2500年,埃及人和美索不达米亚人把玻璃制成熔块,凿制成串珠和小容器。

1000多年后,埃及开始将熔化的成分为钠钙硅酸盐的玻璃覆盖在一定形状的砂芯上,进行固化成型,并在玻璃器表面覆上有色玻璃熔体进行装饰。中国西周时期已制造了不透明的成分为铅钡硅酸盐的玻璃珠等装饰品。战国时期,采用模压浇注法制造了乳白色、深黄色、蓝紫色、红色、红褐色的玻璃壁、玻璃耳珰、玻璃珠等装饰品。汉代出现钾硅酸盐玻璃,玻璃器经朝鲜半岛传入日本。公元前200年,美索不达米亚地区首先使用玻璃吹管。后来有了较好材质的坩埚,可将玻璃加热到较高温度进行吹制,形成了玻璃器皿的吹制工艺。

1635年,欧洲人用燧石作为原料,引入氧化铅和氧化钾制成折射率高、色散大的铅钾火石玻璃。18世纪,采用吹球法、浇注法制作平板玻璃,并开始作为窗玻璃。1837年,采用高热量逐层熔化石英晶体的方法制成石英玻璃。1880年,德国科学家O.肖特和E.阿贝研究玻璃成分与性质关系,引入钡、硼、锌、铅等一系列新的化学成分,从而出现一批德国耶那(Jena)玻璃品种。1914年,美国人E.C.沙利文和W.C.泰勒研究成功派莱克斯(Pyrex)低膨胀硼硅酸盐玻璃。1938年,美国人M.E.诺贝格和H.P.胡德研究成功并制得高硅氧玻璃。1939年,德国人E.科德斯研究磷酸盐玻璃性质,逐步发展了一批低折射率、低色散的氟磷酸盐光学玻璃。1942年,美国人G.W.莫里把稀土和稀有氧化物加入硼酸盐玻璃得到一系列高折射率、低色散光学玻璃。1947年,美国人S.D.斯图基发明经紫外线照射后呈现颜色的感光玻璃。1957年,斯图基又发明在特定玻璃成分中加晶核剂,经热处理使析出晶核继而诱析主晶相,形成微晶玻璃。1964年,美国人W.H.阿米斯特德和斯图基研究成功随光照强度发生明暗变化的含卤化银的光色互变玻璃。

玻璃是一种历史悠久而又生机勃勃的材料。近年来,随着科学技术的飞速发展,玻璃材料的品种和功能越来越多,玻璃材料的应用领域也在不断扩大,其在日常生活、工业、国防、航空航天、通信等领域发挥着无可替代的作用。因此,对玻璃态物质组成、结构、性能及其依从关系的深入研究变得更为必要。

10.1.2　玻璃的组成

玻璃是非晶无机非金属材料,一般是用多种无机矿物(如石英砂、硼砂、硼酸、重晶石、碳酸钡、石灰石、长石、纯碱等)为主要原料,另外加入少量辅助原料制成的。它的主要成分为二氧化硅和其他氧化物。

普通玻璃的化学组成是 Na_2SiO_3,$CaSiO_3$,SiO_2 或 $Na_2O \cdot CaO \cdot 6SiO_2$ 等,主要成分是硅酸盐复盐,是一种无规则结构的非晶态固体。广泛应用于建筑物,用来隔风透光,属于混合物。另有混入了某些金属的氧化物或者盐类而显现出颜色的有色玻璃,通过物理或者化学的方法制得的钢化玻璃,等等。有时把某些透明的塑料(如聚甲基丙烯酸甲酯)也称作有机玻璃。

10.1.3　玻璃的性质

玻璃是一种具有无规则结构的非晶态固体,其原子不像晶体那样在空间作长程有序的排列,而近似于液体那样具有短程有序。玻璃的机械性质类似同组成的晶体,破碎时往往具有贝壳状断裂面。

玻璃的一般性质如下:

(1)表观密度。玻璃的表观密度与其化学成分有关,故变化很大,而且随温度升高而减小。普通硅酸盐玻璃的表观密度在常温下大约是 2 500 kg/m³。

(2)力学性质。玻璃的力学性质决定于其化学组成、制品形状、表面性质和加工方法。凡含有未熔杂物、结石、节瘤或具有微细裂纹的制品,都会造成应力集中,从而急剧降低其机械强度。在建筑中玻璃经常承受弯曲、拉伸、冲击和震动,很少受压,所以玻璃的力学性质的主要指标是抗拉强度和脆性指标。玻璃的实际抗拉强度为 30~60 MPa。普通玻璃的脆性指标(弹性模量 E 与抗拉强度 R 之比)为 1 300~1 500(橡胶为 0.4~0.6)。脆性指标越大,说明玻璃的脆性越大。

(3)热物理性质。①玻璃的导热性很差,在常温时其导热系数仅为铜的 1/400,但随着温度的升高而增大。另外,它还受玻璃的颜色和化学组成的影响。②玻璃的热膨胀性决定于其化学组成及纯度,纯度越高,热膨胀系数越小。③玻璃的热稳定性决定于玻璃在温度剧变时抵抗破裂的能力。玻璃的热膨胀系数越小,其热稳定性越高。玻璃制品越厚、体积越大,热稳定性越差。因此须用热处理方法提高制品的热稳定性。

(4)化学稳定性。玻璃具有较高的化学稳定性,但当长期遭受侵蚀性介质的腐蚀时,也能导致变质和破坏。

(5)光学性能。玻璃既能透过光线,又能反射和吸收光线,所以厚玻璃和多层重叠玻璃,往往是不易透光的。玻璃反射光能与投射光能之比称为反射系数。反射系数的大小决定于反射面的光滑程度、折射率、投射光线入射角的大小、玻璃表面是否镀膜及膜层的种类等因素。玻璃吸收光能与投射光能之比称为吸收系数;透射光能与投射光能之比称为透射系数。反射系数、透射系数和吸收系数之和为 100%。普通 3 mm 厚的窗玻璃在太阳光垂直投射的情况下,反射系数为 7%,吸收系数为 8%,透射系数为 85%。将透过 3 mm 厚标准透明玻璃的太阳辐射能量作为 1.0,其他玻璃在同样条件下透过太阳辐射能的相对值称为遮蔽系数。遮蔽系数越小说明通过玻璃进入室内的太阳辐射能越少,冷房效果越好,光线越柔和。

10.1.4　玻璃的分类

玻璃的品种很多,分类方法也有多种。

1. 按主要化学成分分类

这是一种较严密的分类方法,其特点是从名称上直接反映玻璃的主要和大概的结构、性质范围,按组成可将玻璃主要分为元素玻璃、氧化物玻璃、非氧化物玻璃三大类。也有加上氧氮化合物玻璃,共分为四类的。

(1) 元素玻璃。是指由单一元素构成的玻璃,如硫玻璃、硒玻璃等。

(2) 氧化物玻璃。是指借助氧桥形成网络结构的玻璃,氧化物玻璃又分为硅酸盐玻璃、硼酸盐玻璃、磷酸盐玻璃等。它包含了当前已了解的大部分玻璃品种,这类玻璃在实际应用和理论研究上最为重要。

其中硅酸盐玻璃指基本成分为 SiO_2 的玻璃,其品种多、用途广。通常根据玻璃中 SiO_2 以及碱金属、碱土金属氧化物的含量不同,又分为以下几种。

① 石英玻璃。SiO_2 含量大于 99.5%,热膨胀系数低,耐高温,化学稳定性好,透紫外光和红外光,熔制温度高,黏度大,成型较难。多用于半导体、电光源、光导通信、激光等技术和光学仪器中。

② 高硅氧玻璃。SiO_2 含量约 96%,其性质与石英玻璃相似。

③ 钠钙玻璃。以 SiO_2 含量为主,还含有 15% 的 Na_2O 和 16% 的 CaO,其成本低廉,易成型,适宜大规模生产,其产量占实用玻璃的 90%。可生产玻璃瓶罐、平板玻璃、器皿、灯泡等。

④ 铅硅酸盐玻璃。主要成分有 SiO_2 和 PbO,具有独特的高折射率和高体积电阻,与金属有良好的浸润性,可用于制造灯泡、真空管芯柱、晶质玻璃器皿、火石光学玻璃等。含有大量 PbO 的铅玻璃能阻挡 X 射线和 γ 射线。

⑤ 铝硅酸盐玻璃。以 SiO_2 和 Al_2O_3 为主要成分,软化变形温度高,用于制作放电灯泡、高温玻璃温度计、化学燃烧管和玻璃纤维等。

⑥ 硼硅酸盐玻璃。以 SiO_2 和 B_2O_3 为主要成分,具有良好的耐热性和化学稳定性,用以制造烹饪器具、实验室仪器、金属焊封玻璃等。硼酸盐玻璃以 B_2O_3 为主要成分,熔融温度低,可抵抗钠蒸汽腐蚀。含稀土元素的硼酸盐玻璃折射率高、色散低,是一种新型光学玻璃。

(3) 非氧化物玻璃。非氧化物玻璃品种和数量很少,主要有硫系玻璃和卤化物玻璃。卤化物玻璃结构中的连接桥是卤族元素,例如,氟化物玻璃和氯化物玻璃。卤化物玻璃的折射率低,色散低,多用作光学玻璃。硫系化合物玻璃结构中的连接桥是第Ⅵ族元素中除氧以外的其他各元素,例如,硫化物玻璃、硒化物玻璃等。硫系玻璃的阴离子多为硫、硒、碲等,可截止短波长光线而通过黄、红光,以及近、远红外光,其电阻低,具有开关与记忆特性。

(4) 氧氮化合物玻璃。是指氮取代氧制成的硅铝氧氮玻璃、钙铝氧氮玻璃和钇硅铝氧氮玻璃。

2. 按性能分类

按性能分类的方法一般用于一些专门用途的玻璃,通常有如下分类。

(1) 按光学特性分为光敏玻璃、声光玻璃、光色玻璃、高折射率玻璃、低色散玻璃、反射玻璃和半透过玻璃。

(2) 按热学特性分为热敏玻璃、隔热玻璃、耐高温玻璃和低膨胀玻璃。

(3) 按电学特性分为高绝缘玻璃、导电玻璃、半导体玻璃、高介电性玻璃和超导玻璃。

(4) 按力学性能分为高强度玻璃和耐磨玻璃。

(5) 按化学稳定性分为耐酸玻璃和耐碱玻璃。

10.1.5 玻璃的基本生产工艺

玻璃的生产工艺包括配料、熔制、成型、退火等工序。

1. 配料

按照设计好的料方单,将各种原料称量后在一混料机内混合均匀。玻璃的主要原料有石英砂、石灰石、长石、纯碱、硼酸等。

2. 熔制

将配好的原料经过高温加热,形成均匀的无气泡的玻璃液。这是一个很复杂的物理、化学反应过程。玻璃的熔制在熔窑内进行。熔窑主要有两种类型:一种是坩埚窑,玻璃料盛在坩埚内,在坩埚外面加热。小的坩埚窑只放 1 个坩埚,大的可多达放 20 个坩埚。坩埚窑是间隙式生产的,现在仅有光学玻璃和颜色玻璃采用坩埚窑生产。另一种是池窑,玻璃料在窑池内熔制,明火在玻璃液面上部加热。玻璃的熔制温度大多在 1 300~1 600 ℃。大多数用火焰加热,也有少量用电流加热的,称为电熔窑。现在,池窑都是连续生产的,小的池窑可以是几个米,大的可以大到 400 多米。

3. 成型

成型是将熔制好的玻璃液转变成具有固定形状的固体制品。成型必须在一定温度范围内才能进行,这是一个冷却过程,玻璃首先由黏性液态转变为可塑态,再转变成脆性固态。成型方法可分为人工成型和机械成型两大类。

(1) 人工成型。①吹制,用一根镍铬合金吹管,挑一团玻璃在模具中边转边吹。主要用来成型玻璃泡、瓶、球(划眼镜片用)等。②拉制,在吹成小泡后,另一工人用顶盘黏住,二人边吹边拉主要用来制造玻璃管或棒。③压制,挑一团玻璃,用剪刀剪下使它掉入凹模中,再用凸模一压。主要用来成型杯、盘等。④自由成型,挑料后用钳子、剪刀、镊子等工具直接制成工艺品。

(2) 机械成型。因为人工成型劳动强度大,温度高,条件差,所以,除自由成型外,大部分已被机械成型所取代。机械成型除了压制、吹制、拉制外,还有压延法、浇注法、烧结法等。

①压延法,用来生产厚的平板玻璃、刻花玻璃、夹金属丝玻璃等。②浇注法,生产光学玻璃。③离心浇注法,用于制造大直径的玻璃管、器皿和大容量的反应锅。这是将玻璃熔体注入高速旋转的模子中,由于离心力使玻璃紧贴到模子壁上,旋转继续进行直到玻璃硬化为止。④烧结法,用于生产泡沫玻璃。它是在玻璃粉末中加入发泡剂,在有盖的金属模具中加热,玻璃在加热过程中形成很多闭口气泡,这是一种很好的绝热、隔声材料。此外,平板玻璃

的成型有垂直引上法、平拉法和浮法。浮法是让玻璃液流漂浮在熔融金属(锡)表面上形成平板玻璃的方法,其主要优点是玻璃质量高(平整、光洁),拉引速度快,产量大。

4. 退火

玻璃成型过程中经受了激烈的温度变化和形状变化,这种变化在玻璃中留下了热应力。这种热应力会降低玻璃制品的强度和热稳定性。如果直接冷却,很可能在冷却过程中或以后的存放、运输和使用过程中自行破裂(俗称玻璃的冷爆)。为了消除冷爆现象,玻璃制品在成型后必须进行退火。退火就是在某一温度范围内保温或缓慢降温一段时间以消除或减少玻璃中热应力到允许值。

此外,某些玻璃制品为了增加其强度,可进行钢化处理。包括物理钢化(淬火),用于较厚的玻璃杯、桌面玻璃、汽车挡风玻璃等;化学钢化(离子交换),用于手表表蒙玻璃、航空玻璃等。钢化的原理是在玻璃表面层产生压应力,以增加其强度。

10.2　平板玻璃

10.2.1　概述

平板玻璃也称白片玻璃或净片玻璃。平板玻璃是指其厚度远远小于其长度和宽度、上下表面平行的板状硅酸盐玻璃。平板玻璃是重要的生活和生产要素,广泛应用于各个领域,其最常见的用途是用作建筑门窗,除此之外,平板玻璃的传统应用领域还包括汽车、火车、飞机等交通工具的舷窗制造。近一二十年来,随着建筑和交通工具制造要求的不断提高,平板玻璃的种类不断增加,安全玻璃、自洁玻璃、防辐射玻璃、低辐射玻璃等各种新型功能玻璃层出不穷。另外,平板玻璃也是诸多新兴产业的重要原材料。太阳能电池、液晶显示器、LED显示器等高科技产品都以特殊的平板玻璃作为基板。

中国平板玻璃的年产量自 1989 年起已连续二十几年位居世界第一。以 2010 年为例,中国平板玻璃年产量达 6.6 亿重量箱,占全球平板玻璃产量的一半以上。从量上来看,中国是名副其实的平板玻璃生产大国。但是一个产业要实现可持续发展,单纯追求产量是不可取的。提高产业的竞争力才是实现产业可持续发展,在国际竞争中取得有利地位的必然选择。

平板玻璃具有良好的透视性,透光性能好(3 mm 和 5 mm 厚的无色透明平板玻璃的可见光透射比分别为 88% 和 86%),对太阳中近红热射线的透过率较高,但对可见光设置室内墙顶地面和家具、织物而反射产生的远红外长波热射线却有效阻挡,故可产生明显的"暖房效应"。无色透明平板玻璃对太阳光中紫外线的透过率较低。平板玻璃具有隔声和一定的保温性能,其抗拉强度远小于抗压强度,是典型的脆性材料。平板玻璃具有较高的化学稳定性,通常情况下,对酸、碱、盐及化学试剂及气体有较强的抵抗能力,但长期遭受侵蚀介质的作用也能导致质变和破坏,如玻璃的风化和发霉都会导致外观的破坏和透光能力的降低。平板玻璃热稳性较差,急冷急热,易发生爆裂。

1. 平板玻璃的分类

按厚度可分为薄玻璃、厚玻璃、特厚玻璃;按表面状态可分为普通平板玻璃、压花玻璃、磨光玻璃和浮法玻璃等。平板玻璃还可以通过着色、表面处理、复合等工艺制成具有不同色彩和各种特殊性能的制品,如吸热玻璃、热反射玻璃、选择吸收玻璃、中空玻璃、钢化玻璃、夹层玻璃、夹丝网玻璃和颜色玻璃等(新型建筑玻璃、安全玻璃)。普通平板玻璃,即窗玻璃,一般指用有槽垂直引上、平拉、无槽垂直引上及旭法等工艺生产的平板玻璃。根据《平板玻璃》(GB 11614—2009)的规定,净片玻璃按其公称厚度,分为 2 mm,3 mm,5 mm,6 mm,8 mm,10 mm,12 mm,15 mm,19 mm,22 mm,25 mm 共 12 种规格。用于一般建筑、厂房、仓库等,也可用它加工成毛玻璃、彩色釉面玻璃等,厚度在 5 mm 以上的可以作为生产磨光玻璃的毛坯。常见的平板玻璃有磨光玻璃和浮法玻璃,是用普通平板玻璃经双面磨光、抛光或采用浮法工艺生产的玻璃。一般用于民用建筑、商店、饭店、办公大楼、机场、车站等建筑物的门窗、橱窗及制镜等,也可用于加工制造钢化、夹层等安全玻璃。

按照《平板玻璃》(GB 11614—2009),平板玻璃根据其外观质量分为优等品、一等品和合格品三个等级。

2. 制作工艺

平板玻璃传统的主要成型方法有手工成型和机械成型两种。

(1) 手工成型:主要有吹泡法、冕法、吹筒法等。这些方法由于生产效率低,玻璃表面质量差,已逐步被淘汰,只有在生产艺术玻璃时采用。

(2) 机械成型:主要有压延、有槽垂直引上、对辊(也称旭法)、无槽垂直引上、平拉和浮法等。

压延法是将熔窑中的玻璃液经压延辊辊压成型、退火而制成,主要用于制造夹丝(网)玻璃和压花玻璃。有槽垂直引上法、对辊法、无槽垂直引上法等工艺基本相似,是使玻璃液分别通过槽子砖或辊子、或采用引砖固定板根,靠引上机的石棉辊子将玻璃带向上拉引,经退火、冷却、连续地生产平板玻璃。平拉法是将玻璃垂直引上后,借助转向辊使玻璃带转为水平方向。这些方法在 20 世纪 70 年代以前是通用的平板玻璃生产工艺。

浮法是将玻璃液漂浮在金属液面上制得平板玻璃的一种新方法,是英国皮尔金顿公司于 1959 年研究成功的新工艺。它是将玻璃液从池窑连续地流入并漂浮在有还原性气体保护的金属锡液面上,依靠玻璃的表面张力、重力及机械拉力的综合作用,拉制成不同厚度的玻璃带,经退火、冷却而制成平板玻璃(也称浮法玻璃)。由于这种玻璃在成型时,上表面在自由空间形成火抛表面,下表面与熔融的锡液接触,因而表面平滑,厚度均匀,不产生光畸变,其质量不亚于磨光玻璃。这种生产方法具有成型操作简易、质量优良、产量高、易于实现自动化等优点,20 世纪 80 年代已被广泛采用。如果在锡槽内高温玻璃带表面上,设置铜铅等合金作阳极,以锡液作阴极,通以直流电后,可使铜等金属离子迁移到玻璃上表面而着色,称作"电浮法"。也可以在锡槽出口与退火窑中间,设热喷涂装置而直接生产表面着色的颜色玻璃、热反射玻璃等。浮法工艺生产的平板玻璃性能均优于其他工艺生产的平板玻璃。

10.2.2 浮法玻璃生产工艺与设备

由浮法成型工艺生产的玻璃称为浮法玻璃。浮法玻璃的生产过程是玻璃配合料的熔化→玻璃液的澄清→玻璃液的冷却→玻璃液的成型→玻璃带的抛光→玻璃带的冷却、退火、切割→玻璃产品的包装(图 10-1)。

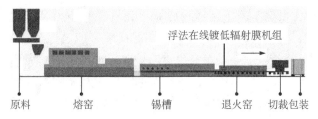

图 10-1　浮法成型过程示意

1. 浮法玻璃熔制

熔制是玻璃生产中的重要工序之一,它是配合料经过高温加热形成均匀的、无气泡的并符合成型要求的玻璃液的过程。玻璃熔制过程大致分为五个阶段:

(1)硅酸盐形成阶段。配合料发生一系列的物理变化和化学变化,主要的固相反应完成,伴随有大量的气体逸出。该阶段温度为 800～900 ℃。配合料变为由硅酸盐和二氧化硅组成的不透明烧结物。

(2)玻璃形成阶段。该阶段,上述提到的不透明烧结物开始熔融,最终变为透明体,未反应配合料已没有。在玻璃液中有大量的气泡和条纹,化学组成不均匀。该阶段温度为 1 200～1 250 ℃。

(3)澄清。玻璃液保持高温状态,黏度较低,玻璃液中的气泡慢慢逸出。该阶段温度为 1 400～1 500 ℃,黏度在 10 Pa·s 左右。

(4)均化。玻璃液相互扩散,化学组成趋于一致,均匀性逐渐提高。均化可在低于澄清的温度下完成。

(5)冷却。将玻璃液降温,使其温度能达到成型所需要求。一般为 10^2～10^3 Pa·s。

上述五个阶段,在玻璃熔窑中同时进行或交错进行,主要取决于熔制工艺及熔窑结构特点。

浮法玻璃熔窑为熔化设施,呈固体粉末状的配合料在熔窑内经过高温作用,熔化并发生复杂物理、化学反应形成熔融态玻璃液,经过长时间的澄清和均化,最后由流道流出熔窑,进入锡槽。图 10-2 为浮法玻璃熔窑结构俯视示意图。

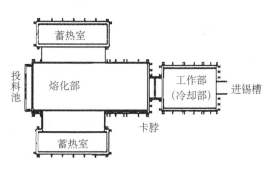

图 10-2　浮法玻璃熔窑结构俯视示意

浮法玻璃熔窑的熔化部是配合料熔化形成玻璃液并且澄清的区域,由熔化区和澄清区组成。配合料由投料口送入熔窑漂浮于熔化区液面上,熔化区的功能是使配合料在高温下经物理、化学反应熔化形成玻璃液,而澄清区的功能是使玻璃液中的气泡完全排出。工作部的目的主要是冷却玻璃液,使玻璃液在流入锡槽时温度能降到 1 100 ℃,以便于之后的成形操作,因此其又称作冷却部。熔化部和工作部之间的卡脖的作用是分隔开这两个区域,使这两部分之间的气体不能相互流通,从而有利于熔化部窑压的保持和工作部的稳定冷却;卡脖的另一个作用在于限制玻璃液在工作部和熔化部之间的循环流动,可以节约能源,提高能源利用率。

浮法玻璃液的均化过程不像熔化和澄清那样有明显的分区,其基本贯穿于整个玻璃的熔制过程,从配合料熔化形成玻璃液开始一直到流出熔窑的过程都有均化的作用。但是非均质体的扩散速度极其缓慢,依靠玻璃液自身的扩散作用难以消除玻璃液的不均匀性,除非牺牲产量,让玻璃液在窑内高温区停留足够的时间。为了获得均匀性优良的玻璃液,在生产过中往往在卡脖处水包后面安装搅拌器。通过强制搅拌作用来提高玻璃液的均匀性。

2. 浮法玻璃成型设备

锡槽是浮法玻璃的成型设备,其决定着玻璃表面质量及厚度状况。锡槽主要结构包括钢结构、槽底、顶盖、胸墙、电加热元件等。锡槽内温度沿锡槽长度方向逐渐降低。玻璃带漂浮在熔融锡液上面,其上方为 N_2 与 H_2 按一定比例混合而成的保护气体,目的在于避免锡液被氧化而造成玻璃缺陷。电加热装置安装于锡槽顶部,以便于调节锡槽内温度,使其符合玻璃成型的温度制度要求。

如图 10-3 所示为锡槽内浮法玻璃成型过程简图。来自工作部的玻璃液流经流道、唇砖流入锡槽,浮于锡液上表面。由于湿背砖及八字砖的作用,玻璃液摊开,向锡槽尾端方向流动,在自身重力及表面张力作用下,经过自然抛光使玻璃表面光滑平整。由于拉应力的存在,玻璃与锡槽的壁面无接触,向尾端流动,玻璃带均匀降温。根据生产需要,在锡槽两侧对称设置若干对拉边机,给玻璃带纵向拉力和使玻璃带拉薄或积厚的横向力。玻璃带离开末对拉边机,逐步冷却成型。最后经过过渡辊的提升离开锡液面,进入退火窑完成退火。

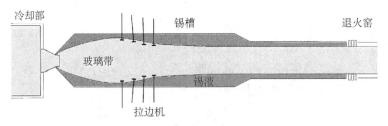

图 10-3　锡槽内浮法玻璃成型过程

锡槽进口端结构示意如图 10-4 所示。锡槽进口端前接工作部末端,后接锡槽前端。玻璃液经过调节闸板调节流量,沿唇砖流入锡槽。八字砖又称"定边砖",位于唇砖两侧,成八字形对称布置,主要作用是稳定玻璃带的板根,控制板的走向。湿背砖又称背衬砖,安装于两八字砖之间,紧贴锡槽前端池壁,其作用是控制流入锡槽玻璃液的回流。

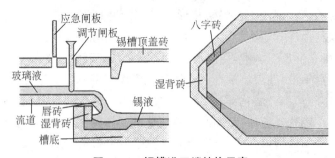

图 10-4　锡槽进口端结构示意

拉边机起着节流、拉薄积厚、稳定板根和控制玻璃带走向的作用,是浮法玻璃主要用于控制成型的设备。拉边机有吊挂式和落地式两种,如图 10-5 所示。在生产过程中拉边机机头压入玻璃带边缘,控制玻璃带厚度和板宽,配合退火窑牵引拉制出合格的玻璃。主要通过拉边机的"四度"来控制玻璃的宽度及厚度等。拉边机的四度为机头压入玻璃带的深度、拉边机与玻璃带走向之间的角度、拉边机的速度、拉边机伸入锡槽内的长度。必须合理地控制各拉边机的四度及拉引速度才能生产出板宽及厚度合格的产品。

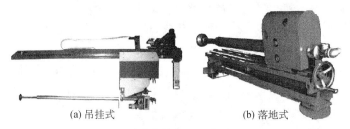

(a) 吊挂式　　　　　　　　　　(b) 落地式

图 10-5　吊挂式拉边机和落地式拉边机

10.3　安全玻璃

10.3.1　概述

安全玻璃是指符合现行国家标准的钢化玻璃、夹层玻璃及由钢化玻璃或夹层玻璃组合加工而成的其他玻璃制品,如安全中空玻璃等。安全玻璃根据不同的需要可用普通玻璃、钢化玻璃、热增强玻璃来制成,也可制成中空玻璃。安全玻璃具有良好的安全性、抗冲击性和抗穿透性,具有防盗、防爆、防冲击等功能。

安全玻璃通常用在一些重要设施,如银行大门、贵重物品陈列柜、监狱和教养所的门窗等。这些部位有可能遭到持各式各样凶器的群匪连续袭击。而高强度安全玻璃能在一段时间内抵御穿透,为其他装置作出反应赢得足够的时间。世界上一些最著名的文物,如《蒙娜丽莎》和《独立宣言》就是用安全玻璃保护的。

防弹玻璃是由多层玻璃与多层 PVB 中间膜黏结加工而成,也可以是普通玻璃加贴防弹膜制成,它可抵御手枪、步枪甚至炸弹爆炸的强烈冲击。在全球城市恐怖爆炸事件中,玻璃碎片是造成人员伤害的主要原因。爆炸发生时,玻璃碎片像雨点一样横飞,甚至可以飞到几千米以外的地方,造成的受伤害人数占到 90% 以上。夹层玻璃在爆炸事件中即使被震碎,仍可完整地保留在框中,大大降低了玻璃碎片对人的伤害。

安全玻璃的主要品种有钢化玻璃、夹层玻璃、防弹玻璃、防盗玻璃、防火玻璃、夹丝玻璃、防护玻璃及贴膜玻璃等。其中贴膜玻璃同时兼具钢化玻璃、夹层玻璃、防弹玻璃、防盗玻璃、防火玻璃、夹丝玻璃及防护玻璃的部分功能,属新型建筑材料。

10.3.2　钢化玻璃

1. 钢化玻璃概念和性能

钢化玻璃是表面具有压应力的玻璃,又称强化玻璃。采用钢化方法对玻璃进行增强,

1874 年始于法国。钢化玻璃其实是一种预应力玻璃,为提高玻璃的强度,通常使用化学或物理的方法,在玻璃表面形成压应力,当玻璃承受外力时首先抵消表层应力,从而提高了其承载能力,增强其自身抗风压性、寒暑性、冲击性等。钢化玻璃属于安全玻璃,注意与玻璃钢区别开来。

钢化玻璃相比于普通玻璃,其性能具有明显的提高。

1)钢化玻璃的性能

(1)机械强度明显增强。钢化过后的玻璃,在其厚度方向上,应力呈抛物线形分布,且表面分布压应力层。当受载荷时,由于受力合成,最大应力值移向玻璃内侧,从而有效地提高玻璃的抗弯强度、抗冲击强度,使抗弯强度提高 4~5 倍,抗冲击强度提高 3~10 倍。

(2)热稳定性显著提高。随着抗张强度提高,玻璃弹性模量减小,密度降低,从热稳定性系数 K 值计算方法可知,玻璃热稳定性急剧加强。

(3)玻璃的安全性能提高。相比于普通玻璃的易破碎,钢化玻璃由于最大应力值内移,致使玻璃内部首先出现破坏,在内部张应力作用下裂纹迅速变大,但受表面压应力影响,破碎部分变成蜘蛛网状,且破碎碎片不脱落(图 10-6);相比普通玻璃的安全性,钢化玻璃安全性能得到极大的提高和突破。

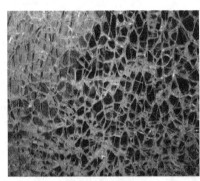 

(a) 钢化玻璃破碎　　　　　　　　　　　(b) 普通玻璃破碎

图 10-6　钢化玻璃与普通玻璃破碎对比

2)钢化玻璃的缺点

(1)钢化后的玻璃不能再进行切割和加工,只能在钢化前就对玻璃进行加工至需要的形状,再进行钢化处理。

(2)钢化玻璃强度虽然比普通玻璃强,但是钢化玻璃有自爆(自己破裂)的可能性,而普通玻璃不存在自爆的可能性。

(3)钢化玻璃的表面会存在凹凸不平的现象(风斑),有轻微的厚度变薄。变薄的原因是因为玻璃在热熔软化后,在经过强风力使其快速冷却,使其玻璃内部晶体间隙变小,压力变大,所以玻璃在钢化后要比在钢化前薄。一般情况下 4~6 mm 玻璃在钢化后变薄 0.2~0.8 mm,8~20 mm 玻璃在钢化后变薄 0.9~1.8 mm。具体变薄程度要根据设备来决定,这也是钢化玻璃不能做镜面的原因。

(4)通过钢化炉(物理钢化)后的建筑用的平板玻璃,一般都会有变形,变形程度由设备与技术人员工艺决定。在一定程度上,影响了装饰效果(特殊需要除外)。

2. 玻璃的钢化工艺

钢化玻璃按照钢化方法可分为物理钢化玻璃和化学钢化玻璃,按照钢化程度可分为全钢化玻璃、半钢化玻璃和区域钢化玻璃三种。

物理钢化方法主要利用物理手段,即加热与冷却,引起结构改变,达到提高强度的效果;依据使用不同的淬冷介质,可分为气体钢化法、液冷钢化法、微粒钢化法和喷雾钢化法等。适用的对象主要是比较厚的玻璃,如建筑玻璃、汽车玻璃等;其优势主要体现在生产上,成本低、生产效率高,且能满足一般的钢化玻璃要求。相比于化学钢化方法,物理钢化方法生产的玻璃机械强度较低,还有可能会出现自爆等问题,且对于较薄的玻璃,物理钢化方法因无法产生内外层温差而无法钢化。

相比于物理钢化,化学钢化方法则通过离子交换、表层析晶等方式提高玻璃的机械强度,主要应用于电子行业、航空航天等领域。随着电子信息技术的高速发展,化学钢化方法得到广泛的应用,特别针对超薄玻璃的钢化。较高的钢化强度、良好的热稳定性、极低的变形率,且对原材料无任何尺寸要求,使化学钢化方法迅速成为钢化技术的新宠。但化学钢化方法用于钢化生产,其较长的生产周期、较高的生产成本以及废弃无机盐带来的资源浪费和环境问题,却成为这一方法致命的漏洞,有待于进一步研究和优化发展。

生产钢化玻璃的物理钢化方法有风冷钢化、液冷钢化和微粒钢化等多种,其中最常用的是风冷钢化。物理钢化是把玻璃加热到低于软化温度后进行均匀的快速冷却,玻璃外部因迅速冷却而固化,而内部冷却较慢;当内部继续收缩时使玻璃表面产生压应力,而内部为张应力,从而提高了玻璃强度和耐热冲击性。物理钢化的主要设备是钢化炉,它由加热和淬冷两部分组成,按玻璃的输送方式又分为水平钢化炉和垂直钢化炉两种。钢化玻璃的生产工艺流程如下:玻璃原片准备→切裁、钻孔、打槽、磨边→洗涤、干燥→电炉加热→风栅淬冷→成品检验,如图 10-7 和图 10-8 所示。

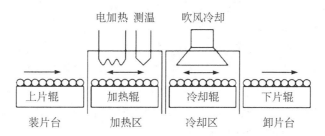

图 10-7　钢化玻璃的一般工艺流程

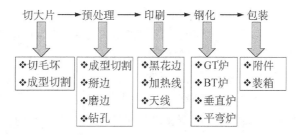

图 10-8　钢化玻璃的具体生产过程

1）垂直钢化法

垂直钢化法采用夹钳吊挂平板玻璃加热和吹风进行淬火，是最早使用的一种淬火方法。垂直钢化生产线主要由加热炉、压弯装置和钢化风栅三部分组成。经过原片准备、加工、洗涤、干燥和半成品检验等预处理的玻璃，用耐热钢夹钳钳住送入电加热炉中进行加热。

当玻璃加热到一定温度后，快速移至风栅中进行淬冷。在钢化风栅中用压缩空气均匀、迅速地喷吹玻璃的两个表面，使玻璃急剧冷却。在玻璃的冷却过程中，玻璃的内层和表层之间产生很大的温度梯度，因而在玻璃表面层产生压应力，内层产生拉应力，从而提高玻璃的机械强度和耐热冲击性。淬冷后的玻璃从风栅中移出并去除夹具，经检验后包装入库。

使用垂直法生产曲面钢化玻璃，有一步法和二步法两种。二步法是在钢化加热炉和钢化风栅之间，设有一个由前、后模组成的压弯装置。当玻璃在加热炉内加热到接近软化温度时迅速移入压弯装置中，被压弯装置弯曲成所需的曲面，然后经淬冷获得曲面钢化玻璃产品。一步法时，钢化风栅和压弯模具用对接的方式结成一体，玻璃的弯曲和淬冷在同一工位完成。

垂直钢化法的优点是投资少、成本低廉、操作简单，仍是一种可行的钢化方法。其缺点是生产率低，产品存在不可避免的夹痕缺陷，玻璃加热时出现拉长、弯曲或翘曲；吊挂上片、卸片由人工操作，劳动强度大，费工费时，不易实现生产自动化，产量较低；并且受夹钳夹持力的限制，玻璃规格不能过大。

2）水平钢化法

水平钢化法是使玻璃水平通过加热炉加热，然后经淬冷而使玻璃获得增强的一种工艺。水平钢化法生产钢化玻璃的设备有气垫钢化炉和水平辊道钢化炉两种。

（1）气垫钢化法。气垫钢化法是指玻璃板由加热气体或燃烧产物构成的气垫支承，在加热炉内加热到接近软化温度，由输送机构快速送入双面气垫冷却装置，用压缩空气垫对玻璃进行急剧均匀冷却，再由辊道输送机将钢化好的成品玻璃送出。生产弯钢化玻璃时，主要靠喷嘴布置形式的变化，使玻璃在加热过程中逐渐达到所需的曲面，再吹风淬火。

气垫钢化法由于玻璃加热时受气垫层均匀支承，表面损伤变形小，无夹钳印痕，不因钢化处理而在玻璃上增加新的缺陷，产品质量较高。由于气垫钢化冷却设备的冷却能力大，可以钢化 3 mm 厚的薄玻璃，其强度能达到垂直钢化法钢化 5 mm 玻璃的数值。由于在淬火过程中玻璃实际上不与任何固体物件接触，因此生产出来的钢化玻璃具有最佳的质量。此外，该法也能生产单曲面的弯钢化玻璃，并易于实现生产过程的机械化和自动化。但气垫钢化设备投资较大，生产的玻璃规格、形状尺寸受到一定限制，运行和操作技术要求严格，只能生产形状简单、对称形的曲面钢化玻璃。

（2）水平辊道钢化法。水平辊道钢化法是目前世界上使用最普遍的一种玻璃淬火方法。它通过水平辊道输送玻璃，进行加热和吹风淬火。它既可生产大规格建筑用平钢化玻璃，又可以生产汽车用圆柱面弯钢化玻璃。钢化机组主要由上片台、电加热炉、弯钢化区、平钢化区、卸片台、风系统及电气控制系统等组成。

生产弯钢化玻璃有重力弯曲法和模压弯曲法两种方法。重力弯曲法生产弯钢化玻璃主要靠辊道布置形式的逐渐变化，使玻璃在加热过程中在自身重力的作用下逐渐达到所需的曲面，再吹风淬火。模压弯曲法生产弯钢化玻璃的水平辊道生产线上，设加热区、压弯区和淬冷区。玻璃板按通常方法在加热炉内加热到软化温度后，快速移到压弯区。在压弯区设有一个压弯模具,该模具由一个能上下移动的下模和一个固定的上模接触,将玻璃压成预定的弯曲度。弯曲后的玻璃板输送到淬冷区进行淬冷,淬冷后成品经检验入库。

水平辊道法具有生产率高、产品种类多、加工范围广等优点。它能钢化 3～19 mm 厚度的各种无色、茶色、压花、釉面、喷涂、镀膜等平板玻璃,产品规格全,目前最大规格为 6 m×3 m,最小规格为 0.3 m×0.1 m;淬火质量好,操作方便,装、卸片容易,劳动生产率高。但是,这种方法生产的钢化玻璃,表面质量受传送辊道的影响较大。若辊道表面粗糙、弯曲变形、表面损坏或辊距大小不等,容易使钢化玻璃产生印痕或弯曲。目前广泛使用石英陶瓷辊道,具有使用寿命长、蓄热量多、炉温稳定等优点。并且通过二氧化硫导入系统,润滑、保护石英辊,防止在玻璃上形成辊印。

用计算机控制玻璃整个钢化系统,可以根据玻璃长度设定步进长度,跟踪玻璃长度自动调节玻璃在炉中的往复行程和周期;温度自动补偿功能能够加快加热速度,缩短待炉时间,防止玻璃缺陷;根据玻璃厚度合理配置风机及变频调速装置,达到节能目的,降低生产费用;上、下风栅按设定比例的风量自动调节功能;生产不同厚度玻璃时,风栅开度按设定值自动调节;钢化不同品种和规格的玻璃时,工艺参数以订单形式输入计算机,随时调用,可缩短非生产时间,提高成品率。

3) 液冷钢化和微粒钢化

液冷钢化与风冷钢化的区别是用液体代替空气对加热后的玻璃进行淬冷。由于液体的比热容和传热系数比空气大得多,所以冷却强度大。液冷钢化的介质温度一般为 200～250 ℃,钢化时间随制品厚度的增加而增加。

微粒钢化是玻璃在远红外加热炉中加热到接近软化温度后,于流化床中经固体微粒淬冷,而使玻璃获得增强的一种工艺。一般采用 Al_2O_3 粒子,颗粒尺寸小于 200 μm。

3. 钢化玻璃生产工艺要点

钢化玻璃的主要工艺过程是加热和淬冷。平钢化加热时必须迅速将玻璃片加热到接近玻璃软化温度,使玻璃中的残余应力完全消失。但是,加热过程中,玻璃不能变形,因此最佳加热温度在接近软化温度的某一温度区域内选取,以低于软化温度 5～20 ℃为宜。弯钢化则需加热至软化温度,使玻璃贴在弯模上。一般每 1 mm 厚度玻璃的加热时间约为 40 s。玻璃在加热过程中不产生变形和擦痕,玻璃的外观质量不发生变化,垂直法在规定范围内的夹钳痕迹及其引起的外观变化除外。玻璃加热到设定温度后,必须尽快引出加热炉,迅速进行淬火。

玻璃的淬冷是钢化工艺过程中又一个重要环节。对玻璃淬冷的基本要求是快速而均匀地冷却,使之获得均匀分布的应力及一定的钢化强度,外观符合一定标准的钢化玻璃。为了达到均匀地冷却玻璃,设备要有效疏散热风,便于排除偶然产生的碎玻璃,并尽量降低吹风的噪声。

垂直钢化浮法玻璃自加热炉到风栅的输送时间尽量缩短,风栅的风压分布要均匀,冷却风均匀地吹到玻璃表面上,玻璃要位于风栅中心的垂直面上冷却,供风系统要有足够的冷却强度及能迅速调节的冷却风。5 mm 厚玻璃的冷却风压力是 4 000～5 000 Pa;6 mm 厚玻璃的冷却风压力是 3 700～4 500 Pa。

水平钢化法的冷却工艺特点是:玻璃在往复状态下进行淬冷及冷却;淬冷用冷却风在不同区段进行调整;风栅辊道采取斜向缠耐磨玻璃纤维绳的方法,使玻璃与辊道形成点接触,减少玻璃与辊子的接触面,纤维绳螺旋间的空隙为玻璃的下部冷却提供更加均匀的空气流动区域,增强玻璃的钢化效果。

4. 钢化玻璃生产设备

钢化玻璃生产设备主要包括上片机、切割机、磨边机、清洗干燥机和双室钢化炉。

(1)上片机。上片机主要用于玻璃的取片和传送。

(2)切割机。玻璃采用皮带+气浮的传送方式,传送带将玻璃输送到切割台面定位块处,并通过一定的检测确定玻璃板的位置。支撑面覆盖毛毡。

切割桥由刚性抗扭曲好的金属制成,由伺服电机通过精确的传动装置驱动。切割刀头的动作包括 $X/Y/Z$ 和刀头旋转等动作。切割刀头的高度和压力应根据玻璃情况自动调整,切割刀油自动注入切割刀轮。

除膜头和切割头共用一个桥架,除膜轮由马达驱动,并且具有除膜除尘装置。除膜轮的高度能够根据磨轮大小和玻璃厚度自动调整,除膜压力可以自动调整。切割机能够自动检测玻璃的原片尺寸、玻璃厚度,准确识别玻璃位置。

(3)磨边机。磨边机主要用于加工直线平板玻璃平行双边,可对玻璃进行圆弧边、平直边等形状的边作磨削和抛光加工,也可修磨安全角。采用 PLC 控制触摸式人机操作界面,既可自动操作,也可手动操作、选择。输入了加工速度和加工宽度参数后,机器将自动完成其加工参数的调整,并显示调整后的参数。

(4)清洗干燥机。清洗干燥机采用人机界面全自动控制系统,一切所需数据都可在控制面上看到,方便明了。整台设备由输送系统、进片段、清洗段、风干段、出片段、风系统、水系统和电气控制系统等组成。

(5)双室钢化炉。钢化炉是完成玻璃加热钢化过程的设备。玻璃的钢化过程如下:①在上片段将玻璃均匀地摆放整齐;②送入加热炉均匀加热,加热完毕后再送入风栅段急速冷却,以完成钢化;③输送到下片段由人工完成下片装箱。双室钢化炉主要由放片台、预热炉、加热炉、冷却装置、下片台、风路系统和电气控制系统组成。

10.3.3 夹丝玻璃生产设备与工艺

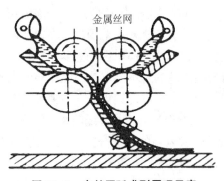

图 10-9 夹丝压延成型原理示意

夹丝玻璃也称防碎玻璃和钢丝玻璃。在压延生产工艺过程中是将丝网压入半液态玻璃带中而成型的一种特殊玻璃,如图 10-9 所示。优点是较普通玻璃强度高,玻璃遭受冲击或温度剧变时,其破而不缺,裂而不散,避免棱角的小块碎片飞出伤人,如火灾蔓延,夹丝玻璃受热炸裂时,仍能保持固定状态,起到隔绝火势的作用,故又称防火玻璃。缺点是在生产过程中,丝网受高温辐射容易氧化,玻璃表面有可能出现"锈斑"一样的黄色和气泡。夹丝玻璃常用于天窗、天棚顶盖以及易受震动的门窗上。

制作夹丝玻璃的过程有两种:第一种,先将夹丝网放在热源的上部,再把网放到压延机的下面,从下而上通过导丝辊送到融合的玻璃液内,再压一下就变成了夹丝玻璃。不过这种制作过程有一个缺点,由于铁丝网太烫了,在放到压延机下面时会容易氧化,会导致玻璃的质量有点欠缺。

第二种,先将玻璃压成板状,然后把铁丝网放在玻璃上,再往上面浇注一层玻璃液,最后只需压成夹丝玻璃就好了。这个方法可以保证的是铁丝网在玻璃的中间。夹丝玻璃在火灾现场有十分棒的隔绝作用,因为它在快速升温的过程中破裂,也会保持原样,最大限度地防止了空气的流动,起到很好的隔绝作用,所以它也称防火玻璃。

夹丝玻璃产品,如图 10-10 所示。

图 10-10　夹丝玻璃产品

10.3.4　夹层玻璃生产设备与工艺

1. 夹层玻璃的概念及性能

夹层玻璃是由两片或多片玻璃,之间夹了一层或多层有机聚合物中间膜,经过特殊的高温预压(或抽真空)及高温高压工艺处理后,使玻璃和中间膜永久黏合为一体的复合玻璃产品。其应用场景如图 10-11 所示。

(a) 建筑幕墙　　　　　　　　　　(b) 汽车前挡风玻璃

(c) 玻璃栈道　　　　　　　　　　(d) 车站顶棚

图 10-11　夹层玻璃的应用

常用的夹层玻璃中间膜有 PVB，SGP，EVA，PU 等。

此外，还有一些比较特殊的如彩色中间膜夹层玻璃、SGX 类印刷中间膜夹层玻璃、XIR 类 Low-E 中间膜夹层玻璃、内嵌装饰件（金属网、金属板等）夹层玻璃、内嵌 PET 材料夹层玻璃等装饰及功能性夹层玻璃。

根据中间膜的熔点不同，可分为低温夹层玻璃、高温夹层玻璃和中空玻璃。

根据中间所夹材料不同，可分为夹纸、夹布、夹植物、夹丝、夹绢和夹金属丝等众多种类。

根据夹层间的黏结方法不同，可分为混法夹层玻璃、干法夹层玻璃和中空夹层玻璃。

根据夹层的层类不同，可分为一般夹层玻璃和防弹玻璃。

夹层玻璃与普通玻璃相比具有以下特点：

（1）安全性高。脆是普通玻璃的特性之一，这也决定了它易碎，普通玻璃碎后产生大量带有锐角、利边的碎片，很容易伤人，夹层玻璃就很好地弥补了这一问题。夹层玻璃碎后，碎片全部黏在一层膜上，碎片近于小正方体，且无锐角利边。

（2）强度高。夹层玻璃的强度是普通平板玻璃的 4 倍以上，可以承受很强的外力冲击，当夹层玻璃受到极强外力冲击时，也只是产生放射状的裂纹。防弹玻璃就是其中的一种。

（3）隔声性强。夹层玻璃的中间塑性材料对声音有很好的隔绝作用，隔声效果比普通玻璃好得多。

（4）防辐射功能强。在夹层玻璃的中间薄膜上添加吸收紫外线的原料，夹层玻璃就会具有很好的紫外线吸收功能，可以吸收阳光中 90% 的紫外线，消除了紫外线对人和物的破坏作用。利用该特点，防辐射夹层玻璃常用在高层建筑的天窗和侧窗，既美观又安全。

2. 夹层玻璃生产的工艺流程

干法和湿法是制备夹层玻璃的两种常用方法。干法生产工艺简单，成品率高，适合于大批量生产；产品具有光畸变小、强度高、质量稳定的特点，它能制造夹层玻璃的最大尺寸决定于高压釜尺寸大小。湿法生产工艺适合多品种、小批量生产。它的产品尺寸不受胶片和高压釜的限制，但生产工艺不易控制。因此，湿法是干法的必要补充。

夹层玻璃生产线所有设备主视图如图 10-12 所示。

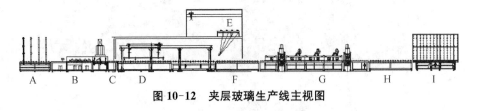

图 10-12 夹层玻璃生产线主视图

生产线设备主要包括以下 9 个部分。参照图 10-12 分别是：A 为上片台，B 为清洗机，C 为过渡台 1，D 为合片定位台，E 为胶膜铺摊机，F 为过渡台 2，G 为辊压机，H 为过渡台 3，I 为卸片台。产品传送方向为从 A 至 I。

干法生产的总体工艺流程如下：上片→清洗与烘干→叠片→铺膜→加热与压制→卸片。具体的生产工艺为：当玻璃从玻璃架上经吸盘式自动上片台吸取放平后，经辊轮传送至清洗机，当玻璃进入清洗机后，清洗机主传动开启，清洗毛刷开始运转，水泵、风机开启，当清洗干净的玻璃传送出清洗机后，再由过渡台 1 进入预定位台，在预定位台等待伺服小车将玻璃运送到合片台,进行定位、铺膜、合片,这样就形成初制夹层玻璃,初制的夹层玻璃经由过渡台 2 进入预压机,经预热、预压、一次加热、二次加热、终压后,再由过渡台 3 进入卸片台。

10.4　装饰玻璃

10.4.1　概述

1. 装饰玻璃的概念

装饰玻璃是实用性和艺术性并重的一种装饰材料,以设计的理念和功能为主导思想,运用与自身材质相符合的工艺技巧,使被装饰的主体得到更好的符合其功能的美化效果。装饰玻璃最大的特点是与被装饰载体完美结合,符合载体的功能,使自身和载体融合在一起,成为统一、和谐的整体,并加强了载体的审美效果,提高了其功能和价值。同时,完美的装饰玻璃与玻璃载体的功能紧密结合,适应制作工艺,发挥物质材料的性能,省工、省料,具有良好的艺术效果。

装饰玻璃具有以下两点特征:

(1)装饰玻璃必须从属于玻璃主体,即装饰是从美感的角度来表明主体的特征、性质、功用及价值。

(2)装饰玻璃的装饰性不仅可以装饰玻璃主体,还可以从主体中独立,显示自己的审美价值。

2. 装饰玻璃的常见种类和特性

我国装饰玻璃行业在迅猛发展,加之科技手段的不断进步,新型的装饰玻璃层出不穷,各种各样的装饰玻璃中常见的有以下几种:压花玻璃、磨砂玻璃、镭射玻璃、刻花玻璃、彩色玻璃、彩绘玻璃、釉面玻璃、镜面玻璃、聚晶玻璃和热熔玻璃,不同种类的装饰玻璃有着其自身的特性及装饰特征。

常见装饰玻璃的种类、特性和装饰特征,如表 10-1 所示。

表 10-1　常见装饰玻璃种类、特性和装饰特征

序号	种类	特性	装饰特征	装饰玻璃示例
1	压花玻璃	透光不透明	透光度在 60%～70%之间,根据光的漫反射和花纹图案的作用有不同的遮挡作用,图案有一定的装饰性	
2	磨砂玻璃	透光不透明	可以根据用户设计的图案进行加工,图案清晰,美观典雅,具有强烈的艺术装饰效果。具有隐私保护和朦胧装饰的效果	

序号	种类	特性	装饰特征	装饰玻璃示例
3	镭射玻璃	多彩多面,抗冲击,耐磨	镭射玻璃可以在不同的角度、不同的光线下变幻出不同的色彩,无论是阳光还是灯光,都会产生五彩缤纷的景象,所以也称其为七彩变色玻璃。在装饰玻璃领域中,镭射玻璃是具有时代性、豪华性、高雅性、美观性的新型产品	
4	刻花玻璃	透明透光	刻花玻璃的图案有多种,包括鸟兽、人物、植物等,具有独特的装饰性,图案随意性大,图案比较活泼,富有立体感	
5	彩色玻璃（镶嵌玻璃）	图案、种类、颜色自由搭配	是装饰玻璃中具有随意性的一种,可以将颜色、形状、透光率不同的玻璃任意组合,合理地搭配创意,呈现不同的美感,使环境别有情调,居室更具艺术氛围	
6	彩绘玻璃	有透明、半透和不透的效果	彩绘玻璃图案可以即时定制,尺寸、色彩可以随意搭配,色彩艳丽、立体感强,具有良好的装饰效果,安全而更显个性	
7	釉面玻璃	便于安装,有节能功效,可以复合加工,安全性能高	色彩图案多样,不褪色不剥落,图案与色彩可以设计定制	
8	镜面玻璃	全反射成像清晰逼真,使用寿命长,尺寸较大	在有效扩展空间的效果下,由于加入了不同的颜色,使室内变得有趣、个性化	
9	聚晶玻璃	大理石效果,耐腐蚀不吸水	高雅亮丽,质感胜于陶瓷制品,制作灵活多变,可自定颜色、图案、规格、形状	
10	热熔玻璃	立体感强,造型生动、多变	图案丰富、装饰华丽、光彩夺目,适用于客厅电视、沙发背景墙、门窗玻璃、隔断、玄关灯各地	

10.4.2　彩色釉面玻璃及生产工艺

彩釉玻璃是将无机釉料（又称油墨）印刷到玻璃表面，然后经烘干、钢化或热化加工处理，将釉料永久烧结于玻璃表面而得到的一种耐磨、耐酸碱的装饰性玻璃产品。这种产品具有很高的功能性和装饰性。它有许多不同的颜色和花纹，如条状、网状和电状图案，等等。也可根据客户的不同需要另行设计花纹。

1. 烧结

玻璃彩釉的烧结也称烤花，一般在烤花炉中进行。玻璃彩釉的烧结，关键是控制好烧结温度。彩釉印墨是用油性溶剂和醇酸树脂调配而成，在炉中的烧制大约要经过以下几个阶段。

（1）第一阶段：从室温至 120 ℃，预热，印墨无变化。

（2）第二阶段：120～250 ℃，轻质油蒸发气化。

（3）第三阶段：250～500 ℃，重质油及树脂燃烧气化。

图 10-13　彩釉玻璃

（4）第四阶段：500～580 ℃，彩釉中玻璃粉开始熔化，同时承印体玻璃的表面也稍稍软化。

（5）第五阶段：580～620 ℃，玻璃釉粉完全熔化，外将颜料粉也熔入其中，这时玻璃体表面也完全软化，彩釉与玻璃结合为一体，完成釉彩的转印和烧结，然后徐徐降至室温。

它具有良好的化学稳定性和装饰性，适用与建筑物外墙饰面。

2. 玻璃彩釉的生产

釉面玻璃的生产包括彩釉的生产、施釉、干燥、加热、淬火或退火、冷却等工艺。

玻璃彩釉有两种基本材料组成，基釉和色素。基釉为易熔玻璃熔块研成的粉末；色素为无机着色物质，它可以是一种无机化合物，也可以是几种无机化合物；二者以一定的配比经研磨、混合、烧结再经磨成粉末而制。

（1）基釉。基釉的作用是将无机色素高度分散，并在较低的温度下在玻璃基片表面熔融，与基片融合成一整体；当基釉熔融时，着色能力很强的无机色素将其染成颜色玻璃，此层玻璃与玻璃基片结合成一整体而成为色彩绚丽的釉面玻璃。

（2）基釉的工艺性能要求。熔化温度较低，能在玻璃基片软化之前熔融于其表面；有良好的化学稳定性和光泽，与无机色素不产生化学作用，即不引起无机色素本身的颜色产生变化；膨胀系数与玻璃基片的膨胀系数非常接近，温度变化时，釉面不产生龟裂和烧缩。

（3）色素。它是一种金属氧化物或化合物，也可以由几种金属氧化物或化合物按一定配比经研磨、混合、烧结、洗涤、过滤、干燥、再研磨成细粉而制得。

各种颜色的色素，所选用的金属氧化物、化合物，其烧结温度及烧结时间，是根据色素的不同而异的。色素在使用时的分散度与其颗粒的大小有密切的关系，颗粒越小，分散度越大（颗粒一般要小于 5 μm）。

3. 玻璃的施釉

(1) 喷涂法。将彩釉浆或彩釉粉用介质调成一定浓度的浆液,将磁浆液及压缩空气引致喷枪,浆液在喷枪雾化成为微粒应以一定的速度喷射到玻璃表面,分为人工喷涂法和机械连续喷涂法。

(2) 幕帘法。幕帘法是利用重力将黏稠的彩釉从玻璃基片的上空流淌到基片的上表面,玻璃基片从幕帘状流下的彩釉浆下通过,即在其上涂布一层薄彩釉浆。幕帘法由辊道输送机、狭缝漏斗、回收槽、彩釉浆搅拌器及油浆罐等组成。狭缝漏斗缝的宽度取决于彩釉层干燥后的厚度、玻璃基片的输送速度和彩釉浆的黏度。

(3) 辊涂法。辊涂法是移植辊筒印刷技术的原理,将黏稠的彩釉利用橡胶辊筒涂到玻璃基片的表面上。

(4) 丝网印刷法。该方法是移植丝网印刷技术以及现代纺织技术,利用丝网印刷机,采用釉浆,在玻璃基体上涂覆一种或多种彩釉。丝网用合成纤维或不锈钢丝制成。

(5) 盖印法。该方法采用具有弹性的软材料刻成景物图案的印章,用此印章沾一层彩釉浆,然后印在干净的玻璃基片上。

(6) 彩绘法。人工绘制(生产规模小,效率低)。

(7) 转贴纸法。是丝网印刷法的延伸和扩展,是将多种颜色的复杂景物图案先用下游印在一种特质的纸上,使用时,以水为黏结剂,将其贴在干净的玻璃基片上,干燥后再加热。

4. 干燥

玻璃施釉后,须待釉层干燥后进行下一步工艺,干燥工艺根据施釉工艺及生产规模可选用自然干燥、室式电热干燥及连续式电热干燥。

5. 加热与冷却

釉面玻璃等额加热与冷却根据其生产方法不同,所选用的工艺及设备如下:

钢化法本法的工艺过程是将施釉后的干燥玻璃片移入钢化加热炉中加热至 670~715 ℃,随即迅速移入风棚中淬冷。

半钢化法的工艺过程是将施釉后的干燥玻璃片移入加热炉中加热至一定温度,然后移入冷却室中受控冷却。

加热退火法是将施釉后的干燥玻璃片放到连续式辊道加热窑中,在窑内经预热、加热、退火、冷却而制成釉面玻璃。窑中最高温度为 670~715 ℃,然后按一定的温度制度进行退火及冷却。

10.4.3 压花玻璃及生产工艺

压花玻璃是采用压延方法制造的一种平板玻璃,在玻璃硬化前用刻有花纹的辊筒在玻璃的单面或者双面压上花纹,从而制成单面或双面有图案的压花玻璃。

压花玻璃的表面压有深浅不同的各种花纹图案,由于表面凹凸不平,所以光线透过时即产生漫射,因此从玻璃的一面看另一面的物体时,物像就模糊不清,形成了这种玻璃透光不透视的特点。另外,压花玻璃由于表面具有各种方格、圆点、菱形、条状等花纹图案,非常漂亮,所以也具有良好的艺术装饰效果。

压花玻璃又称花纹玻璃或滚花玻璃,是采用压延方法制造的一种平板玻璃,制造工艺分为单辊法和双辊法。单辊法是将玻璃液浇注到压延成型台上,台面可以用铸铁或铸钢制成,台面或轧辊刻有花纹,轧辊在玻璃液面碾压,制成的压花玻璃再送入退火窑。双辊法生产压花玻璃又分为半连续压延和连续压延两种工艺,玻璃液通过水冷的一对轧辊,随辊子转动向前拉引至退火窑,一般下辊表面有凹凸花纹,上辊是抛光辊,从而制成单面有图案的压花玻璃。压花玻璃在光学上具有透光不透明的特点,可使光线柔和,并具有隐私的屏护作用和一定的装饰效果。压花玻璃适用于建筑的室内间隔、卫生间门窗及需要阻断视线的各种场合,关于压花玻璃可谓是优势多多,特点多多。

图 10-14　压花玻璃

10.4.4　磨砂玻璃及生产工艺

磨砂玻璃又叫毛玻璃、暗玻璃,是用普通平板玻璃经机械喷砂、手工研磨(如金刚砂研磨)或化学方法处理(如氢氟酸溶蚀)等将表面处理成粗糙不平整的半透明玻璃。一般多用于办公室、卫生间的门窗上面,其他房间的玻璃也可以。

用化学法生产磨砂玻璃的工艺方法,其过程是:

(1)清洗烘干。首先将生产磨砂玻璃的平板玻璃用水进行清洗,去除灰尘、污渍,然后烘干。

(2)吊装。将清洗烘干后的平板玻璃装入吊装架上,吊装架与玻璃相接触的部分用齿形橡胶支架垫起,玻璃立式排放,玻璃与玻璃之间相距一定的距离,用吊车吊起。

(3)腐蚀。用吊车将平板玻璃连同吊装架一同浸入腐蚀箱中,采用常规腐蚀液浸没玻璃,腐蚀时间 5~10 min,用吊车吊起后,淋掉残液。

(4)软化。淋掉残液后,磨砂玻璃上面附着一层残留物,放入软化箱中软化,采用常规软化液浸没玻璃,软化时间 1~2 min,去掉残留物。

(5)清洗。由于腐蚀与软化使磨砂玻璃体带有很多化学物质,所以必须清洗,把磨砂玻璃放入冲洗机的滑道上,滑道带动磨砂玻璃进入清洗机,清洗机一边喷入清水,一边转动毛刷,当磨砂玻璃被清洗机滑道带出清洗机后,磨砂玻璃清洗结束。

(6)清洗后的磨砂玻璃放入烘干室烘干,即成单面或双面磨砂玻璃。

10.5　节能玻璃

10.5.1　概述

节能玻璃通常具有保温和隔热特性,种类有吸热玻璃、热反射玻璃、低辐射玻璃、中空玻璃和真空玻璃等。

(1)保温性。玻璃的保温性(K 值)要达到与当地墙体相匹配的水平。对于我国大部分地区,按现行规定,建筑物墙体的 K 值应小于 1。因此,玻璃窗的 K 值也要小于 1 才能"堵住"建筑物"开口部"的能耗漏洞。在窗户的节能上,玻璃的 K 值起主要作用。

(2) 隔热性。而对于玻璃的隔热性(遮阳系数)要与建筑物所在地阳光辐照特点相适应。不同用途的建筑物对玻璃隔热的要求是不同的。对于人们居住和工作的住宅及公共建筑物,理想的玻璃应该使可见光大部分透过,如在北京,最好冬天红外线多透入室内,而夏天则少透入室内,这样就可以达到节能的目的。

10.5.2 吸热玻璃及生产工艺

吸热玻璃是一种能够吸收太阳能的平板玻璃,它是利用玻璃中的金属离子对太阳能进行选择性的吸收,同时呈现出不同的颜色。有些夹层玻璃胶片中也掺有特殊的金属离子,用这种胶片可以生产出吸热的夹层玻璃。吸热玻璃一般可减少进入室内的太阳热能的 20%～30%,降低了空调负荷。吸热玻璃的特点是遮蔽系数比较低,太阳能总透射比、太阳光直接透射比和太阳光直接反射比都较低,可见光透射比、玻璃的颜色可以根据玻璃中金属离子的成分和浓度变化。可见光反射比、传热系数、辐射率则与普通玻璃差别不大。吸热玻璃的发展和制作工艺如下所述。

早在 20 世纪 80 年代,美国 PPG 公司等国际知名玻璃企业就开始了吸热玻璃的研究工作,专利 US4381934,US4972536,US4886539 等发明了一种具有多个独立阶段熔化和澄清的制造浮法玻璃的方法。该玻璃的制造方法的特点在于可以更有效地控制氧化还原条件,制造亚铁值大于 50%,高可见光透过、低红外透过的玻璃。

现在,美国 PPG 公司已经能够利用传统的浮法工艺生产吸热玻璃。PPG 公司在中国专利局申请的专利 CN1121355C,发明了一种蓝色玻璃组合物,亚铁比值高达 35%～60%。

对于开车族来说,红外线的直接影响就是会造成车内气温上升,增加车载空调使用量,增加油耗;而紫外线的照射则会加速车内织物褪色、塑料部件老化,并给皮肤带来伤害。因此,人们迫切希望有这样一种玻璃材料,它既能保持良好的透光性,又能尽量减少阳光热辐射和紫外线的透过,超吸热玻璃便由此应运而生。汽车的挡风玻璃、前侧窗和小型车后窗,国际上一般规定可见光透过率不小于 70%,欧洲和澳大利亚对挡风玻璃规定更加严格,要求不小于 75%。这就使如何制造高可见光透过率,低紫外线、红外线透过率的玻璃,成为玻璃企业的一个重要课题。

制造吸收紫外线的玻璃,比较容易做到。在玻璃中通过引入 Fe^{3+},Cr^{6+},CeO_2,TiO_2 等强烈吸收紫外线的物质,便可得到高可见光透过率、吸收绝大部分紫外线的玻璃。

制造高可见光透过率、强烈吸收太阳近红外辐射的玻璃,利用现有公知技术则是很难办到的。这主要是因为在玻璃中能够强烈吸收红外线的只有 Fe^{2+} 离子一种,并且在现有技术条件下,这种离子仅占引入玻璃总铁的 20%～30%,否则将使玻璃着成琥珀色,大大降低可见光透过率。如果依靠向玻璃中大量加入氧化铁来提高玻璃中 Fe^{2+} 离子的含量,则玻璃的可见光透过率将降低,并且使玻璃着成黄绿色,影响美观。只有提高玻璃中 Fe^{2+} 离子占总铁的比值,才能生产出颜色美观、强烈吸收红外线的吸热玻璃。

1. 硅酸盐吸热玻璃的生产方法

为使硅酸玻璃具有吸收热辐射的性能,在其组织中可加入微量的具有吸收光谱红外线能力的铁、铜、钴、硒和镍的化合物,制成不同颜色的吸热玻璃。当硅酸盐玻璃中有铜、钴与镍的氧化物存在时,不仅可导致吸收红外辐射,而且也可导致可见光的透过率降低。在一定条件下,氧化铁吸收红外辐射,而很少吸收可见光。据有关资料介绍,含有氧化亚铁的玻璃,吸收红外辐射的能力最大。含 0.5%～1%的氧化铁玻璃,其透光率与窗玻璃的透光率差别很小。在一般条件下,不管是否在配料中加入氧化铁或氧化亚铁,都要在熔融玻璃液中使氧化亚铁和氧化铁之间建立起一定的平衡状态。玻璃中含铁量的 90%以上是氧化铁的形式存在的玻璃,其玻璃制品呈黄绿色。为使氧化铁转换成氧化亚铁,必须往配料中加入还原剂,并在还原条件下熔化。吸热玻璃的生产,早期是在普通硅酸盐玻璃的配料中掺入着色作用的氧化物(如氧化铁、氧化镍、氧化钴和硒等),使玻璃着色而具有较高的吸热性能,或在普通玻璃表面喷涂氧化锡、氧化锑、氧化铁、氧化钴等着色氧化物薄膜制得。1968 年,英国皮尔金顿玻璃公司开始在浮法工艺基础上,在玻璃带通过锡槽的过程中,利用电势差的原理,将着色剂氧化物离子带入玻璃中的方法生产吸热玻璃,使生产过程大为简化。目前,在已掌握浮法生产工艺的国家中,有许多是采用上述方法生产吸热玻璃的。硅酸盐玻璃液中氧化亚铁和氧化铁之间的平衡状态主要取决于以下多种因素:熔化温度,玻璃组成,配合料中还原剂(如煤粉、木炭、煤焦油等)的引入量,熔窑气体介质的特点,玻璃液在熔窑中的停留时间。但在硅酸盐吸热玻璃组分中,不应加入大于 1%的氧化铁,如果需要强烈地吸收辐射热,则应通过提高玻璃厚度来达到。增加玻璃厚度,很容易得到低透光率的玻璃。如果需要制成具有同样透光率的 3 mm 和 6 mm 厚吸热玻璃,那么二者的氧化铁含量应不同。薄的平板玻璃(厚约 2 mm)含 1%氧化铁,厚约 5 mm 的橱窗玻璃,一般含 0.3%～0.4%氧化铁。

吸热玻璃按制造工艺可分为两类,一类是在线生产的料着色吸热玻璃,另一类是离线或在线生产带有金属氧化物薄膜涂层或非涂层的吸热玻璃。料着色玻璃,还可分为硅酸盐吸热玻璃、磷酸盐吸热玻璃与光度变色玻璃。带有金属氧化物薄膜涂层的玻璃,按性能可分为多种,有选择性地吸收光谱可见光还原剂是熔制吸热玻璃时加入配料中的第二个重要组分,它有助于氧化铁还原。为避免硫的有害影响,应当选择含硫少的还原剂。

在熔化吸热玻璃时,既可使用有机还原剂(木炭、木屑、糖、面粉、淀粉),也可使用某些金属粉末(锡、铝、镁)。木炭是最好的有机还原剂,它有固定的化学组成且易粉碎。它加入配料中的量为 0.1%～0.2%,增加含量会使玻璃产生有如硫化铁生成的黄绿色。还原剂数量用试验方法选配。使玻璃成浅蓝色的数量被认为是最佳的。

2. 磷酸盐吸热玻璃的生产方法

与硅酸盐吸热玻璃相比,磷酸盐吸热玻璃具有许多优点。它无色或呈极淡的黄或灰色,几乎全部吸收红外线,且能透过许多可见光。如果磷酸盐吸热玻璃熔化得好,在化学稳定性上甚至超过硅酸盐吸热玻璃。但是,由于目前磷酸盐吸热玻璃是采用贵重原料制成,所以它不能像生产硅酸盐吸热建筑玻璃那样批量生产。国外某些国家也仅为特殊技术目的生产有限的数量。不容置疑,随着磷酸盐化合物产量的日益提高和磷酸盐吸热建筑玻璃中间试验研究工作的发展,批量生产将指日可待。

1964 年,美国康宁玻璃公司成功研制出光致变色玻璃,它在光照下会变暗,除去光源后恢复明亮。反复使用无极变色,经久耐用,循环 30 万次后,不发生老化,玻璃仍保持其原始光度变色特性。这种玻璃可制成窗户玻璃和太阳眼镜,也可用于制造光学存贮器、自消式显示装置以及各种新型光学系统中的"光阀"。目前,有两种光致变色玻璃:一种是用铺和钝增敏的玻璃,另一种是其性能受加入的银卤族制约的光致变色玻璃。

第一类光致变色玻璃固有的疲劳大,在变黑和复明多次重复循环时,其变黑程度较小。因此,不能用作遮阳手段,若用于建筑,也不能带来永久性效益。第二类含银卤的光致色玻璃与其不同,在瞬间就能使透光率减少,其变黑程度取决于玻璃的组成、辐射强度与条件。

磷酸盐吸热玻璃的组成极不一样,就主要化学组成而言,接近于透紫外光的磷酸盐玻璃,其区别在于,同硅酸盐吸热玻璃一样,其中加入了吸收红外光的氧化铁。

3. 光致变色遮阳玻璃的生产方法

在紫外或可见光辐射作用下,随着辐射强度变化而改变颜色,或当辐射作用终止时,光学密度又恢复到原来状况的这种玻璃,属于光致变色玻璃。国外常把这类玻璃归于吸热玻璃。

硅酸盐光致变色玻璃是一种料着色玻璃。它对选择室内的正常照明具有很大意义。早晨与晚上,当日照强度不很大时,玻璃透过最大量的阳光。中午,当阳光强度过大时,玻璃透光自行减少。这样能在所要求的标准范围内保持房间的照度水平。制取光致变色玻璃的实质,在于往玻璃配料中加入银卤族化合物,它在熔化过程中,一部分挥发,一部分被熔解在玻璃液中。根据玻璃组成、熔化温度与时间,发挥的银有 15%~20%。当在配料中加入氯化银时,获得的结果最好。

光致变色玻璃变黑的程度取决于许多因素,如玻璃组成、氯化银晶粒的尺寸和数量、投射到玻璃上光线的波长、玻璃的热处理、辐射时间和强度、玻璃厚度、辐射时玻璃的温度及亮度等。

光致变色玻璃可以用一般的玻璃制造工艺来生产。但是,还必须指出,虽然国外已有了在建筑物中使用光致变色玻璃的经验(如美国纽约联合国大厦),但由于耗费大、成本高和使用银化合物价格昂贵而受到一定的限制。

10.5.3 中空玻璃及生产工艺

中空玻璃指用两片(或三片)玻璃,使用高强度、高气密性复合黏结剂,将玻璃片与内含干燥剂的铝合金框架黏结制成的,具有隔声、阻热、质轻、美观适用等良好特点,成为建筑行业竞相使用的新型建筑材料,其结构示意如图 10-15 所示。中空玻璃因其良好的性能应用广泛,在国内的生产及需求呈逐年上升趋势,据中国产业信息网数据显示,2010—2014 年我

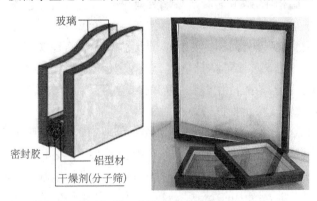

玻璃

密封胶
铝型材
干燥剂(分子筛)

图 10-15 中空玻璃的结构示意

国中空玻璃产量连续五年增长,尤其是 2014 年产量暴增,增长率达 77.9%,产量达到 12 008.57 万 m²。2015 年虽受房地产萎缩波动影响,但 1—10 月生产的中空玻璃仍高达 9 935.92 万 m²。中空玻璃持续旺盛的市场需求,对提高中空玻璃生产提出了较大的挑战。

中空玻璃加工过程需经过开料、磨边、清洗、干燥、钢化、打胶、中空热压等主要工序,涉及流水作业、批处理、缓存、轻装配等作业,属于混流式生产模式,如图 10-16 所示。由于高压水洗(清洗工艺)、高温(钢化)等特殊的工艺环节,在制玻璃不允许表面贴装标签,以激光内雕的标签会产生玻璃应力集中,钢化时容易崩边。因此,在制品玻璃没有显示的身份识别标签,是一类盲作业对象,需要依托强制性的流片次序形成逻辑标签。随着客户个性化定制需求的增多,企业通常采用"小批量、多规格"的订单式生产模式组织生产。中空玻璃加工工艺、加工过程和生产模式的特殊性,使其生产线不但要满足自动化,还需具备一定的智能化,即整线设备需与智能管控系统结合。

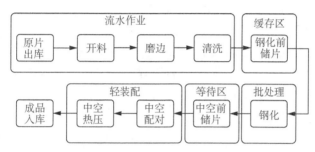

图 10-16　中空玻璃加工过程

下面简单介绍一下中空玻璃生产工艺流程及各流程需要用到的设备。

1. 单片玻璃

(1) 玻璃切割设备。玻璃的切割设备应将所用玻璃按其尺寸、形状进行切割成形。玻璃的切割精度和边部质量必须达到标准和合同规定的要求,切割设备可以是切割尺、切割样板、切割机。

(2) 玻璃磨边设备。玻璃磨边设备应能将玻璃切割后产生的锋利边沿和微裂纹磨削,并保证玻璃尺寸和边部质量符合标准。

(3) 玻璃清洗干燥设备。玻璃的清洗机应能保证玻璃的表面和周边被清洗干净并使玻璃表面被干燥,经洗涤后的玻璃表面不允许产生划伤、破痕、水渍等缺陷。清洗机可以水平放置,也可以是立式清洗机。

2. 涂丁基胶

丁基胶涂布机应能保证出胶均匀,不漏胶、不断胶,能使挤出的丁基胶条均匀涂布在间隔条上。

3. 上胶条

(1) 铝条切割设备。铝条切割设备应能保证铝条切割后,切口平滑、无毛刺、不变形。

(2) 分子筛灌装设备。分子筛在使用时必须相对密封。灌注分子筛的成框必须在 45 min 内合片使用。分子筛灌装设备应能顺利将分子筛灌入铝条内部,并能保证分子筛的密封要求。

4. 合片阶段

中空玻璃生产线合片设备应满足以下要求：

（1）应能保证丁基胶或其他形式的间隔条与玻璃均匀、紧密黏结。

（2）应能将玻璃、间隔框（条）准确定位。

（3）合片压力应均匀作用在玻璃板面上。

5. 涂密封胶

（1）二道密封胶打胶设备。双组分密封胶打胶机应能保证按要求的混合比例稳定可调、充分均匀混合；单组分打胶机出胶应均匀；胶枪易清洗、存放。涂胶后的中空玻璃，应逐片隔开静置固化，固化后才能包装、搬运。

（2）复合胶条热压设备。复合胶条热压设备应能按要求进行加热，温度、传输速度、压合厚度可调。复合胶条中空玻璃热压后的封口必须紧密黏结，不得留有气泡和气道。

6. 检验、包装

产品质量检验项目：外观、尺寸、厚度、胶深、露点。

尺寸和胶深用钢卷尺测量，厚度用精度为 0.01 mm 的外径千分尺或具有相同精度的仪器测量。露点用专用露点仪测量。所使用的检测仪器应符合标准要求，并经过国家计量部门的计量检定。检验合格之后，进行包装。

10.5.4 热反射玻璃及生产工艺

热反射玻璃是对太阳能有反射作用的镀膜玻璃，其反射率可达 20%～40%，甚至更高。它的表面镀有金属、非金属及其氧化物等各种薄膜，这些膜层可以对太阳能产生一定的反射效果，从而达到阻挡太阳能进入室内的目的。在低纬度的炎热地区，夏季可省室内空调的能源消耗，它同时具有较好的遮光性能，使室内光线柔和舒适。另外，这种反射层的镜面效果和色调对建筑物的外观装饰效果都较好。热反射玻璃的遮蔽系数、太阳能总透射比、太阳光直接透射比和可见光透射比都较低。太阳光直接反射比、可见光反射比较高，而传热系数、辐射率则与普通玻璃差别不大。

镀膜玻璃根据制作工艺可以分为在线镀膜和离线镀膜两种。

在线镀膜是指在浮法玻璃制造的过程中完成镀膜，在玻璃退火阶段，温度接近 700 ℃时，用化学气相沉积法将金属氧化物沉积在玻璃表面，待玻璃冷却后，膜层成为玻璃的一部分。离线镀膜是指将已经制好的浮法玻璃送入真空室，用磁控溅射法，将不同材料的原子溅射到玻璃表面，形成多层复合薄膜。

通过在线镀膜法得到的膜层拥有良好的化学温度性，在经受 700 ℃ 的高温后与玻璃已经紧密结合在一起，但是这种镀膜玻璃的低辐射率为 20%，不能根据实际情况改变。

通过离线镀膜法制得的镀膜玻璃的低辐射率在 10%～15%，节能效果更好，还可以根据实际情况调整，玻璃颜色也可以自由变换。在复合膜层中，起主要作用的是银层，可以是单银层和双银层增强效果，银的质地较软且化学活性高，容易受到外界影响及腐蚀，从而导致膜层脱落、失效，保护银层不仅仅只依赖于两层保护膜，还常常制作成中空玻璃。

1. 化学气相沉积法（CVD）

化学气相沉积法借助高温环境、等离子或激光的作用，通过调节变换真空室气压、通入气流及基片的温度等参数,使参加反应的气体集中于气相反应室里进行化学反应,非挥发性物质将形成并落于基片上以薄膜状态存在。化学反应是多样的,薄膜的成分是可以改变的,很容易获得功能梯度薄膜或者混合薄膜,并且薄膜的种类几乎是没有限制的,金属、合金、陶瓷及化合物薄膜都可以通过 CVD 来实现。

2. 热喷涂镀膜法

这种方法既可在线热喷涂,也可离线热喷涂。在线热喷涂方法针对玻璃制造环节,如在浮法玻璃制造线上安装一个作横向往复活动的热喷枪,在玻璃移动的时候将镀膜物质喷到玻璃上。喷涂温度为 600 ℃左右,在此温度下喷涂的材料会由于受热而汽化,汽化后的镀膜材料在与玻璃表面接触时发生热分解反应从而形成金属氧化物,在玻璃表面形成薄膜。离线热喷涂是在玻璃生产完成后,将玻璃成品加热到 600 ℃左右,利用一个二维运动的热喷涂平台将镀膜材料喷涂到玻璃表面。

3. 真空蒸镀法

真空蒸镀法属于物理气相沉积技术,即在真空下,用电加热合金材料或者金属材料使其能够产生蒸发从而沉积到基片表面形成薄膜。此镀膜法的优势是设备简单易操纵且成本低,但是缺点比较多,所形成的膜与基片结合力比较弱,使用寿命短,其可见光的透过率较低,适用范围窄。膜的种类少,由于只能镀蒸发温度较低的材料,对于大面积的基片,需要多个蒸发源,会导致成膜的均匀性不佳,所以这种方法使用比较少。

4. 溅射镀膜法

溅射镀膜法和真空蒸镀法一样,都采用物理气相沉积手段。技术的更新使溅射镀膜发展出许多种类,如真空溅射、磁控溅射、离子束溅射及反应溅射等。其原理是具有高能量的粒子束轰击靶材,靶材的表面原子或分子因入射粒子束的碰撞而获得能量,从靶面上逸出,在真空条件下落到基材上沉积为膜。采用溅射镀膜法镀的膜一般膜基结合力比较强,使用寿命较长,并且均匀性比较好,性能比较稳定。溅射镀膜的范围一般比较广,不仅金属及金属氧化物可以作为镀膜材料,陶瓷也可以进行溅射镀膜,所以镀膜种类丰富,是目前比较常用的离线镀膜方法。

5. 溶胶-凝胶镀膜法

这种方法是将金属材料制作成溶胶,即先将金属与醇形成金属醇盐,通过加水将醇盐水解成溶胶,把基片放入溶胶里浸泡,在基片上形成一层凝胶,然后在温度为 35～400 ℃的条件下,有机金属盐将以层状模式形成一层金属氧化物薄膜附着在基片表面。利用这种方法,镀膜过程是很容易控制的,并且镀出的膜纯度高、均匀度比较好,是金属氧化物膜的主要镀膜工艺。

第11章

建筑保温系统材料

按照 2008 年国务院颁发的《民用建筑节能条例》、2011 年起施行的《上海市建筑节能条例》等政策法规,目前主要的建筑节能设计标准有《公共建筑节能设计标准》(GB 50189—2015)、《工业建筑节能设计统一标准》(GB 51245—2017)、《严寒和寒冷地区居住建筑节能设计标准》(JGJ 26—2018)、《夏热冬冷地区居住建筑节能设计标准》(JGJ 134—2010)、《夏热冬暖地区居住建筑节能设计标准》(JGJ 75—2012)等。配套的涉及工程应用的主要技术标准有《外墙外保温工程技术标准》(JGJ 144—2019)、《外墙内保温工程技术规程》(JGJ/T 261—2011)、《模塑聚苯板薄抹灰外墙外保温系统材料》(GB/T 29906—2013)、《胶粉聚苯颗粒外墙外保温系统材料》(JG/T 158—2013)、《岩棉薄抹灰外墙外保温工程技术标准》(JGJ/T 480—2019)、《聚氨酯硬泡保温防水工程技术规范》(GB 50404—2017)、《聚氨酯硬泡外墙外保温工程技术导则》、《硬泡聚氨酯外墙及屋面保温工程技术标准》(DB22_T 5029—2019)、《建筑反射隔热涂料外墙保温系统技术规程》(DBJT50-076—2008)等,主要集中在外墙外保温工程的系统材料及其性能要求上。

11.1 外墙外保温系统构造

11.1.1 概述

我国常用的外墙外保温系统保温材料有聚苯乙烯泡沫塑料板(EPS 及 XPS)、聚氨酯硬泡保温层、岩(矿)棉板、玻璃棉毡、超轻聚苯颗粒保温砂浆、无机轻骨料保温砂浆以及隔热涂料等。这些材料的适用场合如下。

(1)作为外墙保温材料:硅酸盐保温材料、胶粉聚苯颗粒、钢丝网采水泥泡沫板、聚苯挤塑板、聚氨酯硬泡材料、隔热保温涂料。

(2)作为屋面材料:聚氨酯硬泡层、XPS 挤塑板、EPS 泡沫板、陶粒混凝土、泡沫混凝土、珍珠岩及珍珠岩砖、蛭石及蛭石砖、耐高温隔热保温涂料。

(3)作为热力、空调材料:聚氨酯泡沫、橡塑海绵、聚乙烯发泡材料、聚苯乙烯泡沫、玻璃棉、岩棉。

(4)作为钢构材料:聚苯乙烯、挤塑板、聚氨酯板、玻璃棉卷毡等。

11.1.2 典型的外墙外保温系统构造

1. 粘贴保温板薄抹灰外保温系统
粘贴保温板薄抹灰外保温系统应由黏结层、保温层、抹面层和饰面层构成(图 11-1)。

黏结层材料应为胶黏剂；保温层材料可为 EPS 板、XPS 板、PUR 板或 PIR 板；抹面层材料应为抹面胶浆，抹面胶浆中满铺玻纤网；饰面层可为涂料或饰面砂浆。

2. 胶粉聚苯颗粒保温浆料外保温系统

胶粉聚苯颗粒保温浆料构成的外保温系统应由界面层、保温层、抹面层和饰面层构成(图 11-2)。界面层材料应为界面砂浆；保温层材料应为胶粉聚苯颗粒保温浆料，经现场拌和均匀后抹在基层墙体上；抹面层材料应为抹面胶浆，抹面胶浆中满铺玻纤网；饰面层可为涂料或饰面砂浆。

3. EPS 板现浇混凝土外保温系统

EPS 板现浇混凝土外保温系统应以现浇混凝土外墙作为基层墙体，EPS 板为保温层，EPS 板内表面(与现浇混凝土接触的表面)开有凹槽，内外表面均应满涂界面砂浆(图 11-3)。施工时应将 EPS 板置于外模板内侧，并安装辅助固定件。EPS 板表面应作抹面胶浆抹面层，抹面层中满铺玻纤网；饰面层可为涂料或饰面砂浆。

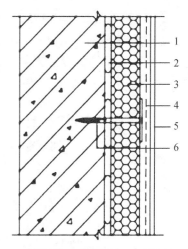

1—基层墙体；2—胶黏剂；3—保温板；
4—抹面胶浆复合玻纤网；
5—饰面层；6—锚栓

图 11-1　粘贴保温板薄抹灰外保温系统

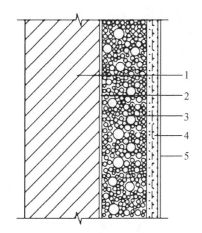

1—基层墙体；2—界面砂浆；3—保温浆料；
4—抹面胶浆复合玻纤网；5—饰面层

图 11-2　胶粉聚苯颗粒保温浆料外保温系统

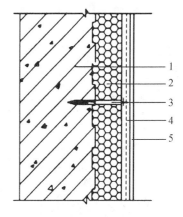

1—现浇混凝土外墙；2—EPS 板；3—辅助固定件；
4—抹面胶浆复合玻纤网；5—饰面层

图 11-3　EPS 板现浇混凝土外保温系统

4. EPS 钢丝网架板现浇混凝土外保温系统

EPS 钢丝网架板现浇混凝土外保温系统应以现浇混凝土外墙作为基层墙体，EPS 钢丝网架板为保温层，钢丝网架板中的 EPS 板外侧开有凹槽(图 11-4)。施工时应将钢丝网架板置于外墙外模板内侧，并在 EPS 板上安装辅助固定件。钢丝网架板表面应涂抹掺外加剂的水泥砂浆抹面层，外表可作饰面层。

5. 胶粉聚苯颗粒浆料贴砌 EPS 板外保温系统

胶粉聚苯颗粒浆料贴砌 EPS 板外保温系统应由界面砂浆层、胶粉聚苯颗粒贴砌浆料层、EPS 板保温层、抹面层和饰面层构成(图 11-5)。抹面层中应铺满玻纤网,饰面层可为涂料或饰面砂浆。进场前,EPS 板内外表面应预喷刷界面砂浆。

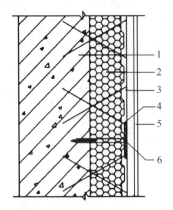

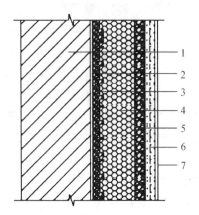

1—现浇混凝土外墙;2—EPS 钢丝网架板;
3—掺外加剂的水泥砂浆抹面层;4—铁丝
网架;5—饰面层;6—辅助固定件

1—基层墙体;2—界面砂浆;3,5—胶粉聚苯颗
粒贴砌浆料;4—EPS 板;6—抹面胶浆复合玻纤
网;7—饰面层

图 11-4 EPS 钢丝网架板现浇混凝土外保温系统　　**图 11-5 胶粉聚苯颗粒浆料贴砌 EPS 外保温系统**

6. 现场喷涂硬泡聚氨酯外保温系统

现场喷涂硬泡聚氨酯外保温系统应由界面层、现场喷涂硬泡聚氨酯保温层、界面砂浆层、找平层、抹面层和饰面层组成(图 11-6)。抹面层中应满铺玻纤网,饰面层可为涂料或饰面砂浆。

7. 岩棉外墙外保温系统

主要以经摆锤法生产的憎水型岩棉板为保温隔热层材料,采用粘、钉结合工艺与基层墙体连接固定,并由抹面胶浆和增强用玻纤网布复合而成的抹面层以及装饰砂浆饰面层或涂料构成的 A 级不燃型建筑节能保温系统(图 11-7)。

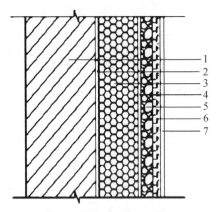

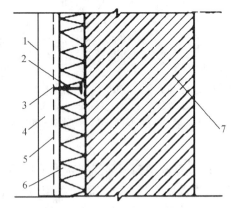

1—基层墙体;2—界面层;3—喷涂 PUR;
4—界面砂浆;5—找平层;
6—抹面胶浆复合玻纤网;7—饰面层

1—饰面层;2—连接件;3—锚栓;
4—抗裂保护层;5—镀锌点焊钢丝网;
6—岩棉板;7—外墙基体

图 11-6 现场喷涂硬泡聚氨酯外保温系统　　**图 11-7 岩棉外墙外保温系统**

8. 无机保温砂浆外墙外保温系统

将无机保温砂浆、弹性腻子(粗灰腻子、细灰腻子)与保温隔热涂料(含抗碱防水底漆)或与面砖和勾缝剂按照一定的方式复合在一起,设置于建筑物墙体表面,对建筑物起保温隔热、装饰和保护作用的体系称无机保温隔热系统(图 11-8)。

由以上外墙外保温系统构造可见,目前常使用的保温材料包括岩棉保温板,EPS、XPS 保温板,现场喷涂聚氨酯及聚氨酯保温板,各类保温砂浆以及保温涂料等。

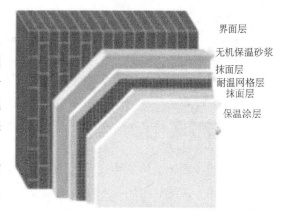

界面层
无机保温砂浆
抹面层
耐温网格层
抹面层
保温涂层

图 11-8　无机保温砂浆外墙外保温系统

11.2　岩棉保温板

11.2.1　概述

岩棉行业隶属中国绝热节能材料协会,岩棉可根据不同用途制成毡、条、管、粒状、板状等各种形式,可应用于工业用途的核电站、发电厂、化工厂、大型窑炉保温;建筑用途的建筑外墙外保温、屋面及幕墙保温、隔离带;船舶用途的船舱、船上卫生单元、船员休息室、动力仓;农业用途的蔬菜、瓜果、花卉的工厂化无土栽培等。

岩棉板是以玄武岩为主要原料,经高温熔化、纤维化处理、产品后加工等一系列工艺过程而制得的一种无机纤维板。它具有优良的绝热性能、吸声性能和防火性能,并且质轻,属于新型建筑材料。岩棉是国际上公认的"第五常规能源"中的主要节能材料,设备上每采用 $1 m^3$ 的岩棉制品进行保温,平均可节省能量 2 500 kcal/h(1 kcal＝4.1816 J)相当于每年可节省 3 t 标准煤。在建筑上每使用 1 t 岩棉板进行保温,一年至少可节省相当于 1 t 石油的能量,其节能特性源自纤维堆积所形成的多孔结构。

岩棉具有以下特点:

(1) 防火。

① 具有最高防火等级 A1 级,能有效防止火势蔓延。

② 尺寸非常稳定,在火灾中不会伸长、收缩或变形。

③ 耐高温,熔点高于 1 000 ℃。

④ 在火灾中不产生烟雾或者燃烧液滴/碎片。

⑤ 在火灾中不会释放有害环境的物质和气体。

(2) 保温隔热。

岩棉纤维细长柔韧,堆积形成多孔连接结构,渣球含量低。因而导热系数低,小于 $0.04 W/(m·K)$,具有极佳的保温效果。

(3) 吸声降噪。

大量的细长纤维形成了多孔连接结构,决定了岩棉是一种理想的隔声材料。

(4) 憎水性。

憎水岩棉产品憎水率可达 99.9%，吸水率极低，无毛细渗透。

(5) 抗潮湿性能。

岩棉在相对湿度很大的环境下体积吸湿率小于 0.2%。

(6) 无腐蚀性。

岩棉化学性质稳定，pH 为 7~8，呈中性或弱碱性，对碳钢、不锈钢、铝等金属材料均无腐蚀。

(7) 安全、环保。

岩棉经检测不含有石棉、CFC、HFC、HCFC 等对环境有害的物质。不会被腐蚀或产生霉变及细菌。岩棉已被国际癌症研究权威机构认定为不致癌物质。岩棉板产品的技术要求见表 11-1。

表 11-1 岩棉板技术参数

检验项目		标准要求	测定值
外观		表面平整，无伤痕、污迹、破损	表面平整，未见伤痕、污迹、破损
尺寸	长度/mm	$1\ 200^{+15}_{-3}$	1 203
	宽度/mm	600	600
	厚度/mm	50^{+5}_{-3}	51
密度/(kg·m^{-3})		—	180
渣球含量/% (粒径大于 0.25 mm)		≤10	3.8
燃烧性能		A 级	A 级
纤维平均直径/μm		≤7.0	4.3
导热系数/[W·(m·K)$^{-1}$] (平均温度 25 ℃)		≤0.040	0.039
憎水率/%		≥98.0	99.9
抗拉强度/kPa		≥7.5	15.2
压缩强度/kPa (10%变形)		≥40	77.6
酸度系数		≥1.8(真正的最优酸度系数)	2.0

岩棉外墙外保温系统的性能指标应符合表 11-2 要求。

表 11-2 岩棉外墙外保温系统的性能指标

项目		单位	性能指标	试验方法
耐候性	耐候性试验后外观	—	不得出现饰面层起泡或剥落、保护层空鼓或脱落等破坏，不得产生渗水裂缝	《外墙外保温工程技术规程》(JGJ 144—2019)附录 A.3
	抹面层与保温层拉伸黏结强度	MPa	不得小于 0.01 MPa，且破坏部位应位于保温层内	《外墙外保温工程技术规程》(JGJ 144—2019)附录 A.3

（续表）

项目		单位	性能指标	试验方法
吸水量(浸水 1 h)		g/m²	≤1 000	《外墙外保温工程技术规程》(JGJ 144—2019)附录 A.6
水蒸气透过湿流密度		g/(m²·h)	≥1.67	《外墙外保温工程技术规程》(JGJ 144—2019)附录 A.11
耐冻融性能	冻融后外观	—	30 次冻融循环后保护层无空鼓、脱落,无渗水裂缝	《外墙外保温工程技术规程》(JGJ 144—2019)附录 A.4
	保护层与保温层拉伸黏结强度	MPa	不得小于 0.01 MPa,且破坏部位应位于保温层内	《外墙外保温工程技术规程》(JGJ 144—2019)附录 A.4
不透水性		—	2 h 不透水(试样抹面层内侧无水渗透)	《外墙外保温工程技术规程》(JGJ 144—2019)附录 A.10

岩棉薄抹灰外墙外保温工程是将岩棉薄抹灰外墙外保温系统通过施工,安装固定在外墙外表面上所形成的建筑物实体,简称为岩棉外保温工程,可分为岩棉条外保温工程和岩棉板外保温工程。

《建筑设计防火规范》(GB 50016—2014)已经明确了燃烧性能为 A 级的保温材料的使用范围。在使用 A 级保温材料组成的外墙外保温系统中,岩棉外保温系统是一种比较成熟的外保温技术。此外尚有无机纤维喷涂、玻璃棉、泡沫玻璃、泡沫陶瓷、发泡水泥、闭孔珍珠岩等保温材料。

11.2.2　制备工艺

岩棉制品是以精致玄武岩、白云石等为主要原料,经高温(1 450 ℃以上)熔融,由四轴离心机高速离心制成无机纤维,同时喷入一定量的特制黏结剂、防尘油、憎水剂后,经集棉机收集、经摆动带铺毡并通过特制设备改变纤维排列结构(三维法铺棉),最后经固化定型而制成的新型轻质保温材料。根据不同用途,岩棉可加工成岩棉板、岩棉缝毡、岩棉管壳等制品。

憎水型岩棉板是以天然岩石为主要原料,掺入少量高炉矿渣,经高温熔融、离心喷吹制成的一种矿物质纤维,在掺入一定比例的黏结剂和添加剂后经摆锤压制并裁割而成。

我国于 20 世纪 50 年代末开始从国外引进相关技术,但一直停留在生产矿棉的阶段。尽管这些年来我国矿棉行业有所发展,但整体生产水平及工艺与国外发达国家仍有很大差距,无法满足《建筑外墙外保温用岩棉制品》(GB/T 25975—2018)标准。目前国内采用国际先进的四辊高速离心机、摆锤技术以及三维铺棉法生产,即摆锤法三维立体交织生产法,使建筑用岩棉板完全符合《建筑外墙外保温用岩棉制品》(GB/T 25975—2018)标准,亦满足或达到欧美等发达国家相关标准的规定。

所谓摆锤技术(摆锤法)是来源于欧洲的生产工艺,经专业技术人员不断改进,形成了现如今比较成熟的生产工艺。主要是通过改进收棉方法,先由捕集带收集较薄的岩棉层,经摆锤的逐层叠铺,达到一定的层数和厚度,再由加压辊进行压制,进入固化炉固化,再经冷却、切割、包装等工序制成成品。这种方法改善了棉层及所含的黏结剂的均匀程度,并且由于棉层叠铺时产生的斜度,纤维呈部分垂直竖向分布,因而抗压强度和层间结合强度得到提高。

岩棉板的生产工艺流程如图 11-9 所示。

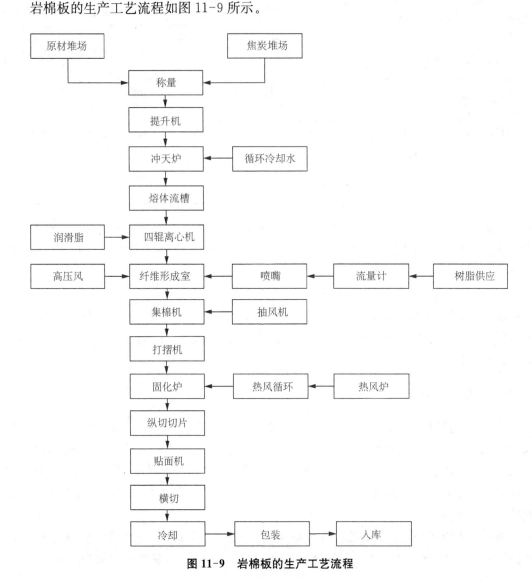

图 11-9 岩棉板的生产工艺流程

此外,岩棉可与其他材料制成复合岩棉板,如由镀锌薄钢板、PVC 塑料装饰薄膜、胶黏剂和岩棉复合而成复合岩棉板。岩棉可制成硬质岩棉板、半硬质岩棉板、岩棉毡、岩棉吸声板和岩棉管壳等多种制品。

11.3 聚苯乙烯泡沫塑料板

11.3.1 概述

聚苯乙烯泡沫塑料系以聚苯乙烯树脂(发泡聚苯乙烯)为主要原料、经发泡剂发泡而制成的一种内部具有无数封闭微孔的材料。发泡聚苯乙烯又称可发性聚苯乙烯,是由苯乙烯悬浮聚合,再加入发泡剂而制得。

聚苯乙烯泡沫塑料板通常简称聚苯板。作为建筑保温隔热用途的聚苯板一般有两类:一类是膨胀聚苯板,也称模塑聚苯板,简称 EPS;另一类是挤塑聚苯板,简称 XPS。这两类聚苯板的性能差别较大,在建筑保温隔热中适合于应用的场合也不相同,前者主要应用于外墙外保温场合,后者主要应用于屋面保温及其他场合的保温隔热。

聚苯板以其低吸水性、低导热系数、高抗压性、抗老化性、极好的隔热性能和透湿性而得到广泛应用。在建筑工业中,特别适用于各种隔热、防潮工程。在建筑保温隔热应用中,可以从保温隔热性能、憎水性、吸水率、抗压强度和质地坚固耐用等几方面考虑选择使用。具体性能见表 11-3。

表 11-3 EPS 板产品的物理机械性能

项目		单位	性能指标									
			带表皮								不带表皮	
			X150	X200	X250	X300	X350	X400	X450	X500	W200	W300
压缩强度		kPa	≥150	≥200	≥250	≥300	≥350	≥400	≥450	≥500	≥200	≥300
吸水率(浸水 96 h)		% (体积分数)	≤1.5			≤1.0					≤2.0	≤1.5
透湿系数(23±1P,RH50%±5%)		ng/(m·s·Pa)	≤3.5		≤3.0			≤2.0			≤3.5	≤3.0
热阻(厚度 25 mm 时平均温度)	10 ℃	m²·K/W	≥0.89				≥0.93				≥0.76	≥0.82
	25 ℃		≥0.83				≥0.86				≥0.71	≥0.78
导热系数(平均温度)	10 ℃	W/(m·K)	≤0.028				≤0.027				≤0.033	≤0.030
	25 ℃		≤0.030				≤0.029				≤0.035	≤0.032
尺寸稳定性(70 ℃±2 ℃下,48 h)		%	≤2.0		≤1.5			≤1.0			≤2.0	≤1.5

挤塑聚苯板与几种常用建筑保温材料导热系数的比较如表 11-4 所示。挤塑聚苯板的这种高保温隔热性能,是因为所采用的材料,其结构的闭孔率达到了 99% 以上。由于其保温隔热性能好,在屋面上铺设 20 mm 厚的挤塑聚苯板,其保温效果相当于 100 mm 厚的传统水泥膨胀珍珠岩材料。

表 11-4 挤塑聚苯板与不同保温隔热材料导热系数和吸水率的比较

材料	挤塑聚苯乙烯	发泡聚苯乙烯	喷涂式聚氨酯	膨胀珍珠岩	加气混凝土
导热系数/ [W·(m·K)⁻¹]	0.028	0.045	0.03	0.077	0.22
吸水率/%	0.05～0.15	≤6.0	≤3.0	110～130	—

对建筑保温隔热用的膨胀聚苯板的技术质量作出要求的标准有《膨胀聚苯板薄抹灰外墙外保温系统》(JG 149—2003)和《绝热用模塑聚苯乙烯泡沫塑料》(GB/T 10801.1—2002)。这两个标准都规定了膨胀聚苯板的技术质量要求,如表 11-5 所示。

表 11-5　膨胀聚苯板主要性能指标

试验项目	性能指标
导热系数/[W・(m・K)$^{-1}$]	≤0.041
表观密度/(kg・m^{-3})	18.0～22.0
垂直于板面方向上的抗拉强度/MPa	≥0.1
尺寸稳定性/%	≤0.3

11.3.2　制备工艺

聚苯乙烯泡沫塑料分为膨胀性聚苯板 EPS 和连续性挤出型聚苯板 XPS 两种。两者都是以聚苯乙烯树脂为原料生产的,在生产过程中进行发泡,发泡机理为发泡剂液气相转化成泡。挤塑板是连续挤出成型,聚苯板是模具成型。

1. 膨胀聚苯板 EPS 生产技术

在聚苯乙烯珠粒中加入低沸点的液体发泡剂,然后经过预发、熟化、成型、烘干和切割而制得可发性(膨胀)聚苯乙烯制品。

绝热用模塑聚苯乙烯泡沫塑料(EPS)俗称聚苯板,是由可发性聚苯乙烯珠粒经加热预发泡后,在模具中加热成型制成的具有闭孔结构的使用温度不超过 75 ℃的聚苯乙烯塑料板材,按密度等级(kg/m³)分为 6 类:Ⅰ类≥15～19、Ⅱ类≥20～29、Ⅲ类≥30～39、Ⅳ类≥40～49、Ⅴ类≥50～59、Ⅵ类≥60;按燃烧性能分为普通型和阻燃型两种。

1) 生产 EPS 的基本设备

EPS 的生产工艺流程主要为预发泡、熟化、成型、干燥(流化干燥床)、切割、包装。其主要工序与所需设备如表 11-6 所示。

表 11-6　EPS 生产主要工序与所需设备

工种	工序	必要设备
预发	(1) 进料	料库及处理设备
	(2) 预发	预发机、流化干燥床、送料装置
	(3) 熟化	熟化仓
成型	(4) 成型	板材成型机、包装成型机
后处理	(5) 成品干燥	干燥设备、搬运设备
	(6) 切割、包装	切割机、包装机器
库存	(7) 成品储存	仓库

EPS 的生产一般分为预发泡、熟化、成型和熟化等四个工艺操作过程。需要相应的设备以

保证这四个工艺步骤的实施。这些设备包括预发机、流化床、板材成型机和熟化设备等。

（1）聚苯颗粒预发机。

生产 EPS 使用的是聚苯颗粒预发机（发泡机）。对于生产聚苯颗粒来说，由于发泡后就已经成为成品，因而称为发泡机；而对于生产 EPS 来说，发泡后的聚苯颗粒尚是半成品，因而称为预发泡，发泡机则相应地称之为预发泡机，简称为预发机。聚苯颗粒预发机分为连续式和间歇式两类。

（2）流化干燥床。

用于制造板材的聚苯颗粒发泡后需要经过熟化才能应用于板材成型。熟化可以采用自然熟化（熟化仓）或者流化干燥床熟化。

流化干燥床的结构如图 11-10 所示，是采用大流量、高强度风机，通过热交换器形成具有一定强度和温度的热风幕，热风幕通过流化床铝板上的气孔，对刚刚发泡的聚苯颗粒进行透析，使之快速定型，缩短熟化时间，同时还对刚发泡的聚苯颗粒起到烘干和脱水作用。

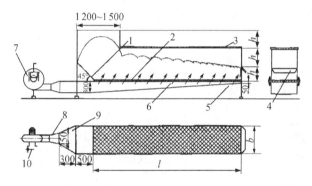

1—滑板；2—编织过滤器；3—筛网罩；4—溢料口；5—清理孔；
6—锥形室；7—鼓风机；8—进料管；9—减压管；10—进风调节管

图 11-10　流化干燥床结构示意（单位：mm）

（3）板材成型机。

① 成型原理。板材成型机的成型原理是将经过预发泡的可发性聚苯乙烯树脂珠粒，通过供料设备送入模腔内，再通过空气穿透加热，使珠粒黏结成型。然后，通过空气冷却使模腔内物料降温，最后使聚苯乙烯树脂珠粒黏结成型，制得板材。

② 板材成型机类别。板材成型机按照自动化程度分为手动型、半自动型和全自动型，其中全自动型板材成型机又分为不带真空系统的板材成型机和真空板材成型机；按照结构形式分为立式板材成型机和卧式板材成型机；按照尺寸规格分为标准尺寸板材成型机（如 2 m，3 m，4 m，6 m，8 m 等）、非标准尺寸板材成型机以及可调尺寸板成型机等。

2）EPS 生产工艺简述

（1）预发泡。

首先，将可发性聚苯乙烯树脂珠粒送入连续式或间歇式预发泡机内，加热至 90 ℃ 左右，因粒子软化、挥发剂挥发逸散、体积膨胀而获取一定发泡倍率的聚苯颗粒。

由于聚苯乙烯原料规格不同，发泡机结构差异，以及进料量、蒸汽压力、受热时间和温度的差异会直接影响预发速度及发泡倍率，故必须依赖操作人员的熟练及丰富经验，才能获取稳定的发泡倍率,从而维持成型品成型条件和品质的稳定性。

生产中聚苯乙烯膨胀发泡所需的蒸汽较少,发泡速度快,必须妥善控制好蒸汽压力及受热时间,否则因过热遇冷而使发泡颗粒收缩,倍率反而降低;同时也应避免过高倍率,以免成型品收缩、变形。

(2)熟化。

因发泡时聚苯乙烯珠粒内发泡剂的挥发,发泡颗粒内呈真空状态,故必须将发泡颗粒送入料仓内放置 8 h 以上,让空气充分进入发泡颗粒内,使发泡颗粒内外压平衡。经熟化后的发泡颗粒弹性大、干松、流动性好,易成型。

熟化阶段,为便于发泡后颗粒的水分蒸发散失,故熟化仓使用网状纱布制成,以消除发泡颗粒间摩擦时自然积留的静电。同时,应通风良好,以增加熟化速度。

为减少熟化时间,可用干燥流化床或热风吹干装置,将发泡颗粒送入熟化仓内 2~4 h 即可完成熟化。

EPS 制品生产工艺路线如图 11-11 所示。

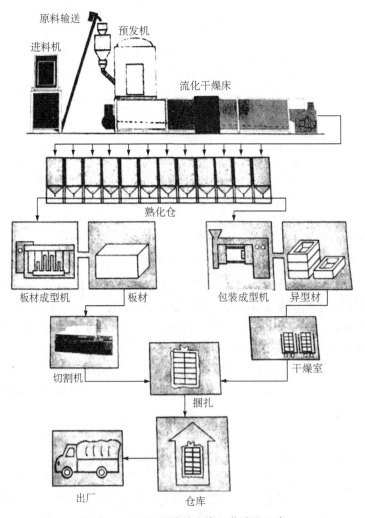

图 11-11　EPS 制品的生产工艺路线示意

（3）EPS成型操作过程。

EPS成型操作步骤分为填料、加热、冷却和脱模等四个过程。

将熟化良好的发泡颗粒送入模腔内，在模腔内被加热至110～120 ℃，使发泡颗粒表面融结在一起；同时因发泡颗粒内残留发泡剂的蒸发及发泡颗粒内空气的膨胀，产生内压，使发泡颗粒紧密贴附于模腔内壁表面，经冷却后，降低内压，再以顶杆顶出，成型后的制品具有轻而韧、紧密融结、密封及窝胞不吸水的特点。

产品的密度等级与发泡倍率成反比，应根据产品性能要求和产品规格所确定的密度预先确定发泡倍率。

产品的成型时间指从加料至脱模的时间。成型时间的长短除与选用的原料特性有关外，最重要的是蒸汽、冷却水及压缩空气，供应条件必须稳定才能达到一定标准，才能使制品脱模好、黏合佳、表面平滑、亮丽，达到缩短成型时间的目标。根据不同规格的产品，这些工艺参数会有差异，应根据具体要求而定。

（4）板材熟化过程。

脱模出来的成型板材，与预发后的发泡颗粒一样成真空状态，尤其是高倍率的成型板材，因冷却减压产生的收缩压力大，很容易在薄壁部分产生收缩；同时附着于成型板材表面的水分及发泡颗粒内的冷凝蒸汽，必须依赖常压予以回复及蒸发。

对发泡倍率为60倍以下的成型板材，放置仓库内1 d就足够熟化，但对较高发泡倍率的成型板材，有时必须在50～60 ℃的烘房内熟化，才能获得满意的产品。

经熟化后的成型板材，其硬度、强度较脱模时均会有显著的增大。

2. 挤塑聚苯板 XPS 生产技术

挤塑板是将聚苯乙烯、发泡剂和其他助剂通过挤出机进行连续挤出发泡成型的一种发泡材料。XPS具有完美的闭孔蜂窝机构，其结构的闭孔率达到99％以上，具有极低的吸水率（几乎不吸水）和热导率。

1）生产挤塑聚苯板的基本设备

生产挤塑聚苯板的基本设备为挤出机、模具、整平机、牵引设备、冷却设备、切割装置等。生产设备示意和构成如图11-12和图11-13所示。

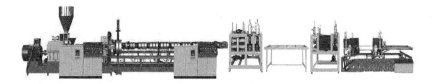

图 11-12　挤塑聚苯板的生产设备

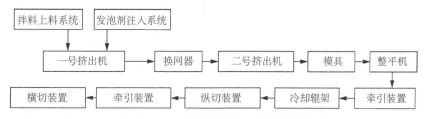

图 11-13　挤塑聚苯板的生产设备构成

2) 挤塑聚苯板 XPS 生产工艺(图 11-14)

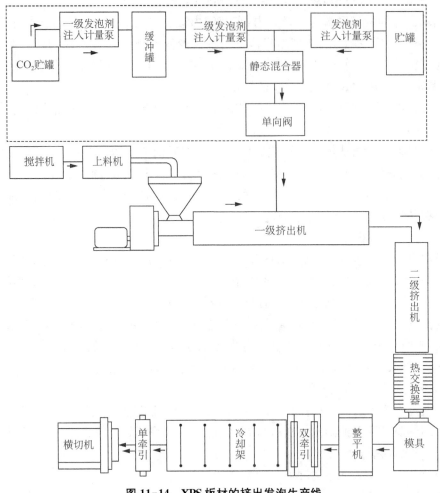

图 11-14 XPS 板材的挤出发泡生产线

XPS 挤塑板生产主要设备为挤出机,其操作主要包括加热、降温和恒温三个基本过程,从开机到产品入库,共有 8 个工作流程。具体操作流程标准和要求如下:

(1) 开机前准备:首先把挤出机Ⅰ和挤出机Ⅱ加热 3 h 左右,使挤出机Ⅰ达到一区 170 ℃、二区 180 ℃、三区 190 ℃、四区 200 ℃、五区 200 ℃、六区 195 ℃、七区 195 ℃、八区 195 ℃;挤出机Ⅱ达到九区 165 ℃、十区 165 ℃、十一区 165 ℃、十二区 165 ℃、十三区 165 ℃、十四区 165 ℃、十五区 165 ℃、十六区 165 ℃;机头达到十七区 160 ℃、十八区 160 ℃、十九区 160 ℃。盘根部位从加热就用水喷淋降温,以保护盘根。在刚加热过程中,如电流达不到要求,预先检查线路及加热片。

(2) 配料:先把发泡剂加压,达到符合要求,管路畅通,再把模唇加热泵加热至 80 ℃,然后把原料及一切辅料按比例混合均匀,吸入挤出机料斗中,准备完毕,准备开机。

(3) 开机:先把挤出机Ⅱ调至 10 Hz 左右,起动挤出机Ⅱ,如电流不高继续起启;如果电流太高或有异响,说明加热还不行,应继续加热,达到开机正常为止。接着把挤出机Ⅰ调到

10 Hz 左右,启动挤出机 I,和挤出机 II 一样,到加热正常为止。挤出机 II、挤出机 I 全部正常启动后,把挤出机 I 料斗打开 1/2,电流控制在 80～120 A 之间,逐步打开料口,料口全部打开以后,电流不升高为正常。再把发泡剂注入泵调至 10 Hz 打开注入发泡剂,压力达到 10 kPa 左右为正常。如压力表针头不摆动,压力升高,说明不通,应该尽快疏通,达到针头摆动为止,挤出机 I 与挤出机 II 电流稳定说明吃料正常。

(4) 提速:先提挤出机 II,再提挤出机 I。提速过程中发泡剂注入泵相应加速,压力表始终在 10 kPa 左右为宜,并将挤出机 II 九至十六区电源关掉,并喷淋降温。逐步降温,包括机头降温要与挤出机 II 同步,注意此时降温不宜过快,防止挤出机 II 电流迅速加大。提速挤出机 I 与挤出机 II 要匹配。匹配要看挤出机 I 与挤出机 II 的电流表及压力表,十四至十六区降至 100 ℃ 左右时,打开模唇恒温油泵,并把模唇内外清理干净,准备成型。

(5) 成型:将模唇挤出的板材进入成型机,再进入一级牵引,根据成型尺寸调整成型机的厚度;根据挤出量调整一级牵引的速度,使板材慢慢成型。在这个过程中,调节模唇温度达到板材成型。成型后经过冷却架进入二级牵引准备切割。

(6) 切割:打开纵向切割,调至所需宽度,由二级牵引进行纵向切割,再把横向切割调至所需长度由记米器控制,再进行横向切割。

(7) 压花与拉毛:根据客户要求,压花由二级牵引完成,打毛由拉毛机完成。

(8) 成品验收入库。

11.4　聚氨酯泡沫塑料

11.4.1　概述

聚氨酯泡沫塑料从不同用途和软硬程度可分为软质泡沫塑料、硬质泡沫塑料、半硬质泡沫塑料等,在建筑上应用最为广泛的主要是硬质聚氨酯泡沫塑料。硬质聚氨酯泡沫塑料包括硬质聚氨酯泡沫(PUR)和聚异氰脲酸酯泡沫(PIR)。在过去的几十年中,全世界用于建筑上的硬质聚氨酯泡沫量在稳步增长。

在建筑领域,设计建筑时必须考虑绝热保温、提高能源效率、降低能耗,硬质聚氨酯泡沫塑料将得到十分重要的应用。硬质聚氨酯泡沫塑料如此得到重视,是因为其不仅具有质轻、比强度大、隔热、隔声、隔潮、耐腐蚀、防渗漏等性能,同时还具有良好的黏结性和加工性能,可现场施工,又可以预制成构件组装,满足建筑物轻量化、降低造价节能等要求,因而广泛地应用于工业及民用建筑、商业建筑、冷库等的墙体、屋面、地板等结构建筑材料。

1. 硬质聚氨酯泡沫塑料的特性

一般的建材密度高且绝热性能差,如膨胀珍珠岩混凝土密度约 1 g/cm³,导热系数约 0.33 W/(m·K);岩棉保温材料密度 0.06～0.15 g/cm³,导热系数约 0.044 W/(m·K);石棉水泥珍珠岩板密度为 0.4 g/cm³,导热系数约 0.1 W/(m·K)。硬质聚氨酯泡沫塑料突出的优点之一是导热系数低,为 0.019～0.030 W/(m·K),低于发泡聚苯乙烯 EPS 的导热系数 0.04～0.05 W/(m·K)。因此在相同条件下,50 mm 厚的硬质聚氨酯泡沫塑料的保温效果相当于 80 mm 厚的 EPS、90 mm 厚的矿棉、100 mm 厚的软木、130 mm 厚的纤维板、

280 mm 厚的木板或 760 mm 厚的混凝土。硬质聚氨酯泡沫塑料突出的优点之二是目前用于保温的大多数硬质聚氨酯泡沫塑料的体积密度小,为 $35\sim40$ kg/m³,抗压强度大于 0.2 MPa。该材料虽质量轻,但仍能承受一定的机械荷载且硬度很高,因此在坚固抗压结构建筑中是一种比较理想的材料。该材料具有类似木材的特性,可锯、易切割,可针对各种要求完成定制保温层的铺设。硬质聚氨酯泡沫塑料是建筑物的屋顶、天花板、墙板、地板等部位保温节能的理想材料。窗架、窗扇、窗框、门框等构件则可用密度较高的聚氨酯硬质泡沫结构制作。据资料报道,对一幢采用硬质聚氨酯泡沫塑料板块进行屋面保温的独立建筑进行能量守恒模型计算,结果证明,使用 1 m³、导热系数 0.025 W/(m·K) 的硬质聚氨酯泡沫塑料,可在 50 年内节省 6.55 万 kW·h 的能量。在德国 Viernheim 的一栋房屋中,采用了某公司的硬质聚氨酯泡沫塑料解决了保温问题。建筑的墙体采用 30 cm 厚、导热系数为 0.03 W/(m·K) 的硬质聚氨酯泡沫塑料作保温层,最终墙体的传热系数降低至 0.10 W/(m²·K)。如果这些墙体采用 EPS 作保温层,那就需要再增加 10 cm 的厚度。由于采用了较薄的保温层,相对于房屋的居住面积增大了 6.3 m² 以上。

2. 硬质聚氨酯泡沫塑料作为建材的应用与制作

目前硬质聚氨酯泡沫塑料在建筑上主要应用于屋顶、墙体、窗户、地面、管道等保温。硬质聚氨酯泡沫塑料保温产品主要有以下几种制作方法。第一种是连续或间断式板块制作工艺,在连续式泡沫板块生产工艺中,聚氨酯的原材料组合聚醚和异氰酸酯混合反应在两层面板之间进行发泡,面板可以采用柔性材料,也可以采用刚性材料,比如金属板和木质板材、铝箔等,产品的尺寸可根据需要设计,这种制作方法在工业建筑中已得到广泛应用。间断式板块生产(国内有少数工厂采用手工浇注生产)是将组合聚醚和异氰酸酯混合反应物料注入模具中,脱模后得到产品可加工成不同形状的部件使用。第二种是连续式泡沫卷材生产方法,主要用于管道外保温层生产。第三种是对建筑物被保温面进行现场机器喷涂发泡的工艺,比如屋顶、墙面等。

11.4.2 制备工艺

1. 硬质聚氨酯发泡料

硬质聚氨酯发泡料一般以组合聚醚与异氰酸酯两个组分的形式为主,其中组合聚醚(俗称白料,A 组分)以多种类的聚醚多元醇、水、催化剂、发泡剂、匀泡剂、稳定剂、阻燃剂等混合均匀而成,其中发泡剂为低沸点液体或水。目前传统发泡剂 CFC 系列、HCFC-141b 等逐渐被环保的 HFC 系列、戊烷系列、全水等所取代;异氰酸酯组分以多次甲基多苯基异氰酸酯(聚合 MDI)为主,因其为深棕色液体,俗称黑料(B 组分)。发泡机理如下:

聚醚多元醇的羟基与异氰酸酯的异氰酸酯基发生氢转移加成反应形成氨基甲酸酯键(简称氨酯键),按逐步聚合的模式制得交联聚氨酯,期间产生大量反应热。反应式如下:

$$R-NCO + R'-OH \longrightarrow R-\overset{\overset{\displaystyle O}{\|}}{\underset{\underset{\displaystyle H}{|}}{N}}-C-OR' \tag{11-1}$$

该热量促使低沸点发泡剂蒸发成气体,该气体局限在聚氨酯凝胶中成为气泡。气泡(气孔)结构(包括形状、大小、分布均匀性、连贯性等)与体系组成、种类及用量有关。此为物理发泡。

若组合聚醚中有水添加,则会发生异氰酸酯基与水的反应生成脲基与二氧化碳,此为化学发泡。反应式如下:

$$R-NCO + H_2O \longrightarrow R-NH_2 + CO_2 \tag{11-2}$$

一般存在纯物理发泡、纯化学发泡(全水体系)及物理/化学混合发泡三种发泡体系的聚氨酯发泡料。

2. 聚氨酯泡沫塑料的制备工艺

1)聚氨酯泡沫制品的制备工艺

聚氨酯泡沫的制备工艺经历了预聚法、半预聚法及一步法发泡工艺。目前一步法发泡工艺得到了更广泛的应用。

所谓一步法发泡就是将聚醚多元醇、多异氰酸酯、水、催化剂、发泡剂、匀泡剂、稳定剂、阻燃剂等一次加入,高压混合,然后高压注射至特定模具或区域。注料后,发泡剂在生成 PU 反应产生的高温下由液体转化为气体,产生大量气泡,使聚氨酯聚合物生成蜂窝状泡沫结构,形成泡沫塑料。其发泡机理是使聚氨酯的链增长、气体发生及交联反应等在短时间内几乎同时进行,几分钟内便发泡完毕。该方法最主要的优点是工艺简单、缩短流程、节省时间。目前,许多厂家将聚醚多元醇、水、发泡剂、催化剂、泡沫稳定剂、扩链剂等混合起来作为一组分(称组合聚醚),异氰酸酯作为另一组分,直接以二组分原料方式提供给泡沫生产厂家,使得泡沫的生产成本大幅度下降,从而使一步法发泡工艺得到了更广泛的应用,有力地推动了聚氨酯泡沫塑料产品的高速发展。

2)聚氨酯硬泡保温板生产工艺

聚氨酯硬泡保温板是指在工厂的专业生产线上生产的、以聚氨酯硬泡为芯材、两面覆以某种非装饰面层的保温板材。面层一般是为了增加聚氨酯硬泡保温板与基层墙面的黏结强度,防紫外线和减少运输中的破损。

聚氨酯硬泡一般为室温发泡,成型工艺比较简单。按施工机械化程度可分为手工发泡和机械发泡。按是否连续化生产可分为间歇法和连续法。间歇法适合于小批量生产,采用浇注特定模具成型的工艺可制备各种形状的硬泡制品。板材等制品可采用连续化生产。连续法适合于大规模生产,采用流水线生产方法,效率高。图 11-15 为聚氨酯保温板连续法生产流水线。

生产线的主要组成部分有张力放卷系统、高压/低压发泡系统、伺服布料系统、双履带层压机、热风循环系统、输送辊架、修边机和双切锯。其主要工作参数见表 11-7。

图 11-15　聚氨酯保温板连续法生产线

表 11-7　聚氨酸保温板生产线主要工作参数

项目	单位	参数		
		JXPU-180	JXPU-240	JXPU-300
层压机有效工作长度	mm	18 000	24 000	30 000
层压机有效工作宽度	mm	1 200	1 200	1 200
层压机最大开启高度	mm	280	280	280
层压机温度控制	℃	≤80	≤80	≤80
发泡浇注机流量	kg/min	3～8	5～12	5～12
适合生产速度	m/min	1～4	1～5	1～6
适合生产的制品厚度	mm	20～100	20～100	20～100
外形尺寸（长×宽×高）	mm	42 000×4 800×3 960	48 000×4 800×3 960	54 000×4 800×3 960
整机重量	t	38	47	56

3. 聚氨酯现场发泡工艺

1）浇注法施工

浇注法施工聚氨酯硬泡,采用专用的浇注设备,将 A 组分料和 B 组分料按一定比例从浇注枪口喷出后形成的混合料注入已安装于外墙的模板空腔中,之后混合料以一定速度发泡,在模板空腔中形成饱满连续的聚氨酯硬泡体。聚氨酯硬泡的这种施工方法称为浇注法。

2）喷涂法施工

喷涂法是近 20 年发展起来的形成硬质聚氨酯泡沫的施工工艺,取得了较好效果。这种工艺采用专用的喷涂设备,使组合聚醚 A 组分料和多异氰酸酯 B 组分料按一定比例在喷涂机的喷嘴中瞬间高压混合并喷出,之后迅速发泡,在外墙基层上形成无接缝的聚氨酯硬泡层。聚氨酯硬泡的这种施工方法称为喷涂发泡法。

硬质聚氨酯泡沫喷涂工艺是双组分反应物料借助高压空气的使用,将反应物料输送至喷枪,被压缩空气雾化喷射到施工物件表面进行发泡成型的技术。关键技术在于喷涂机及喷枪。硬质聚氨酯泡沫喷涂屋顶层既可作保温层同时也可作防水层。采用喷涂发泡机可大面积施工,喷涂泡沫与建筑物建材基层形成一体,不易发生脱层,没有拼接缝从而可避免屋面渗漏。

现场喷涂硬质聚氨酯泡沫的主要性能见表 11-8。

表 11-8　现场喷涂硬质聚氨酯泡沫主要性能

项目	指标	项目	指标
密度/(kg·m^{-3})	≥35	吸水率/%	≤1
导热系数/[W·(m·K)$^{-1}$]	≤0.022	尺寸稳定性	≤1
抗压强度/kPa	≥150	适应温度/℃	−50～150
抗拉强度/kPa	≥250	阻燃性（氧指数）	≥26

11.5　保温砂浆

11.5.1　概述

保温砂浆是指由阻隔型保温材料和砂浆材料混合而成的,用于构筑建筑表面保温层的一种建筑材料。保温砂浆是以各种轻质材料为骨料,以水泥为胶凝料,掺和一些改性添加剂,经生产企业搅拌混合而制成的一种预拌干粉砂浆。用于构筑建筑表面保温层的一种建筑材料。工程应用中的保温砂浆主要有两种,一种是无机保温砂浆(如玻化微珠防火保温砂浆、复合硅酸铝保温砂浆、珍珠岩保温砂浆等);另一种是有机保温砂浆(如胶粉聚苯颗粒保温砂浆)。无机保温砂浆材料保温系统防火阻燃,可广泛用于密集型住宅、公共建筑、大型公共场所、易燃易爆场所以及对防火要求严格的场所,还可作为放火隔离带施工,提高建筑防火标准。胶粉聚苯颗粒保温砂浆是一种双组分的保温材料,主要由聚苯颗粒加由胶凝材料、抗裂添加剂及其他填充料等组成的干粉砂浆,具有保温性能优越、造价低的特点。

在这几种保温砂浆材料当中,使用最多的则是玻化微珠保温材料和胶粉聚苯颗粒保温砂浆。其中玻化微珠保温砂浆具有优异的保温隔热性能和防火耐老化性能,不空鼓开裂,强度高,施工方便,也是珍珠岩保温砂浆的升级材料。胶粉聚苯颗粒保温砂浆产品具有质量轻、强度高、隔热防水、抗雨水冲刷能力强、在水中长期浸泡不松散、导热系数低、干密度小、软化系数高、干缩率低、干燥快、整体性强、耐候、耐冻融等特点;复合硅酸铝保温砂浆由于黏结性能及施工质量等存有隐患,属国家规定的限用建材。

1. 性能特点

1) 无机保温砂浆

无机保温砂浆是一种用于建筑物内外墙粉刷的新型保温节能砂浆材料,根据胶凝材料的不同分为水泥基无机保温砂浆和石膏基无机保温砂浆。节能无机保温砂浆具有节能利废、保温隔热、防火防冻、耐老化的优异性能以及低廉的价格等特点,有着广泛的市场需求。

无机保温砂浆为均匀灰色粉体,由可再生分散胶粉,无机胶凝材料,以无机类轻质保温颗粒构成的轻骨料及具有保水、增加、畜变、抗裂等功能的助剂预混干拌而成。

无机保温砂浆有极佳的温度稳定性和化学稳定性;施工简便,综合造价低;适用范围广,能阻止冷热桥产生;绿色环保无公害;强度高;防火阻燃安全性好,燃烧性能可达 A1 级;热工性能好,导热系数可以达到 0.07 W/(m·K)以下;防霉效果好;经济性好;对多种保温材料均具有良好的黏结力;同时具有良好的柔性、耐水性、耐候性、耐冻融性、抗老化性,软化系数高。

无机保温砂浆(玻化微珠防火保温砂浆、复合硅酸铝保温砂浆)性能指标见表 11-9。

表 11-9　无机保温砂浆性能指标

项目	单位	Ⅰ型性能指标	Ⅱ型性能指标
堆积密度	kg/m³	240～300	301～400
导热系数	W/(m·K)	≤0.070	≤0.085

（续表）

项目	单位	Ⅰ型性能指标	Ⅱ型性能指标
抗压强度	MPa	≥0.20	≥0.40
线性收缩率	%	≤0.30	≤0.30

2）聚苯颗粒保温砂浆

聚苯颗粒保温砂浆是以聚苯颗粒为轻质骨料，与聚苯颗粒保温胶粉料按照一定比例配置而成的有机保温砂浆材料，其中聚苯颗粒可完全采用回收的废聚苯乙烯泡沫粉碎而成。该材料在施工现场加水搅拌成浆状即可进行涂抹施工，建筑外墙内外保温均可使用，施工方便，保温效果优于无机砂浆，燃烧性能处于 B2～A2 级水平。胶粉聚苯颗粒保温砂浆具体性能参数见表 11-10。

表 11-10 胶粉聚苯颗粒保温砂浆性能参数

检验项目	单位	标准要求
湿表观密度	kg/m³	≤420
干表观密度	kg/m³	180～250
导热系数	W/(mm³·K)	≤0.060
蓄热系数	W/(mm³·K)	≥0.95
抗压强度	kPa	≥200
压剪黏结强度	kPa	≥50
线性收缩率	%	≤0.3
软化系数	—	≥0.5
—20～50 ℃循环 30 次不空鼓不开裂		

2. 适用范围

主要用于墙面、屋顶面、室内的保温隔热和隔声。保温砂浆及其相应体系的抗裂砂浆，适应于多层及高层建筑的钢筋混凝土、加气混凝土、砌砖、烧结砖和非烧结砖等墙体的外保温抹灰工程以及内保温抹灰工程，对于当今各类旧建筑物的保温改造工程也很适用。

11.5.2 制备工艺

1. 保温砂浆生产设备

保温砂浆生产设备是指生产建筑物墙体保温所用的砂浆设备。其功能是将水泥、砂、粉煤灰、胶粉、纤维以及保温材料等原料，按照一定比例进行混合，包装成袋供给建筑商在建筑物表面制作保温层。

保温砂浆生产设备主要由干粉砂浆混合机、物料计量系统、提升机械、保温砂浆储存、保温砂浆包装机、水泥和粉煤灰储存罐、螺旋输送机等组成。可以用于生产各类保温砂浆种类,包括找平墙体用的黏结砂浆,具有保温隔热效果等掺有聚苯颗粒、珍珠岩、玻化微珠等轻质材料的混合砂浆以及具有保护功能的抗裂砂浆。根据产品和原材料的特点,结合地方上对生产设备的指导性文件的要求,保温砂浆生产设备的选型与生产规模和工艺布置有关。

关键设备混合机的种类主要有立式单螺旋混合机、立式双轴锥形混合机、卧式单轴多螺带混合机和卧式双轴双桨叶混合机等。

2. 保温砂浆生产工艺

以图 11-16 所示的生产流水线为例,该系列保温砂浆生产线由原料储存系统、添加剂储存系统、输送系统、计量系统、混料系统、包装系统、除尘系统和总控制系统等组成。

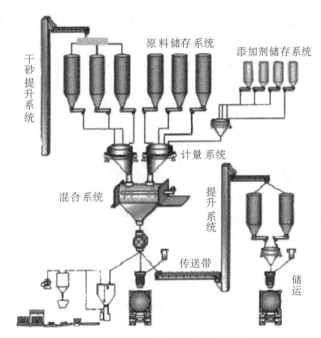

图 11-16　保温砂浆生产设备构成

保温砂浆的生产工艺:

(1) 粗砂预处理,包括破碎、干燥、(碾磨)、筛分、储存。有条件的地方可直接采购成品砂送入砂储仓。

(2) 胶结料、填料以及添加剂送入相应的储仓。

(3) 根据配方进行配料计量。

(4) 各种原材料通过输送系统投入混合机进行搅拌混合。

(5) 成品砂浆送入成品储仓进行产品包装或散装。

3. 运输及施工操作

(1) 产品运送至工地。散装干混砂浆必须采用散装筒仓或专用散装运输车辆运送,以防发生离析现象,影响工程施工质量。

(2) 施工时干混砂浆投入砂浆搅拌机按比例加水混合。

(3) 使用专用砂浆泵将混合好的砂浆输送至施工现场或直接进行现场喷浆施工。

11.6　建筑节能隔热涂料

11.6.1　概述

建筑节能隔热涂料是一种同时具备保温隔热及节能环保的功能型涂料。隔热涂料性能优异，能有效阻止热传导，降低物体表层和建筑内环境的热量，减少空调负荷，从而改善居住和工作的环境，达到减少能耗、实现节能减排的目的。建筑节能隔热涂料因成本合理、使用便捷、环保节能和隔热效果好等优点而在建筑工程中得到广泛应用。

随着对"建筑节能"问题的重视，国家开始强制性地要求住宅和公共建筑必须进行节能保温。为此，各地对众多房地产项目进行了重点部署，高度重视建筑节能产业，这给整个隔热保温涂料市场带来了空前的发展机遇，并逐步走向技术化和规范化。

具有隔热保温性能的涂料叫作隔热保温涂料。隔热是通过对温度波动的衰减和延迟来实现，保温由热阻来实现。按照隔热保温机理，可将隔热保温涂料分为阻隔性隔热保温涂料、反射隔热涂料及辐射隔热保温涂料三类。

1. 阻隔性隔热保温涂料

阻隔型隔热涂料是通过涂料自身的高热阻来实现隔热的一种涂料，属于厚膜涂料。涂料施工时涂装成一定厚度，一般为5～20 mm，在经过充分干燥固化后，由于材料干燥成膜后的热导率很小，因此涂层具有一定的减慢热流传递的能力。

应用最广泛的阻隔性隔热保温涂料是复合硅酸盐隔热保温涂料。这类涂料是20世纪80年代末发展起来的，有不同的产品名称，如复合硅酸镁铝隔热涂料、稀土保温涂料、涂覆型复合硅酸盐隔热涂料等。它是由无机和（或）有机黏结剂、隔热骨料（如海泡石、蛭石、珍珠岩粉等）和引气剂等制成的保温涂料。复合硅酸盐隔热保温涂料虽然导热系数较低，成本也低，但存在干燥周期长、抗冲击能力弱、干燥收缩大、吸湿率大、黏结强度低、装饰效果较差等缺点。这类涂料目前主要用于铸造模具、油罐和管道等的隔热，尚不能用于外墙外保温。通过改性，有望未来可用于外墙外保温系统。

2. 反射隔热涂料

建筑反射隔热涂料是以合成树脂为基料，与功能性颜填料（如红外颜料、空心微珠、金属微粒等）及助剂配制而成，施涂于建筑物表面，具有较高的太阳光反射比和较高的半球发射率的功能性涂料。按应用场合分为外墙用反射隔热涂料和屋面用反射隔热涂料。按产品的组成分为水性反射隔热涂料和溶剂型反射隔热涂料。

执行技术标准为《建筑外表面用热反射隔热涂料》（JC/T 1040—2007）及《建筑反射隔热涂料》（JG/T 235—2008）。

3. 辐射隔热保温涂料

辐射隔热涂料的作用机理是通过辐射的形式把建筑物吸收的日照光线和热量以一定的波长发射到空气中，阻挡了热能的传递，减少了建筑的得热量，从而达到良好的隔热节能的效果。辐射散热降温涂料是一种辐射热量并隔热的涂料，辐射降温隔热涂料能以8～13.5 μm波长形式发射走所涂刷在物体上的热量，降低物体表面温度并以干膜层内的纳米空心陶瓷微珠组成的真空腔体群,形成有效的隔热屏障,从而达到降温隔热的效果。涂料在起到辐射降温隔热作用的同时,也有很好的自洁性、防腐性、防水性、防火性、绝缘性、抗酸碱和施工方便的特点。

作为外墙涂料,需具有高发射率。有机涂料的发射率一般在 0.80~0.90,外墙辐射隔热涂料的关键是制备具有高热发射率的涂料。美国《建筑外用太阳能辐射控制涂料标准规程》(ASTM C 1483-04)规定,太阳能辐射控制涂料在环境温度下的红外发射率应至少为 80%。辐射隔热涂料能够以热发射的形式将吸收的热量辐射出去,从而使室内降温。用于夏热冬暖地区和夏热冬冷地区的隔热效果较好,与外墙外保温结合使用效果更佳。作为内墙涂料,常温下低发射率有利于提高舒适度和节能,如 Low-E 玻璃能提高舒适度和节能,Low-E 内墙涂料同样能提高舒适度和节能。

辐射隔热涂料不同于泡沫塑料、玻璃棉等多孔性阻隔式保温材料。白天太阳能经过屋顶和墙壁中的阻隔式保温材料不断传入室内和结构中,即使晚上室外温度降低,室内和结构中的热量也不能马上散去。而辐射隔热涂料却能够以热发射的形式将吸收的热量辐射出去,从而使室内与室外以相近的速率降温。

4. 纳米隔热保温涂料

纳米隔热保温涂料是以合成树脂乳液为基料,引进反射率高、热阻大的纳米级反射隔热材料,如中空陶瓷粉末、氧化钇等制成的隔热保温涂料,具有较好的发展前景。纳米隔热保温涂料是建立在低密度和超级细孔(小于 50 nm)结构基础上,其导热系数低而反射率高。真空状态使分子传导传热和对流传热完全消失,因此采用真空填料以制备性能优良的保温涂料成为当前研究的热点之一。美国将采用太空科技的 ASTEC 陶瓷绝热涂料用于建筑中,施以薄层即可达到隔热保温效果。一种隔热保温效果良好的涂料往往是两种或多种隔热保温机理协同作用的结果,各种隔热保温涂料各有其特点,可进行复合,达到优势互补,研制出性能优良的复合型隔热保温涂料。将不同的隔热保温涂料和保温材料组合,制成既隔热又保温的外墙外保温系统,或制成以隔热为主的外墙外保温系统,以满足夏热冬冷地区和夏热冬暖地区等的建筑节能需要。这也是外墙外保温的发展趋势。

目前隔热保温涂料的发展趋势如下:

(1) 现有产品及其技术的革新及进步。降低成本、提升性能、扩大品种规格,以满足不同用户的需要。提升作为基料的有机聚合物乳液的性能,使保温隔热材料导热系数更小,优化建筑节能隔热涂料的配方制备及工艺,充分发挥各项材料的功能特点,综合优势互补,加大力度开展隔热涂料有关技术的研究,制造出性能优异、价格合理的产品,以满足建筑节能发展的需求。

(2) 研究和发展复合多功能型保温隔热涂料。综合隔绝型、反射型、辐射型隔热涂料的优缺点,研制复合多功能型的节能隔热涂料,集防水、防霉、节能隔热于一体。这类将装饰性、功能性、环保性有机结合于一体的多功能型产品,将会得到更多用户的青睐。

(3) 研究和发展纳米隔热涂料。将空心微珠、二氧化钛或二氧化硅等物质作为颜填料,在多种助剂的配合下制备而成,涂刷在物体表面能够形成由封闭微珠连接在一起的三维网络空心结构,固体热传递只能沿着骨架传递,有效阻止热量传导,隔热保温效果极佳。隔热涂料施工后在基材表层构成 8~10 μm 的薄膜,可隔绝太阳光中 80% 以上的红外光和紫外光穿透玻璃进入室内,可见光透过率高达 70％以上,既不影响视野,又可以使被照射物体表面温度降低 5～10 ℃,室内平均温度下降 3～5 ℃,达到隔热保温的功效,使室内外温度的升降得以平衡,减少空调冷热机转换频次,节省能耗 20％～30％。纳米隔热涂料是一种新型涂料,符合环保节能涂料的要求和特性,也是节能隔热涂料发展的重要方向。

(4) 研究和发展环境友好型隔热涂料。伴随经济的发展、科技的进步以及生活水平的不断提高,人们在对环境质量要求愈加严格的同时,对自然环境的破坏也愈加严重。因为溶剂型涂料 VOC 含量较高,而 VOC 又是造成 PM$_{2.5}$的重要来源。水性涂料、高固体分涂料、粉末涂料及高附加值的特种涂料等低 VOC 涂料将会成为工业涂料的主角,因此,环境友好型隔热涂料向低 VOC、节约资源、优化环境的方向发展,是未来建筑涂料业发展的必然趋势。

11.6.2 制备工艺

1. 隔热涂料的组成

隔热涂料的组成与一般建筑涂料的组成相似。以建筑反射隔热涂料为例,基料(成膜物质)、颜料和填料、分散介质及各类添加剂为其基本组成。要体现隔热保温功能,则该涂料需对基料、填料的性质有一定的要求。

1) 基料基本要求

(1) 反射率和吸收率。用于太阳热反射涂层的树脂对可见光和近红外光的吸收越小越好,通常要求树脂的透明度高,对太阳能的吸收率低。太阳光由紫外光、可见光和近红外光线组成,合计能量为 700 kcal/m^2,波长区域是 0.2～2.5 μm,其中紫外光占 2.5％,可见光占 44.3％,近红外光占 53％。通常的丙烯酸酯树脂、硅酮树脂、有机硅改性聚酯树脂、醇酸树脂、有机硅改性醇酸树脂、含氟树脂、环氧树脂、丙烯硅酮树脂等,都可用作日光热反射型涂料的基料,只是要求树脂的透明度高,透光率在 80％以上,对太阳能的吸收率低,且尽量使树脂中少含—C—O—C、>C=O、—OH 等吸能基团。

(2) 耐候性。涂料的性能是由涂料的组成和结构决定的。由于太阳热反射隔热涂料主要应用于太阳光的照射之下,因而必须具有良好的耐候性及保色性、优异的附着力及耐沾污性的要求。丙烯酸酯树脂、硅丙树脂、氟碳树脂等耐候性强、附着性好、耐腐蚀性优良,其户外寿命长,适宜用于外墙隔热涂料。

(3) 环保。建筑涂料是涂料中水性化比例最高的涂料品种。目前,各种树脂都有水性、溶剂型的区别。一般来说,同一类涂料溶剂型的品种比水性的性能要优异,但成本相应提高,且会对环境产生污染。因而,对于建筑绝热涂料来说,在应用于外墙和屋顶时,在没有特殊要求的情况下应使用水性成膜物质。就目前的商品状况来说,以合成树脂乳液为宜。合成树脂乳液品种繁多,从抗日光(含紫外线)对涂膜的光氧化降解及表面能低而提高涂膜的耐沾污性角度出发,选择有机硅-丙烯酸复合乳液较为合适。

2) 颜料和填料

颜料和填料的选用主要是着眼于反射性能。

(1) 空心玻璃微珠。

近年来,使用性能优异的由空心玻璃微珠制备的日光反射型绝热涂料具有很好的反射性能,使其成为崭新的涂料品种,并提高了应用性能,扩大了应用领域。其中,主要由空心玻璃微珠赋予了日光反射型绝热涂料所需要的隔热性能。20 世纪 90 年代,美国国家航空航天局为解决航天飞行器的传热控制问题研制了一种太空绝热涂层,系由悬浮于惰性聚合物乳液中的空心玻璃微珠构成。该涂层具有高反射率、高辐射率、低热导率、低蓄热系数等热工性能。

空心玻璃微珠也称涂料用多功能空心添加剂,其颗粒呈圆形或者近似圆形,表面为光滑坚硬、结构致密的玻璃体,对各种液体介质几乎不吸收,能够很好地反射光、热等物理入射波。空心玻璃微珠内部为空心,因而密度低,导热系数小,对以传导方式的传热阻隔性能好。这些性能使之非常适合于作为日光反射型绝热涂料的反射型填料。

(2) 其他类颜料和填料。

除了空心玻璃微珠以外,还要根据涂料性能的需要添加其他颜料和填料。选用时应注意,由于要保证空心玻璃微珠在涂膜中的反射性能,涂料组成材料中应尽量少用对光吸收率高的普通填料,但可以使用对光、热反射性能较好的功能填料,例如品质较高的粉煤灰空心玻璃微珠;也可以选用重晶石粉、重质碳酸钙等以降低涂料成本。颜料中选择折光指数与树脂的折光指数相差大且遮盖力强的品种,如二氧化钛、氧化铁红等。此外,涂料的反射性能与颜料和填料的粒径有关。

3) 其他涂料组分

涂料是由成膜物质、分散介质、颜料、填料和助剂组成的。这些涂料组分的选用应根据普通涂料的选用原则进行。以水作为分散介质是大势所趋,是环保与节能减排的需要。涂料助剂即添加剂,是涂料不可缺少的组分,它可以改进生产工艺,保持贮存稳定,改善施工条件,提高产品质量,赋予特殊功能。合理正确选用助剂可降低成本,提高经济效益。

涂料助剂包括附着力增进剂、防粘连剂、防缩孔剂、防发花剂、防浮色剂、消泡剂、抑泡剂、抗胶凝剂、黏度稳定剂、抗氧剂、防结皮剂、防流挂剂、防沉淀剂、抗静电剂、导电控制剂、防霉剂、防腐剂、聚结助剂、腐蚀抑制剂、防锈剂、分散剂、润湿剂、催干剂、阻燃剂、流动控制剂、锤纹助剂、流干剂、消光剂、光稳定剂、光敏剂、光学增亮剂、增塑剂、增滑剂、增稠剂、触变剂等。外墙水性涂料最常用的为分散剂、润湿剂、消泡剂、增塑剂、增稠剂、抗氧剂、防流挂剂、防沉淀剂、防霉剂、防腐剂、催干剂等助剂。色浆是一种调节涂料色彩的专用添加剂。

2. 生产设备与制备工艺

1) 生产设备

与普通建筑涂料一样,所用生产设备大致由混合罐、高速分散机、研磨机(砂磨机等)、调漆罐和配色罐等构成。

2) 涂料制备工艺

隔热保温涂料的制备同普通涂料相似,都是物理混合过程,在制备过程中不涉及化学反应。但在生产工艺的把控上应注意某些常用的功能填料(如空心玻璃微珠)不能如同一般涂料制备时需经过高度分散及研磨,因为微珠会破碎而失去反射性能。一般反射隔热涂料的制备过程如下:

制备涂料时,将水、防霉剂、助溶剂、抗冻剂、成膜助剂、分散剂、润湿剂、pH 调节剂和适量消泡剂等在混料罐中以一定的速度混合均匀,制得浆料。将该浆料通过砂磨机研磨至合格细度后,转移至调漆罐中加入合适的聚合物乳液低速搅拌均匀,再投入空心玻璃微珠迅速搅拌均匀。期间视涂料中泡沫的多少,补充消泡剂,慢速搅拌消泡。最后根据涂料的黏度状况,使用适量的水性增稠剂调整涂料的黏度。有必要时,在制备浆料时可加入其他助剂。涂料调色可加入色浆在调漆罐或后续配色罐中完成。

3. 性能检测

目前应用较广的隔热保温涂料为反射隔热涂料,其性能及其检测标准有《建筑外表面用热反射隔热涂料》(JC/T 1040—2007)《建筑反射隔热涂料》(JG/T 235—2014)《建筑用反射隔热涂料》(GB/T 25261—2018)标准等。

建筑用反射隔热涂料的主要隔热性能:

(1) 太阳光反射比≥0.85(L'>95)。

(2) 近红外发射比≥0.80(L'>80)。

(3) 半球发射率≥0.85。

另外隔热涂料的隔热保温功能测试可采用简易的测试方法:使用两块镀锌瓦 A 片和 B 片,其中 A 片涂上隔热涂料,B 片则不涂,用于空白对照,两块镀锌瓦的底部分别用胶布各贴一支酒精温度计,在猛烈的光源照射下,当 B 片的温度达 65 ℃时,观看 A 片的温度读数,A 片与 B 片的温差越大,证明隔热涂料的隔热效果越好,一般相差应>15 ℃,即 B 片 65 ℃时 A 片应≤50 ℃为优。

11.7 其他建筑保温材料

目前国内墙体、屋面保温系统常采用陶粒混凝土、泡沫混凝土等轻质混凝土材料。此类材料除保温性能提升外,在其他性能上也具有明显的优势。

11.7.1 陶粒混凝土

陶粒混凝土(图 11-17)又称轻骨料混凝土,是指以陶粒代替石子作为混凝土的骨料,由胶凝材料和轻骨料配制成的混凝土,容重不大于 1 900 kg/m³。装配式钢混结构的楼房外墙板大都使用陶粒混凝土(陶粒混凝土)。

陶粒混凝土可分为全轻混凝土(用轻砂)与砂轻混凝土(用普通砂)。其特点如下。

(1) 陶粒混凝土干容重为 800~1 900 kg/m³,比普通混凝土轻 1/5~2/3,标号可达 CL5—CL60,由于自重轻,可减少基础荷载,因而可使整个建筑物自重减轻。

(2) 陶粒混凝土保温性能好,热损失小。其导热系数一般为 0.2~0.7 W/(m·K),比普通混凝土低一半以上,因此可减薄墙体厚度,相应地增加室内宽阔度,在等同墙厚条件下,可大大改善房间保温隔热性能。陶粒混凝土由于自重轻、弹性模量较低、允许变化性能较大,所以抗震性能较好。

(3) 陶粒混凝土抗渗性好。陶粒表面比碎石粗糙,具有一定的吸水能力,所以陶粒与水泥砂浆之间的黏结能力较强,因而陶粒混凝土具有较高的抗渗能力和耐久性。

(4) 陶粒混凝土耐火性好。防火试验结果表明,它的耐火极限温度可达 3 h 以上。而普通混凝土的耐火极限温度一般为 1.5～2 h。

（5）陶粒混凝土具有施工适应性强的特点，它不仅可根据建筑物的不同用途和功能，配制出不同容重和强度的混凝土材料（根据其用于保温隔热的结构或承重结构而变），而且施工简便，适应于多种施工方法进行工业化生产，它不仅可采用预制工艺制作不同类型的构件（如板、块、梁、柱等）且可采用现浇机械化施工。陶粒混凝土施工适应性强是任何其他轻质建筑材料（如加气等）所不能比拟的。

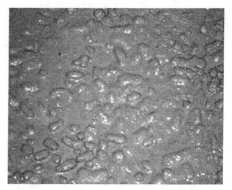

图 11-17 陶粒混凝土

11.7.2　泡沫混凝土

泡沫混凝土应用于屋面保温工程，主要可用于屋面保温找坡材料，采用混凝土砂浆或水泥砂浆加入泡沫，制成泡沫砂浆或泡沫水泥砂浆，然后在屋面施工，经养护和硬化得到与屋面一体的保温隔热层，成为屋面的一个组成部分。应用于墙体保温的主要是外墙保温层的防火保温板，其干表观密度为 200～250 kg/m³。用于屋面保温的材料主要有以下特点：

（1）整体保温效果好。

现浇泡沫混凝土的热阻值是普通架空隔热砖的 5～10 倍，用 60 mm 厚的保温层土块在炉火上烤 20 min，背面仍不觉热。其保温隔热效果显著。

（2）造价低于保温砖和保温板。

现浇轻质泡沫混凝土保温隔热层的造价低于传统的陶粒珍珠岩隔热层，是其他隔热层造价的 40%～60%。

（3）工艺简单，更容易成型，施工速度快。

相较于其他屋面保温方法可节省施工费用 60%。每台班可完成 500～800 m²，施工速度很快。当代替结构找坡时，既可以节约工程造价，又可以避免结构找坡而出现顶层天花梁板倾斜现象，只需按坡向用直尺抹平。

（4）保护屋面，防止屋面结构变形开裂。

泡沫混凝土屋面不会因温度变化而引起开裂，可以有效地防止屋面结构变形及屋面结构与砖墙交接处的温差裂缝等病害发生。

（5）延长防水屋面寿命，加强防水效果。

泡沫混凝土与防水层（或结构层）紧贴为一体，既可以有效防止因热胀冷缩而引起屋面结构层（或刚性防水层）的变形开裂而出现渗漏现象，又可以有效地防止防水材料的老化变质，延长防水层的寿命，增强防水效果。

参考文献

[1] 严捍东.新型建筑材料教程[M].北京:中国建材工业出版社,2005.

[2] 任福民,李仙粉.新型建筑材料[M].北京:海洋出版社,1998.

[3] 张光磊.新型建筑材料[M].北京:中国电力出版社,2014.

[4] 刘炯宇,付凌云,孟凡深.建筑工程材料[M].重庆:重庆大学出版社,2015.

[5] 曹文达,曹栋.建筑工程材料[M].北京:金盾出版社,2000.

[6] 刘炯宇.建筑工程材料[M].2版.重庆:重庆大学出版社,2015.

[7] 林克辉.新型建筑材料及应用[M].广州:华南理工大学出版社,2005.

[8] 王新泉.建筑概论[M].北京:机械工业出版社,2008.

[9] 曹德光,陈益兰.新型墙体材料教程[M].北京:化学工业出版社,2015.

[10] 夏寿荣.建筑防水材料生产工艺与配方精选[M].北京:化学工业出版社,2010.

[11] 沈春林.建筑防水卷材生产技术与质量检验[M].北京:中国建材工业出版社,2015.

[12] 沈春林,苏立荣,李芳,等.防水涂料配方设计与制造技术[M].北京:中国石化出版社,2007.

[13] 沈春林,苏立荣,李芳,等.建筑防水密封材料[M].北京:化学工业出版社,2002.

[14] 赵国元,余金妹,吴蓁.自愈合聚合物水泥防水涂料结晶生长过程[J].中国胶粘剂,2016,25(11):1-4.

[15] 余郑,吴蓁.一种高模量聚氨酯防水涂料及其制备方法:CN105733432A[P].2016-07-06.

[16] 黄文润.单组分室温硫化硅橡胶的配制(一)[J].有机硅材料,2002,16(4):32-40.

[17] 马一平,孙振平.建筑功能材料[M].上海:同济大学出版社,2014.

[18] 周如江,唐海雄,魏宁波.单组分脱醇型有机硅密封胶制备工艺及其性能的研究[J].粘接,2011(7):61-64.

[19] 周艳艳,张希艳.玻璃化学[M].北京:化学工业出版社,2014.

[20] 陈光.新材料概论[M].北京:科学出版社,2003.

[21] 王旭.玻璃电熔窑温度与投料控制系统设计研究[D].哈尔滨:哈尔滨工程大学,2017.

[22] 刘春廷,陈克正,谢广文.材料工艺学[M].北京:化学工业出版社,2013.

[23] 郑建启,刘杰成.设计材料工艺学[M].北京:高等教育出版社,2007.

[24] 李树尘,陈长勇,许基清.材料工艺学[M].北京:化学工业出版社,2000.

[25] 邢志斌.浮法玻璃液流搅拌与成形行为的工程仿真及验证性研究[D].秦皇岛:燕山大学,2017.

[26] 朱雷波.平板玻璃深加工学[M].武汉:武汉理工大学出版社,2004.

[27] 高玉萍.中国平板玻璃新工艺技法探究[D].西安:西安美术学院,2013.

[28] 李洁.钢化玻璃生产线控制系统的研究与设计[D].赣州:江西理工大学.

[29] 吴再豪.玻璃钢化冷却过程预控模型与仿真[D].武汉:武汉科技大学,2015.

[30] 瞿金凯.基于 PLC 的夹层玻璃生产线控制系统设计[D].赣州:江西理工大学,2011.

[31] 许伟光.PVB 夹层玻璃工艺、质量控制[J].建筑玻璃与工业玻璃,2011,8:30-32.

[32] 刘文亚.装饰玻璃在室内设计中的应用研究[D].长沙:中南林业科技大学,2014.

[33] 申心灵.浅谈彩釉玻璃的生产[J].玻璃,2010(12):30-32.

[34] 徐峰,张雪,华七三.建筑保温隔热材料与应用[M].北京:中国建筑工业出版社,2007.

[35] 徐惠忠.绝热材料生产及应用[M].北京:中国建材工业出版社,2001.